江苏高校优势学科建设工程项目

普通高等教育"十三五"规划教材
河海大学重点教材

水资源管理与保护

唐德善　唐彦　闻昕　等 编著

中国水利水电出版社
www.waterpub.com.cn
·北京·

内 容 提 要

　　本书研究如何合理利用水资源，如何有效进行水资源管理及水资源保护。本书第一章为绪论，讲述水资源管理与保护的基本知识、基本理论，阐明水资源概念与特点、水问题及其社会影响、水资源管理的概念、基本内容和水资源保护与可持续发展。第二～第十二章为水资源管理，系统讲述水资源管理的各个重要方面和内容，包含水资源数量管理、水资源质量管理、水资源经济管理、水资源权属管理、水资源规划管理、水资源投资管理、水资源法律管理、水资源行政管理、水资源工程管理、水资源数字化管理和水资源安全管理。第十三～第十四章为水资源保护，该部分讲述水资源保护内容，主要包括水环境质量监测与评价、水资源保护的工程及非工程措施；重点讨论水资源管理体制、水价改革以及水资源可持续利用等问题。各章均附有本章小结、参考文献、思考题、实践训练题，以利读者利用书中的理论，提高读者分析问题、解决问题的能力。本书包括的内容丰富，对不同学校、不同专业、不同读者有可供选择的余地。尤其是第二～第十二章的水资源管理内容，可按实际需要选择。

图书在版编目（ＣＩＰ）数据

水资源管理与保护／唐德善等编著． -- 北京 ： 中国水利水电出版社，2016.10
　　普通高等教育"十三五"规划教材. 河海大学重点教材
　　ISBN 978-7-5170-4808-4

　　Ⅰ．①水… Ⅱ．①唐… Ⅲ．①水资源管理－高等学校－教材②水资源保护－高等学校－教材 Ⅳ．①TV213.4

中国版本图书馆CIP数据核字(2016)第245077号

书　　　名	普通高等教育"十三五"规划教材　河海大学重点教材 **水资源管理与保护** SHUIZIYUAN GUANLI YU BAOHU
作　　　者	唐德善　唐彦　闻昕　等 编著
出版发行	中国水利水电出版社 （北京市海淀区玉渊潭南路１号Ｄ座　　100038） 网址：www.waterpub.com.cn E-mail：sales@waterpub.com.cn 电话：（010）68367658（营销中心）
经　　　售	北京科水图书销售中心（零售） 电话：（010）88383994、63202643、68545874 全国各地新华书店和相关出版物销售网点
排　　　版	中国水利水电出版社微机排版中心
印　　　刷	北京嘉恒彩色印刷有限责任公司
规　　　格	184mm×260mm　16开本　14.5印张　344千字
版　　　次	2016年10月第1版　2016年10月第1次印刷
印　　　数	0001—3000册
定　　　价	**32.00**元

前　言

　　水资源是地球上具有一定数量和可用质量，能从自然界获得补充并可资利用的水。管理是为达到某种目标而实施的一系列计划、组织、协调、激励、调节、指挥、监督、执行和控制活动。保护是防止事物被破坏的方法和控制措施。水资源管理与保护是我国现今涉水事务中最重要的并受到较多关注的两个方面。水资源管理包括对水资源从数量、质量、经济、权属、规划、投资、法律、行政、工程、数字化、安全等方面进行统筹和管理，水资源保护则用各种技术及政策对水资源的防污及治污进行控制和治理。

　　2012 年 1 月，国务院发布了《关于实行最严格水资源管理制度的意见》，这是继 2011 年中央 1 号文件和中央水利工作会议明确要求实行最严格水资源管理制度以来，国务院对实行该制度作出的全面部署和具体安排，是指导当前和今后一个时期我国水资源工作的纲领性文件。《关于实行最严格水资源管理制度的意见》确立了水资源开发利用控制、用水效率控制和水功能区限制纳污"三条红线"以及阶段性控制目标，将水资源管理与保护提升到了一个新的高度。

　　本书主要作为水利水电工程、资源环境与城乡规划管理、水务工程、水资源管理、保护等涉水专业本科生"水资源管理与保护"课程的教材。根据"水资源管理与保护"课程教学大纲的要求，本教材的主要教学目标是：通过系统的学习和研究，使学生熟练掌握水资源管理与保护的基本概念、理论、原理、内容和方法，使学生认识到科学高效的水资源管理与保护是解决水资源问题的有效途径，为进一步学习水科学知识奠定良好的基础；同时，初步培养学生应用所学知识分析和解决水资源管理与保护实际问题的能力。

　　为了加强本书的系统性和全面性，全书包含了"水资源管理与保护"的诸多内容。

　　本书的主要内容是根据水资源现状和利用情况，研究如何合理利用水资源，如何有效进行水资源管理及水资源保护。本书第一章为绪论，讲述水资源管理与保护的基本知识、基本理论，阐明水资源概念与特点、水问题及其社会影响、水资源管理的概念、基本内容和水资源保护与可持续发展。第二～第十二章为水资源管理部分，系统讲述水资源管理的各个重要方面和内容，包含水资源数量管理、水资源质量管理、水资源经济管理、水资源权属管理、水资源规划管理、水资源投资管理、水资源法律管理、水资源行政管理、水资源工程管理、水资源数字化管理和水资源安全管理。第十三～第十四章为水资源保护部分，主要包括水环境质量监测与评价、水资源保护的工程及非工程措施；重点讨论水资源管理体制、水价改革以及水资源可持续利用等问题。各章均附有本章小结、参考文献、思考题、实践训练题，以利读者利用书中的理论，提高读者分析问题、解决问题的能力。

本书由唐德善、唐彦、闻昕编著。参加编写的有：顾晨霞编写第一章、第十三章和第十四章、王昊编写第二章、第三章和第十一章、卜楠楠编写第四章、第五章和第八章、於国善编写第六章、第十章和第十二章、陆健健和接玲玲编写第七章和第九章、凌佳楠和翟雨虹对全书进行了系统整理和更新。

本书包括的内容丰富，对不同学校、不同专业、不同读者有可供选择的余地。尤其是水资源管理部分的内容，可按实际需要选择。

编者

2016 年 4 月

目 录

第一章 绪 论

第一节 概 述

一、本书目标

广义地说，水资源即是自然界所有的水（包括气态、固态和液态三种形式）。水是人类社会的基础性资源之一，无论是工业生产、农业灌溉还是日常生活等无一不需要水资源。然而，随着社会不断发展，水资源的开发和利用对水体产生了一系列的不良影响。因此，人类活动对水体的保护作用已变得尤为重要。对水资源进行科学的管理和合理的利用，通过科学手段对水资源进行保护，使水资源能够为人类可持续利用，是人们渴望实现的目标，也是水利工作者以及本书要实现的目标。

二、本书的主要任务

水资源的管理与保护是指在水资源的利用过程中加强对水资源进行管理的人类行为以及对水体保护的措施。本书的主要任务是：使读者熟练掌握水资源管理与保护的基本概念、理论、原理、内容和方法，使读者认识到科学高效的水资源管理与保护是解决水资源问题的有效途径，为进一步学习水科学知识奠定良好的基础。同时，使读者初步形成应用所学知识分析和解决水资源管理与保护问题的能力。

三、本书的主要特点

在编著的过程中，作者力求做到：

（1）重视基本概念、基本理论和基本方法。用通俗易懂的语言解释概念和讲解理论，由浅入深地陈述文章的观点和理念。

（2）重视水资源管理的全面性，本书从水资源的数量管理、质量管理、经济管理、权属管理、规划管理、法律管理、工程管理、数字化管理和安全管理等多个方面，全面分析水资源管理的各个方面。并引入较为先进的管理方法和手段阐述本文涉及的管理内容。

（3）重视培养分析问题和解决问题的能力。本书所讲的水资源管理和保护的知识涉及面较广，头绪较多，对初学者来说，往往感到知识零散，多而杂，前后联系困难，不易系统地连贯起来。为此，本书在章节安排上尽量互相照应，并安排简单的实例研究，可以验证所学知识，巩固所学方法，培养读者分析问题和解决问题的能力。

（4）采用国际通用单位编著。如以 t 表示吨、a 表示年、d 表示天、h 表示小时、kW 表示千瓦、m 表示米、km 表示千米、m^2 表示平方米、hm^2 表示公顷、km^2 表示平方千米、m^3 表示立方米、kg 表示千克等。

四、本书的主要内容

本书的主要内容是根据水资源现状和利用情况，研究如何合理利用水资源，如何有效进行水资源管理及水资源保护。从各个方面系统研究水资源管理与保护的内涵、意义和方法。为叙述清楚，以 14 章的篇幅对水资源管理与保护的相关内容进行了论述。

第一章为绪论，讲述水资源管理与保护的基本知识，基本理论。重点讲授水资源概念与特点、水问题及其社会影响、水资源管理的概念、基本内容、水资源保护与可持续发展。为之后的篇章起到引领的作用，为研究水资源管理和保护奠定了基本的理论基础。

第二～第十二章为水资源管理部分，系统讲述水资源管理的各个重要方面和内容，包含水资源数量管理、水资源质量管理、水资源经济管理、水资源权属管理、水资源规划管理、水资源投资管理、水资源法律管理、水资源行政管理、水资源工程管理、水资源数字化管理和水资源安全管理。将水资源管理分解到 10 个方面阐述，对水资源管理进行了系统的讲解。

第十三～第十四章为水资源保护部分，第十三章从水资源保护的涵义及特点入手，讲述水环境质量监测与评价、水资源保护的工程及非工程措施。第十四章对现今水资源管理与保护中的热点问题进行分析，讨论水资源管理体制、水价、节水、五水共治水污染及饮用水安全等一系列热点问题；使读者对水资源管理及保护的前沿有所了解。

第二节 水资源的概念与特点

一、水资源的概念

根据联合国教科文组织与世界卫生组织编写的《水资源评价活动——国家评价手册》，水资源被定义为：可被利用或可以被利用的水源，具有足够的数量和可用的质量，并能在某一地点（区）为满足某种用途而被利用。

其他一些代表性观点有：

《中华人民共和国水法》：所称水资源，包括地表水和地下水（淡水）。

《中国水利百科全书》：水资源是指地球上所有的气态、液态或固态的天然水。人类可利用的水资源，主要指某一地区逐年可以恢复和更新的淡水资源。

《不列颠百科全书》：整个自然界中各种形态的水，包括气态水、液态水和固态水的总量。

《水资源综合规划》：水资源通常是指地球上目前和近期人类可直接或间接利用的淡水储量。

本书所涉及的水资源采用公认的定义：自然形成且循环再生并能为当前人类社会和自然环境直接利用的淡水。

二、水资源的属性与基本特点

我国是水资源严重短缺的国家之一，明晰水资源属性是解决水问题的基础和关键。水资源既具有自然资源的属性，又有着特别的社会属性。无论是继续对水资源的开发利用实行国家垄断，还是明晰水权、逐步建立水市场都必须充分考虑水资源属性，才可能使在水资源支持下的社会经济持续健康发展。

水资源不同于土地、矿藏等自然资源，有其独特的性质。地球自然水文循环的影响，决定了水资源在一定时间内产生、运动、转换和分布的基本规律和格局，只有充分认识它，才能有效、合理地开发利用水资源。水资源具有以下特性。

（一）循环性和有限性

把海洋、陆地上的降水和蒸发的垂向水分交换定义为小循环，海洋与陆地间的水分交换则称为大循环，这种受太阳能量和地球引力影响的水循环将不断往复。循环的结果使得海洋水量长期保持平衡，陆地上的水体不断得以补给。

参与全球水循环的动态水量为 57.7 万 km^3，约占地球总水储量的万分之四。这种无限循环和有限补给决定了水资源只有在一定数量和限度内，才是取之不尽，用之不竭的。

（二）时空分布不均匀性

太阳与太阳系运动的规律以及地球表面的自然地理环境和人文环境，产生了复杂的地球气候和水文循环。因此，水资源在空间分布上，有丰水、多水、过渡、少水和干旱带之分。有的地区缺水严重，人畜很难生存；而有的地区则经常受到洪涝灾害的侵袭，给生产生活带来很大的影响。水资源在时间分布上，有丰水年、平水年和枯水年，同时在年内还有明显的枯水期和丰水期。这些时间区段内的水资源分布极不均匀，给水资源管理造成了很多的困难，必须通过多种人工手段才能使水资源满足人类的需要。

（三）用途的广泛性和不可代替性

水的用途广泛，不同用途对水量和水质具有不同的要求，水资源的开发利用还受经济技术条件、社会条件和环境条件的制约；水资源与自然生态系统、社会经济系统及其变化有着密切的联系和作用。水资源作为维持生态系统的要素，是一切生物和人类赖以生存发展的基础，水是万物存在的生态环境的基本需求，是生态经济复合系统结构和功能的重要组成部分，支持生态系统、非生命环境系统和社会经济系统的正常运转，如果缺水将无法维持地球的生命力和生物的多样性；水作为国民经济和社会发展的物质基础，是一个国家或地区经济建设和社会发展的一项重要自然资源和物质基础。

（四）有利性和有害性

水资源量的多寡，直接影响到国民经济的建设，而大气降水的过多或过少，将会带来旱、涝、洪、碱等自然灾害。水资源开发利用不当，也会引起人为灾害，如垮坝、污染、次生盐碱化、病菌传播、交通阻碍、地面沉陷和地震等。水资源具有不可替代的有利性的一面，又具有有害的一面，因此需要通过对水资源的管理和保护达到兴利除害的水利最终目的。

三、我国水资源现状

我国多年平均降水总量为 57840 亿 m^3，占全球陆地降水总量的 4.7%，折合降水深为 610.8mm，小于全球陆面降水平均值（834mm）。其中消耗于蒸发、散发的降水占56%，约有 44% 的降水形成径流，据统计，全国大小河流有 6000 多条，河流总长度为 43万多 km，多年平均年径流总量为 24358 亿 m^3，约占世界河川径流总量的 5%，在世界各国中居第六位。全国地下水总补给量为 7700 亿 m^3，其中有 6200 亿 m^3 补给河流，长江流域及其南方地区地下水约 4800 亿 m^3，北方地区约 2900 亿 m^3。

据《中国水资源公报 2013》，2013 年全国平均降水量 661.9mm，折合降水总量62674.4 亿 m^3，比常年值偏多 3.0%；地表水资源量 26839.5 亿 m^3，折合年径流深283.4mm，比常年值偏多 0.5%；从国境外流入我国境内的水量 214.9 亿 m^3，从我国流出国境的水量 5282.2 亿 m^3，流入界河的水量 2299.1 亿 m^3，全国入海水量 15606.4 亿 m^3；全国矿化度小于等于 2g/L 地区的地下水资源量 8081.1 亿 m^3，与常年接近；全国水资源总量为 27957.9 亿 m^3，比常年值偏多 0.9%，地下水与地表水资源不重复量为 1118.4 亿 m^3，占地下水资源量的 13.8%。

现今我国主要面临的水资源问题有以下几个方面。

1. 总量多，人均少

我国多年平均年径流总量为 24358 亿 m^3，占全球水资源的 5%，居世界第六位。但是，按人均计算，我国平均每人每年占有水资源量仅 2044m^3，只相当于全世界人均占有量 7600m^3 的 27%，是人均水资源量低的贫水国家之一。人均水资源量居世界各国中的第 87 位。按耕地每亩平均占有水资源量计算只有 1750m^3，相当于世界平均数 2400m^3 的 2/3 左右。

2. 地区分布不均，水土资源分布不平衡

我国陆地水资源总的分布趋势是东南多，西北少，由东南沿海向西北内陆递减。依次可划分为多雨、湿润、半湿润、半干旱、干旱等 5 种地带。由于降水量的地区分布很不均匀，造成了全国水土资源不平衡现象。长江流域和长江以南地区耕地面积只有全国的 36%，但其水资源量却占了全国的 80%；黄河、淮河、海河三大流域地区，其水资源量只占全国的 8%，而其耕地面积却占到了全国的 40%。

全国淡水资源中，黑龙江、辽河、海滦河、黄河、淮河及内陆诸河等北方七片总计 5493 亿 m^3，长江流域为 8059.6 亿 m^3，珠江流域为 4997.3 亿 m^3，浙闽台诸河为 2714 亿 m^3，西南诸河为 4997.3 亿 m^3。南方四片合计为 4701 亿 m^3。南方多数地区年降水量大于 800mm，北方及西北地区中大多数地方降水量少于 400mm，新疆的塔里木盆地、吐鲁番盆地和青海的柴达木盆地中部，年降水量不足 25mm。

水土资源配置很不平衡。全国平均每公顷耕地径流量为 2.8 万 m^3。长江流域为全国平均值的 1.4 倍，珠江流域为全国平均值的 2.42 倍，黄河、淮河流域为全国平均的 20%，辽河流域为全国平均值的 29.8%，海滦河流域为全国平均值的 13.4%。黄、淮、海滦河流域的耕地占全国的 36.5%，径流量仅为全国的 7.5%；长江及其以南地区耕地只占全国的 36%，而水资源总量却占全国的 81%；占全国国土 50% 的北方，地下水只占全国的 31%。

3. 年内、年际变化大

我国降水受季风气候影响，年内变化很大，全国大部分地区冬春季降雨较少、夏秋季降雨较多。降雨量最集中的地区为黄淮海平原的山前地区，在汛期多以暴雨的型式出现，有的年份一天大暴雨的降水量就已经超过了多年平均年降水量。北方地区降水量的年际变化大于南方地区，黄河和松花江在近 70 年中出现过连续 11~13 年的枯水期，也出现过连续 7~9 年的丰水期。有的年份发生北旱南涝，而另一些年份又出现北涝南旱。读者经常在新闻中见到某地区发生洪涝灾害而另一地区干旱成灾。

我国长江以南（3—6 月或 4—7 月）的降水量约占全年的 60%，长江以北地区 6—9 月的降水量常常占全年的 80%，冬春缺少雨雪。北方干旱、半干旱地区的降水量往往集中在一两次历时很短的暴雨中降落。由于降水量过于集中，大量降水得不到利用，使可用水资源量大大减少。

我国年际降水变化也很大，仅新中国成立以来就发生数次全国范围的特大洪水灾害。有些地方还出现连续的枯水年。这给水资源的充分利用和合理利用带来很大困难，加重了一些地区的水资源危机。

4. 水污染问题严重

以 2008 年为例，全国工业废水排放量为 241.7 亿 t，生活污水排放量 330.0 亿 t，由于污水处理进展缓慢，达标排放率不高，我国的江河湖库水域普遍受到不同程度的污染，除少数水系支流和部分内陆河流外，水污染总体上呈加重趋势，城市河段中 78% 不适宜作饮用水源，V 类水质以下的占 58%；50% 的城市地下水受到污染，湖泊普遍受到总磷、总氮和有机污染，富营养化、耗氧有机物污染问题严重。南方城市中有 60% 是因为水源污染造成缺水。

《中国水资源公报 2013》显示，全国废污水排放总量 775 亿 t。从湖泊水质状况看，全年总体水质为 I ～ III 类的湖泊有 38 个，IV、V 类湖泊 50 个，劣 V 类湖泊 31 个，分别占评价湖泊总数的 31.9%、42.0% 和 26.1%。主要污染项目是总磷、五日生化需氧量和氨氮。

5. 水资源利用效率低，浪费严重

目前全国水的利用系数仅 0.5 左右，工业用水的重复利用率约 55%，农业用水由于灌溉工程的老化以及灌溉技术落后等原因，利用率约 45%，与发达国家的 80% 利用率相比差距太大，研究表明，黄河的严重断流问题除了流域降水量偏少外，更重要的原因就是沿黄河地区春灌用水量大幅度增加，用水浪费所致。

人多水少，水资源时空分布不均是我国的基本国情和水情，水资源短缺、水污染严重、水生态恶化等问题十分突出，经济社会的可持续发展已经受到严重制约。

第三节 水资源管理的概念和基本内容

一、水资源管理的概念

水资源是有限的战略性资源，水资源的开发利用是一项系统工程，防治水资源危机首先是加强水资源的规划管理，合理开发利用有限而宝贵的水资源。水资源管理在保护水资源、防治水污染、促进社会经济可持续发展等方面发挥着重要作用。水资源管理是一个内容广泛的系统工程，它主要是指水行政主管部门运用法律、行政、经济、技术等手段对水资源的分配、开发、利用、调度和保护进行管理，以求可持续地满足社会经济发展和改善环境对水的需求的各种活动的总称。

二、水资源管理的基本内容

在水资源开发利用初期，供需关系单一，管理内容较为简单。随着水资源工程的大量兴建和用水量的不断增长，水资源管理需要考虑的问题越来越多，已逐步形成为专门的技术和学科。主要管理内容如下。

1. 水资源的所有权、开发权和使用权

所有权取决于社会制度，开发权和使用权服从于所有权。在生产资料私有制社会中，土地所有者可以要求获得水权，水资源成为私人专用。在生产资料公有的社会主义国家中，水资源的所有权和开发权属于全民或集体，使用权则是由管理机构发给用户使用证。

2. 水资源的政策

为了管好用好水资源，对于如何确定水资源的开发规模、程序和时机，如何进行流域的全面规划和综合开发，如何实行水源保护和水体污染防治，如何计划用水、节约用水和征收水费等问题，都要根据国民经济的需要与可能，制定出相应的方针政策。

3. 水量的分配和调度

在一个流域或一个供水系统内，有许多水利工程和用水单位，往往会发生供需矛盾和水利纠纷，因此要按照上下游兼顾和综合利用的原则，制订水量分配计划和调度方案，作为正常管理运用的依据。遇到水源不足的干旱年，还要采取应急的调度方案，限制一部分用水，保证重要用户的供水。

4. 防洪问题

洪水灾害给生命财产造成巨大的损失，甚至会扰乱整个国民经济的部署。因此研究防洪决策，对于可能发生的大洪水事先做好防御准备，也是水资源管理的重要组成部分。在防洪管理方面，除了维护水库和堤防的安全以外，还要防止行洪、分洪、滞洪、蓄洪的河滩、洼地、湖泊被侵占破坏，并实施相应的经济损失赔偿政策，试办防洪保险事业。

5. 水情预报

由于河流的多目标开发，水资源工程越来越多，相应的管理单位也不断增加，日益显示出水情预报对搞好管理的重要性。为此必须加强水文观测，做好水情预报，才能保证工程安全运行和提高经济效益。

6. 三条红线

在系统总结我国水资源管理实践经验的基础上，2011 年中央 1 号文件和中央水利工作会议明确要求实行最严格水资源管理制度，确立了"三条红线"的主要目标：

（1）确立水资源开发利用控制红线。到 2030 年全国用水总量控制在 7000 亿 m^3 以内。

（2）确立用水效率控制红线。到 2030 年用水效率达到或接近世界先进水平，万元工业增加值用水量降低到 $40m^3$ 以下，农田灌溉水有效利用系数提高到 0.6 以上。

（3）确立水功能区限制纳污红线。到 2030 年主要污染物入河湖总量控制在水功能区纳污能力范围之内，水功能区水质达标率提高到 95％以上。

三、水资源管理的原则

2012 年 1 月 12 日，国务院发布的《关于实行最严格水资源管理制度的意见》中对水资源管理的基本原则概括如下：

（1）坚持以人为本，着力解决人民群众最关心、最直接、最现实的水资源问题，保障饮水安全、供水安全和生态安全。

（2）坚持人水和谐，尊重自然规律和经济社会发展规律，处理好水资源开发与保护关系，以水定需、量水而行、因水制宜。

（3）坚持统筹兼顾，协调好生活、生产和生态用水，协调好上下游、左右岸、干支流、地表水和地下水关系。

（4）坚持改革创新，完善水资源管理体制和机制，改进管理方式和方法。

（5）坚持因地制宜，实行分类指导，注重制度实施的可行性和有效性。

（6）坚持效率优先。对水资源开发利用的各个环节（规划、设计、运用），都要考虑水资源的利用效率，以提高水资源利用效率作为水资源管理的准则之一。《关于实行最严格水资源管理制度的意见》中指出确立用水效率控制红线，到 2030 年用水效率达到或接近世界先进水平，万元工业增加值用水量（以 2000 年不变价计，下同）降低到 40m³ 以下，农田灌溉水有效利用系数提高到 0.6 以上。

（7）坚持地表水和地下水统一规划，联合调度。地表水和地下水是水资源的两个组成部分，存在互相补给、互相转化的关系，开发利用任一部分都会引起水资源量的时空再分配。有关部门应加强地下水动态监测，实行地下水取用水总量控制和水位控制，充分利用水的流动性质和储存条件，联合调度地表水和地下水，可以提高水资源的利用率。

（8）坚持开发与保护并重。在开发水资源的同时，要重视森林保护、草原保护、水土保持、河道湖泊整治、污染防治等工作，以取得涵养水源、保护水质的效果。在工业生产方面，严格执行有毒有害物质及重金属必须厂内处理、达标排放的有关规定；在生活污水方面要尽可能进行污水处理，达标后排放。同时，开发要有度，不宜过度开发。《关于实行最严格水资源管理制度的意见》中指出，确立水资源开发利用控制红线，到 2030 年全国用水总量控制在 7000 亿 m³ 以内。

（9）坚持水量和水质统一管理，集中控制与重点源治理相结合。水资源的管理需要实行区域水环境综合整治，从整体出发，远近结合，统筹规划，分期实施。由于水源的污染日趋严重，可用水量逐渐减少，因此在制定供水规划和用水计划时，水量和水质应统一考虑，规定污水排放标准和制定切实的水源保护措施。治理与管理，是环境保护的两大支柱，通过加强管理，制订合理可行的区域水质规划目标；杜绝跑、冒、滴、漏和"偷排""乱排"等现象，实现文明生产，清洁生产。

（10）坚持水资源供应能力与其消耗相互协调，节省水资源。这要求在制订地区或城市的发展规划时，必须认真考虑本地区水资源的供应能力，建立节约用水的经济发展模式，以便水资源可持续利用。通过对现有工艺的改革，既减少耗水量，也减少排污量，注重污水综合利用及再生后回用于工农业的研究与应用。大力推行清洁生产及废水资源化。

（11）坚持按水域功能区实行总量控制。实行高功能水域高标准保护，低标准水域低标准保护；总量控制指标的分配要坚持公平原则，即各排污单位（企业、事业）要合理负担污染负荷的削减任务。

第四节　水问题及其原因

一、水问题的内容

我国的水资源总量不少，在世界位居第六，但人均算起来，只相当于世界人均占有水量的 27%。我国降雨量在时间和空间上分配很不均匀，洪涝与干旱交替出现。另外，由于污染的加剧，使得可用水资源越来越少。分析这些问题，可用九个字概括——水太多、水太少、水太脏。

1. "水太多"

"水太多"主要是我国洪、涝灾害频繁。我国的防洪减灾综合体系尚不完善，特别是中小河流、中小水库的洪水威胁严重，近年来每年发生在中小河流的洪涝灾害损失占到整个洪涝灾害损失的 60%～80%。如 20 世纪 90 年代有 6 年发生大水，直接经济损失逾万亿元。在人们对 1998 年大水仍记忆犹新时，近几年又发生了淮河流域性大洪水，黄河支流渭河和长江支流汉江也出现多年不遇的秋汛。2015 年全国 20 个省（自治区、直辖市）2079 万人受灾，死亡 108 人、失踪 21 人，紧急转移安置 107.2 万人，农作物受灾 171.7 万 hm²，倒塌房屋 4.4 万间。今年以来，暴雨洪水已经直接造成了约 353 亿元的经济损失。

2. "水太少"

"水太少"主要是我国部分地区严重缺水。我国人均淡水资源仅为世界人均量的 27%，目前我国有 16 个省（自治区、直辖市）重度缺水，6 个省（自治区、直辖市）极度缺水，全国 600 多个城市中有 400 多个属于"严重缺水"和"缺水"城市。京津冀人均水资源仅 286m³，为全国人均的 1/8，世界人均的 1/32，远低于国际公认的人均 500m³ 的"极度缺水"标准。据民政部发布的 2015 年上半年全国自然灾害基本情况显示，北方冬麦区降水量较常年同期偏少近 4 成，旱情峰值造成 121.93 万 hm² 农作物受灾，157.1 万人、94.6 万头大牲畜因旱饮水困难，主要分布在内蒙古、河北、河南、山东、陕西等地。

根据水利部统计，我国水资源短缺情况十分突出，全国 669 座城市中有 400 座供水不足，110 座严重缺水；在 32 座百万人口以上的特大城市中，有 30 座长期受缺水困扰。在 46 座重点城市中，45.6% 水质较差；14 座沿海开放城市中，有 9 座严重缺水。北京、天津、青岛、大连等城市缺水最为严重；农村还有近 3 亿人口饮水不安全。

3. "水太脏"

"水太脏"主要是我国水污染严重。据《中国水资源公报 2013》显示，2013 年全国废污水排放总量为 775 亿 t。全国 I～Ⅲ类水河长比例为 68.6%，Ⅳ类水河长占 10.8%，Ⅴ类水河长占 5.7%，劣 Ⅴ类水河长占 14.9%，其中黄河区、辽河区、淮河区水质为差，海河区水质为劣。近几年，中国重大环境污染以及事故频频发生，水污染事故占一半左右。据监察部的统计分析，国内近几年每年水污染事故都在 1700 起以上。2013 年 1 月山西天脊集团发生苯胺泄漏事故，导致漳河下游严重污染，影响了山西、河北和河南等多地居民的正常饮水和生活。

二、水问题的根本原因

我国水问题的根本原因可以从"水太多、水太少、水太脏"3 个方面来归纳。

1. "水太多"的根本原因

"水太多"问题可以从外洪和内涝两个方面来阐述根本原因。

外洪问题的根本原因在于我国的水资源在空间和时间上的分布不均。在空间方面，南方地区的长江、珠江、东南沿海、西南诸流域的年径流量占全国总量的 82%，而这些地区耕地只占全国的 38%。这就使得这部分地区的防洪压力很大。在时间方面，我国的大部分地区受季风影响时间长，雨季一般长达半年之久，降水量多的月份一般只在 3 个月份之内，其雨量占全年降水量的 50%～60%。这就使得在这一时期对我国的防汛要求很高。

内涝问题的根本原因在于城市的高速发展与城市内部排涝要求的不适应。首先是城市人口的迅速攀升对城市内部资源需求急剧加大。从水利的角度出发，现代城市人口对土地资源的需求量和对城市安全的关注度不断增大和提高，为城市水利发展创造前景的同时，也对城市的安全提出了更高要求。其次是城市发展改变了原有的土地性质，在现今城市中，大多有着密集的建筑群，路面也大抵是柏油、水泥路面，天然的草地、泥地占城市的面积可谓越来越少。而城市发展带来的一系列变化使得原有的自然流域条件被不透水建筑物、道路替代，流域整体下渗能力逐渐减小。下渗能力的减小就直接加剧了城市内涝的情况，现在提出建设"海绵城市"就是为了吸取更多的涝水（增大下渗能力）。

2. "水太少"的根本原因

"水太少"问题的根本原因在于两个方面。

（1）降水少，人均资源占有量低，由于人口基数过大，我国人均水资源占有量只占世界人均水平的1/4，属于世界贫水国家之一。

（2）水的利用率偏低，浪费严重。我国用水定额普遍偏高，重复利用率低，用水存在很大的浪费。据统计，我国的用水结构中，农业用水由于灌溉技术落后及管理不善等原因，水的利用率仅为45%左右，大部分灌溉水被白白漏失和蒸发掉，而先进国家农业灌溉水的有效利用率高达70%～80%；我国单方水粮食生产能力只有1kg左右，而先进国家为2kg，以色列为2.35kg。在工业用水方面也存在类似问题。目前我国工业用水的重复利用率为55%，与发达国家的75%～85%相比，也存在着较大的差距。

3. "水太脏"的根本原因

"水太脏"的根本成因是水质污染和水土流失。深层次原因在于两个方面。

（1）水资源产权的不明确。我国现在正处于市场经济转型时期，水资源的所有权归国家所有，水资源的保护和管理的主体都是国家。但是由谁代表国家行使所有权和如何行使所有权都不够明确。对于各地方政府来说，经常将所有权、行使权和行政权相混淆。在这种情况下，就导致了国家的所有权和行使权的淡化，使得在当地各政府之间、政府各部门之间形成水资源使用权的争夺而对水污染治理责任的相互推卸。

（2）社会水环境保护意识的淡薄。在我国经济快速发展的浪潮下，政府大多把工作重心放在经济发展、城市建设上，对环境保护的重要性认识不足，在一些严重威胁城市水环境的项目或工程的决议或审查中，相当一部分的政府决策是在牺牲水环境的基础上研究通过的。在这些企业的生产经营过程中，有的地方政府大多只顾其高额的经济效益，不顾社会和生态效益。在其造成严重水污染问题的情况下而不制止，这种现象同时造成了社会大众环保知识的缺乏，不了解水环境问题的严重性，缺少环保观念。

第五节　水资源保护与可持续发展

一、水资源保护的基本涵义和特点

水资源保护是指为防止因水资源不恰当利用造成的水源污染和破坏，而采取的法律、行政、经济、技术、教育等措施的总和。水资源保护是根据水资源体系运动、演化规律调整和控制人类的各种取用水行为，使水资源系统维持一种良性循环的状态，以达到水资源可持续利用。水资源保护是指为防止因水资源不恰当利用造成的水源污染和破坏，而采取的法律、行政、经济、技术、教育等措施的总和。

水是生命之源，它滋润了万物，哺育了生命。我们赖以生存的地球有70％是被水覆盖着，其中97％为海水，而与我们生活密切相关的淡水只有3％，而淡水中又有78％为冰川淡水，目前很难利用。因此，我们能利用的淡水资源是十分有限的，并且受到污染的威胁。农业、工业和城市供水需求量不断提高导致了有限的淡水资源更为紧张。为了避免水危机，我们必须保护水资源。

为了避免在水资源开发、规划、利用过程中的盲目性和局限性，对水资源保护应从更高的、更全面的层次来看待，即从生态学、环境学和经济学等方面来理解水资源保护的涵义。

1. 水资源保护的生态学概念

从生态学观点看，水资源保护问题也是生态学问题，必须运用生态学的理论、方法和手段加以解决。当人类开发利用水资源时，必须遵循生态规律，要注意开发过程对生态系统的结构和功能的影响，评价影响程度，尽量避免不良影响，对不良影响采取弥补措施。

2. 水资源保护的环境学概念

环境是指人类的生存环境。从这个概念出发，水资源保护的目的是为人类创造一个美好的生存环境。人类在有目的、有计划地利用和改造环境，使之更利于自身生存和发展。在人类自身发展得到很大提高的同时也给环境带来了一些消极的破坏作用。这种人为的环境问题有：①不合理开发利用自然资源，使自然环境遭受破坏，如过量开采地下水，造成地面沉降；②经济高速发展引起的环境问题，如工业和生活污水向水体滥排，造成水体污染，水质下降。所以，对水资源保护来说，具体包括两个方面：①保护和改善水环境质量，保护人类健康；②合理开发和利用水资源，减少和消除有害物质进入环境，维护生物资源的生产能力。

3. 水资源保护的经济学概念

在人类社会发展中缺不了水，地区的水资源状况已成为地区社会经济发展的制约条件。水作为资源有其直接的经济效益，为社会创造财富。水一旦受到污染会降低甚至损失其经济价值，造成资源浪费和损失。为了治理，又需要投入。

在此基础上，水资源保护又具有以下几个特点：

（1）水资源保护的目的是保障水资源的可持续利用。保护这一行为是人的积极行动，保护都具有目的性。要对水资源进行保护是因为人们需要水资源，要利用水资源的各种价值。反之，如果人们不需要利用水资源，水资源保护也就失去了意义。人类的不断发展，需要对水资源持续地利用，从时间尺度上来说，水资源保护的目的是保障水资源的可持续利用。

（2）水资源保护的手段有多方面。水资源保护是一项综合性的工作，由于水的特性，影响水资源有多方式、多途径。水资源保护要有针对性地采取经济的、行政的、法律的和科学的手段。

（3）水资源保护调整的对象是影响水资源的行为。对水资源的影响有两个方面：①自然因素；②人为因素。对自然因素的影响，人们主要是通过兴修水利、调节径流、改变水的储存形态和时空分布等措施来进行保护，这主要是水资源开发利用的任务。对水资源的开发利用有合理与不合理的问题，保护就是要合理开发利用。对人为因素影响的控制，就是要保证人们在开发利用水资源和其他资源的同时保护水资源。

（4）水资源保护的对象主要是水资源的功能。水资源既有经济功能，又有生态功能，要保障水资源的持续利用就是要维持水资源的各种功能。不同的功能其保护标准是不一样的，有的是要维持合理的量，有的是要保证一定的质，有的两者兼具。

二、可持续发展的涵义

在联合国报告中，曾对可持续发展有着明确的定义："在不危及后代人满足其环境资源需求的前提下，寻求满足当代人需要的发展途径。"换言之，可持续发展是既满足当代人需要又不危及后代人满足自身需要能力的发展。

可持续发展理论认为：人类任何时候都不能以牺牲环境为代价去换取经济的一时发展，也不能以今天的发展损害明天的发展。全球性环境问题的产生和尖锐化表明，以牺牲资源和环境为代价的经济增长和以世界上绝大多数人贫困为代价的少数人的富裕，使人类社会走进非持续发展的死胡同。人类要摆脱目前的困境，必须从根本上改造人与自然、人与人之间的关系，走可持续发展的道路。在我国经济呈现新常态的背景下，更要加快全面推进节水型社会建设的步伐，保障水资源可持续发展。要实现可持续发展，必须做到保护环境同经济、社会发展协调进行。保护环境和促进发展是同一个重大问题的两个方面。

在水资源可持续利用的战略性措施方面，有以下几点：

（1）全面规划、统筹兼顾、综合利用、讲求效益、发挥水资源的多种功能是实现水资源可持续发展的基本原则。水利是国民经济和社会发展的基础设施和基础产业，应该要为国民经济和社会发展提供全面服务。因此，要根据国民经济建设和社会发展的战略部署，制定国家和各个流域或区域的中长期规划，进行全面的统筹安排；制定江河流域发展综合治理开发利用规划、水资源和水环境保护规划等。

（2）节约用水和提高水资源利用效率是实现水资源可持续发展的必要措施。为实现水资源的可持续发展，解决水资源供需矛盾和满足正常用水的需求，需要大力倡导节约用水。通过运用科学技术提高水循环利用系数，在农业用水方面，调整并稳定农业种植结构，大力发展节水灌溉技术，研究节水灌溉制度，重视农田灌溉用水的管理，减低单位面积用水量；在工业和城市用水方面，要逐步实行工业与城市生活用水的分质供应，制定合理的用水定额，依靠科技大力推广普及各种有效的节水技术，减低水耗，提高水的重复利用率。中央"十三五"规划建议中也明确指出，要坚持节约优先、树立节约集约循环利用的资源观。实行最严格的水资源管理制度，以水定产、以水定城，建设节水型社会。合理制定水价，编制节水规划，实施雨洪资源利用、再生水利用、海水淡化工程，建设国家地下水监测系统，开展地下水超采区综合治理。

（3）水资源保护、污水资源化和防治水污染是实现我国水资源可持续发展的根本措施。随着人口剧增和经济迅速发展，水质和水环境日趋恶化，必须采取有效措施，加强水资源保护，污水资源化和防治水污染。制定和完善促进水资源可持续利用的法律、法规和政策体系。通过法律、法规约束、引导和调控推进水资源的可持续发展，进一步提高执法人员的业务水平和执法能力，同时提高企事业单位的水资源保护和防治水污染的观念。而对于污水处理，则是要走资源化的道路，使得污水经过处理后，成为可利用的资源。

本 章 小 结

本章首先对本书的主要目标、任务、特点、内容作了简要的概述；其次分别对水资源和水资源管理的概念、特点等方面作了详细的说明，叙述了目前存在的主要水问题及其原因；最后系统介绍了水资源保护与可持续发展的内涵。旨在向读者全面介绍水资源管理与保护的内涵，为下文谈具体的管理与保护方法奠定基础。

参 考 文 献

[1] 于万春，姜世强，贺如泓．水资源管理概论 [M]．北京：化学工业出版社，2007．
[2] 姜文来，唐曲，雷波，等．水资源管理学导论 [M]．北京：化学工业出版社，2005．
[3] 沈泰．长江水资源保护与可持续发展 [J]．水资源保护，2002（3）：2-5．
[4] 姜文来，雷波，唐曲．水资源管理学及其研究进展 [J]．资源科学，2005（1）：153-157．
[5] 邹兰青．我国水资源现状与用水策略初探 [J]．科技资讯，2013（16）：120-122．
[6] 刘宁．中国水文水资源常态与应急统合管理探析 [J]．水科学进展，2013（2）：280-286．
[7] 中华人民共和国水利部．中国水资源公报2013 [M]．北京：中国水利水电出版社，2014．

思 考 题

1. 什么是水资源？水资源具有哪些特性？
2. 从水资源的特点分析，为什么要保护水资源？
3. 请简述我国水资源现状。
4. 什么是水资源管理？水资源管理的基本内容有哪些？
5. 我国面临的水资源问题有哪些？造成这些问题的主要原因是什么？
6. 什么是水资源保护？其特点有哪些？
7. 请简述可持续发展理论，在水资源可持续发展中又有哪些战略性措施？

实 践 训 练 题

1. 新形势下的水资源管理体系研究。
2. 新形势下的水资源管理内容研究。
3. 新形势下的水资源管理对策研究。
4. 我国水资源的特点研究。
5. 我国水资源存在的主要问题研究。
6. 某地区、某流域水资源问题及原因分析。
7. 某地区、某流域水资源问题及对策研究。

8．某地区、某流域水资源保护的对策研究。

9．新形势下水资源保护的特点研究。

10．新形势对水资源保护的要求研究。

11．某地区、某流域水资源可持续利用研究。

第二章　水资源数量管理

　　水是自然资源的重要组成部分，是所有生物的结构组成和生命活动的主要物质基础。从全球范围讲，水是连接所有生态系统的纽带，自然生态系统既能控制水的流动又能不断促使水的净化和反复循环。因此水资源在自然环境中，对于生物和人类的生存来说具有决定性的意义。水资源数量管理是通过科学的手段使地球上有限的水资源得到充分合理的利用，以使其达到供需平衡。本章体系结构如图 2-1 所示。

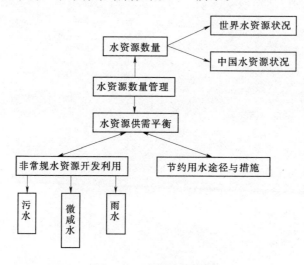

图 2-1　本章体系结构

第一节　水资源数量

一、水资源数量概念

　　地球上的水资源，从广义来说是指水圈内水量的总体。海水是咸水，不能直接利用，所以通常所说的水资源主要是指陆地上的淡水资源，如河流水、淡水、湖泊水、地下水和冰川等。相应的，水资源数量则是指在全球的水体中能被利用的这部分淡水资源的具体量值。据统计，陆地上的淡水资源只占地球上水体总量的 2.53%，其中大部分（近 70%）是固体冰川，还很难加以利用。目前人类比较容易利用的淡水资源，主要是河流水、淡水湖泊水，以及浅层地下水，储量约占全球淡水总储量的 0.3%，只占全球总储水量的十万分之七。据研究，通过全球水文循环，每年在全球陆地上形成的可更新淡水量通常以河川年径流量为代表，为 4.7 万 km^3/a，其中外流区河流的入海径流为 4.35 万 km^3/a，冰川融化产生的径流量 0.25 万 km^3/a，内流区河流径流约 0.1 万 km^3/a。从水资源的可利用量来看，节约用水是每一个世界公民的刻不容缓的职责。

14

二、世界水资源状况

1. 世界水资源概况

地球水圈是"四圈"（岩石圈、水圈、大气圈和生物圈）中最活跃的圈层。所谓的水圈就是由地球地壳表层、表面和围绕地球的大气层中液态、气态和固态的水组成的圈层，大部分水以液态形式存在，如海洋、地下水、地表水（湖泊、河流）和一切动植物体内存在的生物水等，少部分以水汽形式存在于大气中形成大气水，还有一部分以冰雪等固态形式存在于地球的南北极和陆地的高山上。地球上的水量是极其丰富的，其总储水量约为13.86 亿 km^3，大部分水储存在低洼的海洋中，占96.54%。其中97.47%（分布于海洋、地下水和湖泊水中）为咸水，淡水仅占总水量的2.53%，且主要分布在极地冰川与永久积雪（占68.70%）和地下（占30.96%）；陆地水体仅占总储水量的0.75%，全球水量分布如图2-2所示。如果考虑现有的经济、技术能力，扣除无法取用的冰川和高山顶上的冰雪储量，理论上可以开发利用的淡水不到地球总水量的1%；实际上，人类可以利用的淡水量远低于此理论值，主要是因为在总降水量中，有些时候降水落在无人居住的地区如南极洲，或者降水集中于很短的时间内，由于缺乏有效的水利工程措施，很快流入海洋之中。由此可见，尽管地球上的水是取之不尽的，但适合饮用的淡水水源却是十分有限的。

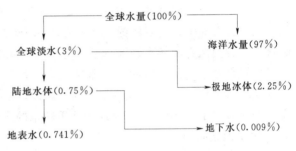

图2-2　全球水量分布情况图

2. 世界水资源短缺

世界水资源供需状况并不乐观。1996 年 5 月，在纽约召开的"第三届自然资源委员会"上，联合国开发支持和管理服务部对 153 个国家（占世界人口的 98.93%）的水资源，采用人均占有水资源量、人均国民经济总产值、人均取（用）水量等指标进行综合分析，将世界各国分为水资源丰富国（包括吉布提等 100 多个国家）、水资源脆弱国（包括美国等 17 个国家）、水资源紧缺国（包括摩洛哥等 17 个国家）、水资源贫乏国（包括中国、阿尔及利亚等 19 个国家）四类。按此种评价法，目前世界上有 53 个国家和地区（占全球陆地面积的 60%）缺水。预测结果表明，21 世纪水危机将成为几乎所有干旱和半干旱国家普遍存在的问题。联合国发表的《世界水资源综合评估报告》预测结果表明，到2025 年，全世界人口将增加至 83 亿人，生活在水源紧张和经常缺水国家的人数将从 1990年的 3 亿人增加到 2025 年的 30 亿人，后者为前者的 10 倍，第三世界国家的城市面积也将大幅度增加，除非更有效地利用淡水资源、控制对江河湖泊的污染，更有效地利用净化后的水，否则，全世界将有 1/3 的人口遭受中高度到高度缺水的压力。

缺水已经成为世界性问题，必须引起高度重视。

三、中国水资源状况

1. 水资源数量

我国是一个水资源短缺、水旱灾害频繁的国家，如果按水资源总量考虑，水资源总量居世界第六位，但是我国人口众多，若按人均水资源量计算，人均占有量只有 $2044m^3$，约为世界人均水量的 1/4，已经被联合国列为贫水国家之一。而且我国各流域由于面积不同，加之自然地理条件的差异，造成水资源量的差别很大，全国年降水总量为 61889 亿 m^3，多年平均地表水资源（即河川径流量）为 27115 亿 m^3，平均地下水资源量为 8828 亿 m^3，扣除重复利用量以后，全国平均年水资源总量为 28124 亿 m^3。

在全国 600 多座城市中，有 400 多座城市存在供水不足的问题，其中缺水比较严重的城市有 110 座，全国城市缺水年总量达 60 亿 m^3。

不仅如此，水资源在全国范围的分布严重不均。占全国面积 1/3 的长江以南地区拥有全国 4/5 的水量，而面积广大的北方地区只拥有不足 1/5 的水量，其中西北内陆的水资源量仅占全国的 4.6％。

我国多年平均降水量约 6 万亿 m^3，其中 54％即 3.2 万亿 m^3 左右通过土壤蒸发和植物散发又回到大气中，余下的约有 2.8 万亿 m^3 绝大部分形成了地面径流和极少数渗入地下。这就是我国拥有的淡水资源总量，这一总量低于巴西、俄罗斯、加拿大、美国和印度尼西亚，居世界第六位。但因人口基数大，人均拥有水资源量是很少的，仅为 $2044m^3$，占世界人均占有量的 1/4。专家预测，我国人口在 2030 年将进入高峰时期，届时人均水资源量大约只有 $1700m^3$，中国将成为严重缺水的国家。

2. 水资源数量简评

(1) 水资源人均量低，分布极不均衡。我国河川径流量 27115 亿 m^3，地下水资源量约 8300 亿 m^3，在世界主要国家中，仅次于巴西、俄罗斯、加拿大、美国和印度尼西亚，位居世界第六位。可见，我国水资源总量是可观的，但由于人口众多，导致人均水资源量远远低于上述主要国家，也大大低于世界的平均水平。如果从单位耕地面积水量来看，也远远小于世界的平均水平，我们用全世界 7.2％的耕地以及 5％的水资源养育了全球 19％的人口，从中可以看出我国的水土资源是多么的稀缺。

除上述特点以为，我国水资源分布同人口、耕地分布也极不协调，长江流域及其以南的珠江流域、浙闽台诸河、西南诸河等流域，国土面积、耕地和人口分别占全国的36.5％、36％和 54.4％，但水资源总量却占全国的 81％，人均水量为全国平均水平的1.6 倍，亩均占有量是全国平均值 2.3 倍；辽河、海滦河、黄河、淮河流域，面积为全国的 18.7％（相当于南方的 1/2），水资源总量却只为南方 4 流域的 10％；北方耕地占全国的 45.2％，人口占全国的 38.4％，水资源总量更少，特别是海滦河流域尤为明显，人均占有水量为全国平均水平的 16％，亩均为全国平均水平的 14％。水资源这种不均衡分布，严重地制约了国民经济的健康发展，跨流域调水成为经济和政治的热门话题。

(2) 水资源供需矛盾加剧，威胁社会可持续发展。我国水资源供需状况不容乐观。长期以来，我国社会经济发展一直受缺水困扰，水资源成为国民经济发展的"瓶颈"，缺水量越来越多，缺水地区迅速由点到面，几乎成为全国性问题，并且此问题越来越突出。

由此可见，我国水资源面临的形势非常严峻，如果在水资源开发利用上没有大的突破，在管理上不能适应这种残酷的现实，水资源很难支持国民经济迅速发展的需求，水资源危机将成为所有资源问题中最为严重的问题，它将威胁中华民族的腾飞，前景十分令人忧虑！

第二节 水资源供需平衡管理

一、水资源数量管理基础

水资源数量管理的基础是对水资源数量的准确掌握。为了便于理解，下面对相应的基本概念进行简要的介绍，主要包括地表水资源量、地下水资源量、水资源总量、水资源可利用量、水资源开发利用程度、供水量、用水量、用水消耗量等。

（1）地表水资源量就是河流、湖泊、冰川等地表水体中由当地降水形成的、可以更新的动态水量，用天然河川径流量来表示，频率选择 25％（丰水年）、50％（平水年）、75％（枯水年）和 95％（特枯水年）4 种。

（2）地下水资源量是指地下水体中参与水循环且可以更新的动态水量。地形地貌、地质构造及水文条件对地下水的补给、径流和排泄产生影响。为了准确评价地下水资源量，一般按地形地貌及水文地质条件进行分区。

平原区地下水资源量采取补给量法进行评价，山丘区地下水资源量采用排泄量法计算。某区的多年地下水资源量是平原区多年平均地下水资源量与山丘区多年地下水资源量的和，再扣除其重复计算量。重复计算量包括平原区多年平均山前侧向补给量与河川基流形成的地表水体补给量之和。

（3）水资源总量就是当地降水形成的地表和地下产水量，即地表产流量与降水入渗补给地下水量之和。

（4）水资源可利用量包括地表水资源可利用量和地下水可利用量两部分。地表水可利用量是指在可预见的时期内，同时在考虑生态环境需水和必要的河道内用水需求的前提下，通过经济合理、技术可行的措施可供河道外一次性利用的最大水量（不含回归水重复利用量）。地下水可开采量是在可预见的时期内，通过经济合理、技术可行的措施，在不致引起生态环境恶化条件下允许从含水层中获取的最大水量。水资源可利用总量包括地表水资源量与浅层地下水可开采量，并需扣除地表水可利用量与地下水可开采量之间重复计算的水量，重复水量主要是平原区浅层地下水的渠系渗漏和渠灌田间入渗补给量的开采利用部分与地表水资源可利用量之间的重复计算量。

（5）水资源开发利用程度通常用地表水资源开发率、地下水开采率和水资源利用消耗率来表示。地表水资源开发率指地表水资源供水量占地表水资源量的百分比；地下水开采率是地下水实际开采率占地下水资源量的百分比；水资源利用消耗率是用水消耗占水资源总量的百分比。

（6）供水量是指各种水源工程为用水户提供的包括输水损失在内的毛供水量。

（7）用水量是分配给用水户的包括输水损失在内的毛用水量。

（8）用水消耗量是指毛用水量在输水、用水过程中，通过蒸发蒸腾、土壤吸收、产品带走、居民和牲畜饮用等多种途径消耗掉而不能回归到地表水体或地下水层的水量。

二、水资源需用水量预测

水资源的需用水量包括生活需水量、生产需水量和生态需水量三个方面。"三生需水量"的总和即可认为等于水资源的总需用水量。可用下面公式表达为

水资源需用水量＝生活需水量＋生产需水量＋生态需水量

1. 生活需水量的预测方法

生活用水的预测方法有定额分析法、趋势分析法和分类分析权重法。但现在一般选用定额分析法。所谓的定额分析法就是根据人口的数量和人均用水量（定额）来确定用水量的方法。其基本公式为

$$W_{生} = PK \tag{2-1}$$

式中：$W_{生}$ 为某一水平年生活需水量；P 为某一水平年的人口数量；K 为某一水平年拟订的城镇生活需水综合定额，$m^3/(人 \cdot a)$，K 的拟订以现状为基础，综合考虑多年的变化情况，并参考国内外先进地区的实际情况进行综合推定。

某一水平年的人口数量是预测值，一般根据人口年增长率来确定，基本公式为

$$P = P_0(1+r)^n \tag{2-2}$$

式中：P_0 为某一基准年的人口数据；r 为人口年增长率；n 为预测年数（现状基准年至预测水平年之间的年数）。

2. 生产需水量的预测方法

生产需水量又可分为工业用水（电力用水、一般工业用水和乡镇用水）、农业需水（农田灌溉用水、林牧渔业用水），下面分别介绍：

（1）工业用水预测。预测工业用水的方法很多，包括定额法、趋势法、重复利用率提高法、分行业预测法和系统动力学法等。

定额法的基本公式同生活用水基本相似，用下式来表示：

$$W_{工} = XD \tag{2-3}$$

式中：$W_{工}$ 为某一水平年工业用水需水量；X 为某一水平年工业产值，万元；D 为某一水平年万元产值需水量，$m^3/万元$。

重复利用率法预测工业用水，基本公式如下：

$$W_{工} = Xq_2 \tag{2-4}$$

$$q_2 = q_1(1-\alpha)(1-\eta_2)/(1-\eta_1) \tag{2-5}$$

式中：$W_{工}$ 为某一水平年工业用水需水量；X 为某一水平年工业产值，万元；η_1、η_2 分别为预测始末年份的水的重复利用率；q_1、q_2 分别为预测始末年份万元产值需水量 $[q_2$ 相当于式（2-3）中的 $D]$；α 为工业进步系数，一般为 0.02～0.05。

（2）农业需水量预测。农业需水量包含农业灌溉需水量和林牧渔业需水量，其中前一项为主要部分。林业用水主要是经济林和果园用水，牧业用水主要为牲畜的灌溉草场用水，渔业用水为鱼塘的补水，它们可以采用定额的方法进行预测。

农业灌溉需水量预测可以采用定额法，其基本公式为

$$W_{灌} = \sum_{j=1}^{M} \sum_{i=1}^{N} w_{ij} m_{ij} / \lambda_i \tag{2-6}$$

式中：$W_{灌}$ 为某一水平年总灌溉需水量；w_{ij} 为某一水平年 i 分区 j 种作物的灌溉面积，习惯用亩（1 亩≈667m^2）；m_{ij} 为某一水平年 i 分区 j 种作物的灌溉定额，$m^3/亩$；λ_i 为 i 分区灌溉水利用系数；N 为分区个数；M 为作物种类数。

灌溉面积的预测很复杂，合理地确定灌溉规模是灌溉用水量的基础。灌溉定额的确定

非常重要，目前通常是根据现实的基础，在考虑国内外情况的基础上加以确定。

3. 生态环境用水需水量预测

生态环境用水指为生态环境美化、修复与建设或维持其质量不至于下降所需要的最小需水量。在预测时，要考虑河道内和河道外两类生态环境需水口径分别进行预测。河道内生态环境用水分为维持河道基本功能和河口生态环境的用水，河道外生态环境用水分为湖泊湿地生态环境与建设用水、城市景观用水等。城镇绿化用水、防护林草用水等以植被需水为主体的生态环境需水量，可以用灌溉定额的方式预测，湿地、城镇河湖补水等，以规划水面的水面蒸发量与降水之差为其生态环境需水［详见水利部水利水电规划设计总院《全国水资源综合规划技术大纲》（2002）］。

4. 需求预测评述

对于未来水资源需求的预测，各种方法都有其合理性和适用条件，重要的问题是如何科学地把握未来的发展。这个问题一直没有得到重视。万元产值需水量定额预测法具有简单明了的特点，由于与未来的国民经济发展计划紧密地结合在一起，符合政治需求，领导容易接受。但也存在一定的缺点，主要表现如下。

（1）万元产值的定额确定非常困难，目前还没有一个很好的办法解决。现状可以通过统计数据计算得到，未来根据趋势"递推"。有时根据先进国家情况估算我国的实际情况，看似科学，实际也有荒谬之处。由于国情不同，文化背景的差异，产业结构不一样，技术进步程度的限制，地理气候的差异，以"洋"为基础的数据即使根据国情做一些调节，也难以符合实际情况。

（2）产值与市场供求密切相关。产值随着市场变化而变化，市场的供需变化对产值有很大影响，如市场疲软的时候产值低，但耗水量不一定低；相反，在产品"牛市"的时候，同样产品，耗水量不一定高。即使用不变价格的时候，消除价格的影响也有类似的问题。

（3）万元产值的时空差异。由于地域差异，同一产品消耗水量也存在一定差距，所以取得的数据有差异。尽管近年来对万元产值采用了增加值取水量指标改进，但问题依然存在。有数据表明，不同时期全国平均万元产值增加值取水量相差45倍，可见，此方法的应用应特别注意因地制宜。

用水增长趋势法是根据历史资料来推测未来的，它是时间序列法，可以有多项式、指数曲线、对数曲线和生长曲线等多种模式。历史往往预见未来，历史学家深信这一点。但是用水量的多少是多种因素共同作用的结果，如政策的调整、价格的变化、收入的变化、气候的变化等都对其产生影响，特别是一些技术的进步对需水产生的影响更大，导致历史不能预见未来。如建设部《城市缺水问题研究》报告预测北京1995—2000年工业区需水量将以6%速度增长，而实际上，1989—1997年北京市工业需水量不但没有增长，反而减少了。

单位产品预测存在的问题是对未来市场的估计难以把握，由于市场的流动性，产品产自何地都无法加以确定，如果来自国外或者其他地区，就高估了水资源需求；同时由于同类产品由于工艺的差异，产品的耗水量是不一样的。例如，我国宝钢吨钢取水量为68m³，涟源钢厂则达到5432m³。在农业方面也存在类似的情况。

人均综合用水量的方法曾得到广泛的应用，但也存在一定问题，如合理估计未来状况的问题。

5. 我国需水预测实践与比较

进入 21 世纪以来，我国许多部门对 2010 年、2015 年中国需水量进行了预测，将这些结果与 2010 年、2015 年实际用水量进行比较，可以分析预测存在的问题，为未来需水量预测提供宝贵的经验。

为了提高预测的准确性，把握经济发展不同时段用水需求规律是非常重要的。目前，我们对这种规律还在探索之中，需要从国内外历史经验中进行深刻总结，同时需要艰苦的探索和创新，探讨新的办法。

预测需水量与实际用水量的差距，反映了需水预测方法是有局限性的。因此，我们对需水的预测结果要采取审慎的态度，只采用一种方法存在偏差的可能性大，需要用多种方法进行辅助调整，再作出综合判断（有兴趣的读者可参考赵立梅、唐德善发表的论文《张家港工业需水量预测》，水利经济）。

三、水资源可供水量预测

水资源可供水量预测就是对不同时段供水量进行判断。供水量是指在不同的来水条件下供水设施可提供的水量。根据供水的来源，供水水源由地表水源、地下水源、跨流域调水、非常规水资源（污水回用、微咸水利用、雨水利用）等构成，计算公式为：

水源供水量＝地表水源＋地下水源＋跨流域调水＋非常规水资源

地表水源供水量包括蓄水工程供水量和引堤水工程供水量。对于地表蓄水工程的计算，根据来水条件、工程规模进行调节计算，小型蓄水工程及塘坝采用复蓄系数法进行计算，也就是对工程情况进行分类，采用典型调查法，分析不同地区各类工程的复蓄系数。

对于地表引堤工程的供水量用以下公式进行计算：

$$W_{供引提} = \sum_{i=1}^{t} \min(Q_i, H_i, X_i) \tag{2-7}$$

式中：Q_i、H_i、X_i 分别为 i 时段取水口的可引流量、工程的引提能力及需水量；t 为计算时段数。

$$W_{供地下} = \sum_{i=1}^{t} \min(Q_i, W_i, X_i) \tag{2-8}$$

式中：Q_i、W_i、X_i 分别为 i 时段机井提水量、当地地下水可开采量及需水量。

值得说明的是，供水量预测是在考虑供水现状的基础上，要考虑不同保证率的可供水量，要预计不同规划水平年工程变化情况以及考虑现有工程更新改造和续建配套后新增的供水能力，要考虑工程老化、水库淤积和因上游用水增加造成的来水量减少等对工程供水能力的影响，可供水量是水源供水量、工程供水能力、需水量三者的最小值。

四、水资源供需平衡分析

水资源供需平衡分析就是综合考虑社会、经济、环境和水资源的相互关系，采取各种措施使水资源可供水量和需求量处于平衡状态。水资源供需平衡的基本思想是通过"开源节流"解决供需缺口。开源就是增加水资源可供水量，包括开辟新的水源、非常规水资源的开发利用、虚拟水等；而节流就是通过各种手段抑制需水量，包括通过技术手段提高水资源利用率和利用效率，如通过减少水资源的需求、调整产业结构、改革管理机制等。

供需平衡是一个反复的过程〔一般要进行三次供需平衡，一次为现状工况对应的供需平衡，二次为加强节水（节流）工况的供需平衡，三次为增加供水能力（开源）工况的供需平衡〕，由于供水与需水预测的多方案性，所以供需平衡也存在众多的方案，要对这些方案进行合理性分析，根据经济、技术、环境可行的方案进行优化是十分必要的。以前的水资源供需方案中多方案做的不多，特别是多方案的优化比较做得就更少。在多方案选择时，要进行科学比较，开展费用-效益分析是十分重要的，若工程没有开展这方面深入研究，则工程的规划设计方案就难以被公众接受，会出现各种不同意见，甚至是反对意见。如对于某地区而言，是用海水经济还是调水合算？对于这样的问题，不能简单地从成本上来否定某个方案或者赞成某个方案，应该在详细论证两方案的基础上，从社会、经济、环境等多种角度进行费用-效益分析，选择推荐方案。

第三节　非常规水资源开发利用

非常规水资源开发利用是为了增加水资源可供水量。污水、微咸水、雨水等都属于非常规水资源。在水资源量的管理过程中也必须考虑到这些非常规水资源，只有如此，才能统筹水资源，有利于水资源供需矛盾的解决。

一、污水资源化

1. 国内外污水资源化进展

以色列是水资源极为短缺的国家，水资源短缺促进了以色列在污水净化和回收利用方面的发展，其技术处于世界先进水平。以色列立法规定要充分利用废水，城市中的水至少回用一次，污水回用后用于农业灌溉、工业企业、市民冲厕、河流恢复等方面。全国90％的污水收集排放，80％经过处理，最后有60％～65％处理后的污水回用。这些再生水中有42％用于灌溉，30％回灌地下水。

日本早在1962年就开始回用污水，20世纪70年代初具规模。90年代初日本在全国范围内进行了废水再生回用的调查研究与工艺设计，对污水回用在日本的可行性进行深入的研究和工程示范，在严重缺水的地区广泛推广污水回用技术，使日本近年来的取水量逐年减少，节水已初见成效。濑户内海地区污水回用量已达到该地区用淡水总量的2/3，新鲜水取水量仅为淡水用量的1/3。1991年日本的"造水计划"中明确将污水再生回用技术作为最主要的开发研究内容加以资助，开发了很多污水深度处理工艺。日本各大城市已基本普及节水型住宅，即利用净化装置收集浴室等中水用于冲厕或浇灌绿地，同时积蓄和利用雨水，节水率最高为50％，平均达到36％。

俄罗斯、印度、南非、纳米比亚以及西欧各国的污水回用事业也很普遍。例如，莫斯科市东南区的36家工厂用污水总量达55.5万 m^3/d；在南非的约翰内斯堡每天都有9400t饮用水来自再生水工厂；纳米比亚于1968年建起了世界上第一个再生饮用水工厂，日产水6200m^3，水质达到世界卫生组织和美国环保局公布的标准。

我国的污水资源利用也有了一定的发展。"六五"期间分别在大连、青岛做了试验探索，"七五""八五""九五"期间，污水资源化相继列入了重点科技（攻关）计划。取得了一大批科技成果，建设了一批示范工程，推进了我国污水资源化工作。例如，北京市1984年开始进行中水回用工程示范，并在1987年出台的《北京市中水设施建设管理试行办法》中明确规定：凡建筑面积超过2万m^2的旅馆、饭店和公寓以及建筑面积3万m^2以上的机关科研单位和新建生活小区都要建立中水设施。北京市的中水设施建设得到较快的发展，1995年北京市已有中水设施115个，日回用污水已达1.2万m^3，中水建设已初具规模。"十五"纲要明确把"水资源的可持续利用和污水处理回用"写入《第十个五年计划发展纲要》和新修订的《中华人民共和国水法》（2002年10月1日执行）中，时任总理朱镕基针对南水北调工程提出的"先节水后调水，先治污后退水，先环保后用水"即"三先三后"原则，污水资源化处于重要地位。国家经济贸易委员会和建设部联合发文，对创建节水城市提出量化考核指标，其中污水处理回用是指定考核项目。2002年国家相继出台了有关污水再生利用设计、验收及回用水质等6项规范和标准：GB 50334—2002《城市污水处理厂工程质量验收规范》、GB 50335—2002《污水再生利用工程设计规范》、GB 50336—2002《建筑中水设计规范》、GB/T 18919—2002《城市污水再生利用分类》、GB/T 18920—2002《城市杂用水水质》、GB/T 18921—2002《景观环境用水水质》。我国的污水资源化逐步走入正轨。

2. 我国污水资源化潜力

我国污水处理率和处理水平很低，1997年我国城市污水集中处理率仅为13.65%，与欧美各国80%~90%有很大的差距。而我国废污水排放总量非常庞大，2008年是758亿t，2013年为775亿t。如果将这些废弃的污水作为非常规水资源进行处理，并使其再次利用在城市的各种景观用水、道路清洗以及公共厕所用水之中，从而增加可供水量，节省大量的水资源。

3. 我国污水资源化问题及对策

污水资源化是解决我国水资源短缺必须走的路。目前，我国污水资源化过程中，存在以下问题：①观念问题，尽管已经认识到污水资源化的作用，但在实践上还没有将其摆在重要的位置上，在水资源开发利用上首先想到的还是开源，开发新的水资源；②资金缺乏，污水处理回用需要很大的资金，在运转上也需要很大的投入，由于系列配套措施不配套，即使已经建设起来的污水处理厂要么勉强维持运转，要么处于亏损状态，资金缺乏已经是制约污水处理的重要"瓶颈"；③设施不配套，污水处理与回用的设施缺乏配套，很多污水处理厂在前期规划时没有考虑处理的污水如何回用，缺少回用系统；④缺乏完善的市场支撑，尽管水价不断地进行调整，但污水资源化价格还没有竞争能力，企业在市场中生存依然是一个大问题，建立科学合理的水价体系是非常重要的。为此，为了促进污水资源化顺利展开，必须：①将污水资源化纳入整体的水资源数量管理中进行综合考虑，提高认识；②制定产业政策，制定污水资源化产业政策，鼓励污水资源化，吸引资金；③注重污水资源化安全问题，对污水资源化利用进行安全评估，制定系列安全标准；④改革水价体系，有利于污水资源化的价格倾斜；⑤制定法规，通过完善的法规保障污水资源化行为，走法制化道路。

二、微咸水利用

微咸水利用有了很长时间，技术日趋完善。最为典型的是以色列，经过科学合理的开发，采用先进的计算机系统，使微咸水和淡水混合为生活饮用水及农林业灌溉用水。日本用含盐浓度 7～20g/L 的滞潮地或潮水河的水进行灌溉。印度、西班牙、德国、瑞典的一些海水灌溉实验站用含盐浓度 6～33g/L 的海水灌溉小麦、玉米、蔬菜、烟草等作物。突尼斯不仅用矿化度 4.5～5.5g/L 的地下水灌溉小麦、玉米等谷类作物获得成功，而且在撒哈拉沙漠排水和油水技术条件方便的地区用矿化度 1.2～6.2g/L 的地下水灌溉玉米、小麦、棉花、蔬菜等作物，效果良好。

我国可利用的微咸水资源 200 亿 m³/a，微咸水开采资源 130 亿 m³/a。我国北方可开采的微咸水（矿化度 3～5g/L）资源总量约 130 亿 m³，其中华北地区 23 亿 m³，已利用了 6.6 亿 m³，华北平原还有高达 2 万 km²，矿化度 3～5g/L 地下咸水面积，初步估算可以有开采条件的 10 亿～15 亿 m³；淮河流域微咸水资源总量约 125 亿 m³，尚未开发利用。

我国在微咸水利用取得了一定经验，技术也日益成熟。在河北平原，用矿化度 4～6g/L 和 2×4g/L 的咸水灌溉小麦、玉米比不灌的旱作小麦、玉米增产 1.2～1.6 倍。河北省还利用微咸水灌溉研究成果，引进了联合国 IFAD 贷款 1200 万美元，大面积开发利用微咸水，改造治理盐碱低产田 13333hm²，1983—1987 年使农田灌溉面积增加 1 倍，盐碱地面积减少 50%，农业产值及人均收入翻了两番。

三、雨水利用

雨水利用就是直接对天然降水进行收集、储存并加以利用，雨水利用可以粗略地分为农业利用和城市利用两方面。

1. 农业雨水利用

雨水资源的利用有着悠久的历史。早在 4000 年以前，古代中东的纳巴特人（Nabate-ans）就在涅杰夫沙漠，把从岗丘汇集的径流由渠道分配到各个田块，或把径流储存到窖里，以供农作物利用，获得了较好的收成。自 20 世纪 70 年代以来，美国、苏联、突尼斯、巴基斯坦、印度、澳大利亚等国对集水面进行了大量研究。近年来，世界各地悄然掀起了雨水利用的高潮，并成立了国际雨水集流系统协会（IWRA），于 1982—1997 年在世界各地召开了 8 次国际雨水收集大会。联合国粮农组织和国际干旱地区农业研究中心，对雨水资源的利用也很重视。以色列、美国、澳大利亚等国成立了干旱研究机构，专门研究有关农业用水的问题。

在我国，夏朝的后稷便开始推行区田法。战国末期有了高低畦种植法和塘坝，明代出现了水窖。20 世纪 50—60 年代，创造出鱼鳞坑、隔坡梯田等就地拦蓄利用技术。近年来，各地纷纷实施雨水集流利用工程，如甘肃的"121"工程、陕西的"甘露工程"、山西的"123 工程"、宁夏的"窖窖工程"和内蒙古的"11338"工程。通过雨水就地拦蓄入渗、覆盖抑制蒸发利用、雨水富集等技术，提高了雨水的利用率。

雨水利用的形式很多，包括：①雨水的当时和就地利用，包括为了提高土壤水利用率的措施，如深耕耙耱、覆盖保墒等；②水土保持措施，主要是拦截降水径流，提高土壤水分含量，梯田、水平沟、鱼鳞坑以及在小流域治理中的谷坊、淤地坝等治构措施；③拦截雨洪进行淤灌或补给地下水；④微集雨，即利用作物或树木之间的空间来富集雨水，增加作物区或树木生长区根系的水分；⑤雨水集蓄利用，是指采取人工措施，高效收集雨水，加以蓄存和调节利用的微型水利工程。

我国开展雨水集蓄利用的范围主要涉及 13 个省（自治区、直辖市），700 多个县，国土面积约 200 多万 km²，人口 2.6 亿人。主要在西北黄土高原丘陵沟壑区、华北半干旱山区、西南季节性缺水山区、川陕干旱丘陵山区以及沿海及海岛淡水缺乏区。据统计，从 20 世纪 80 年代后期到现在，全国已建成水窖、水池、小塘坝等小微型工程 1200 万处，可集蓄雨水 160 亿 m³，初步解决 3600 万人的饮用水问题，为近 267 万 hm² 旱作农田提供了补充灌溉水源，使近 3000 万人开始摆脱干旱缺水的束缚和困扰。农业雨水利用具有显著的经济效益和社会效益，以黄土高原为例，作物的年无效蒸发耗水达 33 亿 m³，若采取集流保墒措施，年可减少蒸发损失 64 亿 m³。如果收集居民地和交通地的汇流潜力，可使西北的粮食增产超过 10%，初步推算黄土高原地区可增产粮食约 28 亿 kg。

2. 城市雨水利用

城市雨水利用有以下几种方式：①屋面雨水集蓄利用，利用屋顶蓄集雨水用于家庭、公共和工业等方面的非饮用水，如浇灌、冲厕、洗衣、冷却循环等中水系统；②屋顶绿化雨水利用，屋顶绿化是一种削减径流量、减轻污染和城市热岛效应、调节建筑温度和美化城市的重要措施；③园区雨水集蓄利用，绿地入渗，维护绿地面积，同时回补地下水；④雨水回灌地下水，在一些地质条件比较好的地方，进行雨洪回灌，人工补给地下水。

现如今我国所倡导的"海绵城市"就是城市雨水有效利用的一个典型例子。"海绵城市"能够在下雨时及时吸水、蓄水、渗水、净水，在需要时将储存下来的水释放并加以利用。"海绵城市"遵循了生态优先原则，将自然途径与人工措施相结合，在确保城市排水防涝安全的前提下，最大限度地实现雨水在城市区域的积存、渗透和净化，促进雨水资源的利用和生态环境保护。

城市雨水利用有很多成熟的案例。例如，伦敦世纪圆顶的雨水收集利用系统。英国 2000 年在伦敦修建了世纪圆顶示范工程，该工程面积 10 万 m²，相当于 12 个足球场大小。设计者将从圆顶盖上收集的雨水在芦苇床中进行处理，处理过程包括 2 个芦苇床（每个床的表面积为 250m²）和 1 个塘（其容积为 300m³），将雨水利用与生态有机地结合起来，体现了人与自然的和谐。位于柏林的 HlankwitzBeless luedecke Strasse 公寓，将从屋顶、周围街道、停车场和通道收集的雨水，通过雨水管道送入 160m³ 地下储水池，经简单的处理步骤后用于冲厕所和浇洒庭院。丹麦从屋顶收集的降雨量为 2290 万 m³，相当于目前饮用水生产总量的 24%。新加坡水资源短缺，人均水资源为 211m³，占世界倒数第二位，该国 40% 的水主要通过集雨来解决，几乎每栋楼顶都有专门用于收集雨水的蓄水池，经过专门的管道输送到全国 18 个水库储存，供城市利用。

城市雨水利用具有重要的积极作用，主要表现在以下几个方面：①雨水渗透能够适当提高地下水位，补充地下水，对于地下水超采城市来说具有更重要的意义；②雨水利用，可减少城市街道雨水径流量，减轻城市排水的压力，甚至一些区域不必铺设雨水管道，同时有效降低雨污合流，减轻污水处理的压力；③雨水利用用于工农业用水和生活用水，为城市提供新的供给水源，缓解水资源供需矛盾。

3. 洪水资源化

洪水给人类带来过巨大灾难，但其本身并不仅具有灾害性，在某种程度上还具有资源属性，即具有水害和水利双重特性。随着水资源短缺的加剧，越来越多的专家学者开始关注洪水资源化问题。

洪水资源化的主要途径：①通过调蓄将汛期洪水转化为非汛期供水，水库是调蓄洪水的重要手段，适当抬高水库的汛限水位，多蓄汛期洪水增加水资源可调度量，可以用于下游城市供水和农田灌溉；②环境用水，利用洪水输送水库和河道中的泥沙和污染物，将洪水作为调沙用水和冲污用水，输沙减淤，清除污染物；③引洪灌溉，将汛期洪水用于补源和灌溉，可以弥补湿地水源不足和地下水源不足。

第四节 节约用水途径与措施

一、节约用水的途径

我国水资源短缺，节水成为社会的当务之急，在进行水资源数量管理过程中必须通过各种手段节约用水，这是我们当前和今后相当长一段时间内的重要任务。节约用水应该寻求科学的途径。下面就节水的途径进行简要的探讨。

1. 建立节水型社会

建立节水型社会成为我们奋斗的目标。节水型社会包括节水型农业、节水型工业、节水型服务业、节水型产业结构、节水型意识、节水型教育等多方面因素。通过各种努力，在全社会形成节水的风尚，政府在进行决策或者制定规划指导工作时，始终围绕节水这个资源环境问题，将节水作为一项基本国策纳入到社会经济环境等各个领域，真正地落实到实处。

2. 制定科学的节水目标和节水标准

在现状用水调查和各行业用水定额、用水效率分析的基础上，根据当地水资源条件、社会发展和科学技术水平以及经济条件，参考国内外先进用水水平的指标和参数，制定科学合理的节水标准和用水标准，确定各行业的用水定额、用水效率等指标，要形成标准体系。节水指标尽可能详细，主要包括生活用水指标、工业用水指标、建筑业及商饮服务业节水指标、农业节水指标等。制定合理的定额，采取定额管理。在定额和标准的基础上，合理地分析各行业节水潜力，采取各种措施进行挖潜。

3. 加快推进节水技术改造

加大农业节水力度，完善和落实节水灌溉的产业支持、技术服务、财政补贴等政策措施，大力发展管道输水、喷灌、微灌等高效节水灌溉。加大城市生活节水工作力度，逐步淘汰公共建筑中不符合节水标准的用水设备及产品，大力推广使用生活节水器具，着力降低供水管网漏损率。鼓励并积极发展污水处理回用、雨水和微咸水开发利用、海水淡化和直接利用等非常规水的开发利用。

4. 进行需求管理

需求管理是未来社会发展所必需的。在水资源安全章节中对此进行了稍详细的阐述，在此不再展开，请参考水资源安全章节。

5. 水资源核算

水资源核算是非常重要的水资源数量管理手段，能清楚地知道水资源数量和流向，是决策的重要支撑，建立合理的水资源核算体系是非常重要的。关于水资源核算内容有兴趣的读者请参阅文献［25］、［26］。

6. 水资源资产管理

水资源资产是新的研究方向，它是将水资源作为资产进行研究，由此带来一系列的思想变化。关于此部分内容，有兴趣的读者请参阅文献［27］、［28］。

二、节水高效农业的节水措施

据《中国水资源公报 2007》，2000 年全国总用水量 5498 亿 m^3，其中农业用水占总用水量的 68.8%（合林、牧、渔用水），工业用水占 20.7%，生活用水占 10.5%。可见农业是用水大户。与此相对应，农业用水利用率和利用效率较低，据估算，我国渠系利用系数只有 30%～40%，粮食生产效率不足 1kg/m^3，同发达国家相比存在很大差距。

据《中国水资源公报 2013》，2013 年全国总用水量 6183.4 亿 m^3，其中生活用水占 12.1%；工业用水占 22.8%；农业用水占 63.4%；生态环境补水（仅包括人为措施供给的城镇环境用水和部分河湖、湿地补水）占 1.7%。可见农业仍是用水大户。与此相对应，农业用水的利用率和利用效率较低，据统计，2013 年我国农田灌溉水有效利用系数为 0.523，有较大提高，但同发达国家相比仍存在很大差距。因此，发展节水高效农业成为中国农业发展的必然抉择。

节水型社会的建立需要采取多种措施，由于农业水资源利用占的比重很大，在这里重点探讨节水高效农业重大节水措施。

多年来，我国的节水农业取得了一定成效，但与现实要求尚存在一定距离，必须采取重大措施发展节水高效农业才能有大的突破。重大节水措施至少应包括以下几个方面的内容：①强化水资源管理能力建设；②适应 WTO 规则；③改革节水农业投资机制；④建立科学的节水高效水价体系；⑤提高节水高效农业技术创新能力；⑥推动节水设备和服务产业化。

本 章 小 结

本章在简要概述世界与中国水资源量的基础上，分析了水资源量的供需平衡管理，系统介绍了各类水资源需用水量预测的方法和可供水量的预测方法，以及供需平衡分析的要点，研究了对水资源量供需平衡具有重要影响的因素，包括水资源开源和节水两方面：三种非常规水资源的利用和建立节水型社会的途径。旨在向读者全面介绍水资源数量管理的原理和方法，启发对于水资源数量管理的新思路、好方法。

参 考 文 献

［1］姜文来，雷波，唐曲. 水资源管理学及其研究进展［J］. 资源科学，2005（1）：153-157.
［2］仕玉治，侯召成，祝雪萍. 水资源数量与质量联合评价研究综述［C］. 中国水利学会水资源专业委员会学术年会，2009.
［3］倪新美. 山东省水资源承载力研究［D］. 济南：山东大学，2007.
［4］王渺林，蒲菽洪，傅华. 水资源数量与质量联合评价方法在鉴江流域的应用［J］. 重庆交通大学学报. 自然科学版，2007（6）：141-144.

[5] 赵然杭，陈守煜. 水资源数量与质量联合评价理论模型研究 [J]. 山东大学学报：工学版，2006 (3)：46-50.

[6] 徐志新，王真，郭怀成，等. 生态市的水资源供需平衡研究 [J]. 安全与环境学报，2007 (2)：83-86.

[7] 李富勇. 浅谈水资源供需平衡中存在的问题及措施 [J]. 广东科技，2010 (2)：161-163.

[8] 郑超磊，刘苏峡，舒畅，等. 基于生态需水的水资源供需平衡分析 [J]. 人民黄河，2010 (1)：48-49.

[9] 蔡金万. 水资源供需平衡调控与循环经济 [C]. 中国环境科学学会年会，2007.

[10] 钱正英，陈家琦，冯杰. 从供水管理到需水管理 [J]. 中国水利，2009 (5)：20-23.

[11] 孙梅，郑少奎，杨志峰. 我国污水资源化战略探讨 [J]. 干旱环境监测，2005，19 (2)：73-75.

[12] 刘洪彪，武伟亚. 城市污水资源化与水资源循环利用研究 [J]. 现代城市研究，2013 (1)：117-120.

[13] 张迎珍. 城市生活污水资源化利用探讨 [J]. 太原师范学院学报：自然科学版，2010 (2)：118-122.

[14] 李文彤. 论污水资源化是污水处理的发展方向 [J]. 决策与信息旬刊，2014 (5)：98.

[15] 潘丽英，张迎春. 污水资源化探讨 [J]. 山西建筑，2007，33 (19)：348-349.

[16] 黄鑫鑫，许新宜，王韶伟，等. 我国污水资源化存在的问题与对策 [J]. 中国水利，2012 (S1)：73-75.

[17] 吕烨，杨培岭. 微咸水利用的研究进展 [C]. 北京都市农业工程科技创新与发展国际学术研讨会，2005.

[18] 陈书飞，何新林，汪宗飞，等. 微咸水滴管研究进展 [J]. 节水灌溉，2012 (2)：6-9.

[19] 仇保兴. 海绵城市 (LID) 的内涵、途径与展望 [J]. 给水排水，2015 (1)：11-18.

[20] 刘宝山. 城市小区雨水利用的研究 [D]. 天津：天津大学，2008.

[21] 唐莉华，吕贤弼，张思聪. 雨水利用宏观规划模型 [J]. 水利学报，2010，41 (10)：1179-1185.

[22] 吕玲，吴普特，走西宁，等. 城市雨水利用研究进展与发展趋势 [J]. 中国水土保持科学，2009，7 (1)：118-123.

[23] 张书函，陈建刚，丁跃元. 城市雨水利用的基本形式与效益分析方法 [J]. 水利学报，2007 (S1)：399-402.

[24] 汪慧贞，吴俊奇. 城市雨水利用的技术与分析 [J]. 工业用水与废水，2007，38 (1)：9-13.

[25] 邓俊，甘弘，缪益平. 对水资源核算的总体认识 [J]. 南水北调与水利科技，2009 (2)：29-32.

[26] 吴优，李锁强. 重视水资源核算——联合国统计司水资源和核算介绍 [J]. 中国统计，2007 (5)：10-12.

[27] 陈明涛，成洁. 我国水资源资产管理现状与对策研究 [J]. 中国农村水利水电，2006 (1)：52-53.

[28] 丁建民，余文学，赵敏. 完善和强化水资源资产管理有关问题探讨 [J]. 水资源与水工程学报，1993 (3)：28-33.

[29] 刘亚克，王金霞，李玉敏. 农业节水技术的采用及影响因素 [J]. 自然资源学报，2011 (6)：932-942.

[30] 周亮. 农业节水灌溉技术扩散研究 [D]. 咸阳：西北农林科技大学，2011.

[31] 中华人民共和国水利部. 中国水资源公报 2013 [M]. 北京：中国水利水电出版社，2014.

思 考 题

1. 我国水资源总量高居世界第六位，但为什么说我国是一个严重缺水的国家？

2. 水资源需用水量由哪几个部分组成？其各自的预测方法有哪些？

3. 水资源可供水量由哪几个部分组成？

4. 请列举一些非常规水资源开发利用的方法，并说明它们的工作原理。

5. 查找相关文献，谈谈你对我国开展污水资源化这一技术可行性的看法。

6. 雨水利用的形式有哪些？我国目前开展这一技术的情况如何？

7. 节约用水的途径有哪些？

8. 我国节水农业的节水措施有哪些？

实 践 训 练 题

1. 中国水资源量及其分布特点研究。

2. 流域水资源时空分布特性研究。

3. 地区（省、自治区、直辖市）水资源时空分布特性研究。

4. 流域需水量研究。

5. 地区需水量研究。

6. 地区生活需水量研究。

7. 地区（流域）生产需水量研究。

8. 地区（流域）生态需水量研究。

9. 地区（流域）可供水量分析。

10. 地区（流域）供需平衡分析。

11. 地区（流域）节约用水分析。

12. 地区（流域）非常规水资源量分析。

13. 水资源数量管理的法律法规分析。

14. 水资源数量管理的措施分析。

15. 水资源数量管理的方法研究。

16. 水资源数量管理考核指标体系研究。

17. 水资源数量管理效果分析。

18. 水资源数量管理的主要内容分析。

第三章 水资源质量管理

随着经济的飞速增长，当今社会对水资源的需求越来越大。这种不断增加的需求不仅表现在庞大的水资源需求量方面，还体现在对水资源质量的要求也越来越高。研究水资源质量管理就是为了满足现代社会发展对水资源质量的要求，并期望通过污染物的控制、水量的调度、水质的恢复工程、节水、需求管理等各种行为，维护地理和生态区的完整性，提高水资源质量，保证社会公平，当然包括代内和代际之间的公平。本章体系结构如图3-1所示。

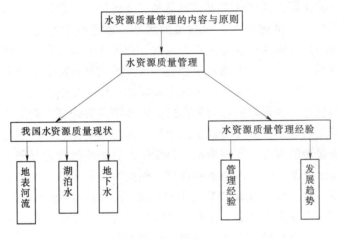

图 3-1 本章体系结构

第一节 水资源质量管理的内容与原则

一、水资源质量管理内容

水资源质量管理内容很广泛，概括地说主要包括水资源质量规划、水资源质量监测、水资源质量模拟、水资源质量评价、污染源（点源、面源和线源等）治理、污染事故应急处理、水污染纠纷调解、水资源质量政策与法规的制定与实施、水质科研等。

水资源质量规划是水质治理和恢复的基础，它是对水资源质量有关的活动和行为作出的具体安排，在水资源质量管理中具有重要作用，它是一种指南，指导对水资源质量造成影响的各种行为。水资源质量规划中需对水质量现状、存在问题、未来水质量发展趋势进行预测，提出治理恢复方案，并提出方案实现的保障措施。

水资源质量监测是弄清有害物质的来源、分布、数量、动向、转化规律，掌握水体质量的实际状况、水质变化的原因、防治水污染和合理使用水资源的主要手段，它是对监督检查污染物排放和水环境标准的实施情况，正确评价水资源质量和净化装置的性能，验证新的水资源质量保护技术及其标准化研究必不可少的基础工作。根据水质监测数据，我们可以清楚地了解水资源质量现状，而且可以清楚地掌握水资源质量演变规律，并对未来进行预测，以便早采取措施，将不利影响降低到最低程度。水资源质量监测要科学布局，要数字化，同时要结合现代科学技术，如"3S"（GIS、RS、GPS）技术提供技术保障，实现迅速、实时、准确反映水资源质量信息，为科学决策提供依据。

水资源质量模拟就是对水质变化、可能存在的各种情况进行模拟，主要有：物理模拟，通过模拟物理环境，探讨污染物在物理模拟环境的迁移、转化、降解等变化情况，从而判断实际水资源质量情况；数字模拟，这是近年发展迅速的水环境模拟工具，通过计算机的模拟，可以判断水资源质量的各种情况，从而为多方案优化决策提供基础。

水资源质量评价就是对水质品质的优劣给予定量或定性的描述。它是人们认识水资源质量，找出水资源质量存在的主要问题所必不可少的手段和工具。通过水资源质量评价应该完成下述任务：找出评价地区的主要污染源和主要污染物，解决需要首先防治的污染物及防治的区域的问题；定量评价水资源质量的水平；通过技术经济比较，提出技术上合理、经济上可行的防治污染途径和方法；为新的社会经济发展计划及环境保护作出可行性研究等；为水资源质量工程、水资源质量管理、水资源质量标准、水资源质量污染综合防治以及水资源质量规划提供基础数据；为国家制定环境保护政策提供信息。进行水资源质量评价的根本目的就是为各级政府和有关部门制定经济发展计划，制定资源开发政策，确定大型工程项目及区域规划提供环境保护的依据，并为环境保护部门制定水环境规划，贯彻以防为主、以管促治的方针，实现全面、科学的水资源质量管理服务。

污染源治理是水资源质量管理的重要环节，根据对污染源的调查和监测，判断污染负荷，削减其排放量，或者使排放污染物达到排放标准。污染源治理很复杂，涉及众多领域，如生产工艺、污水处理能力等。工业污染源治理要注重点源治理，同时面源治理，特别是来自于农业的污染源治理是今后污染源治理的重点。

近年来，我国污染事故发生频繁，突发事件经常发生，对水资源质量管理提出新的挑战，对水污染事故进行应急处理，成为水资源质量管理的重要工作之一。国务院发布的《水污染防治行动计划》（以下简称"水十条"）中，将全面控制污染物排放列为第一条，可见我国对于水污染治理的重视。水质突发事件具有突发性，在短时间内会对水资源质量造成极大破坏，甚至造成不可估量的巨大损失。为了使突发性水资源质量污染事故处理有序进行，避免出现临时事故的慌乱发生，做好水质污染事故发生处理预案是非常必要的。

水污染纠纷调解是水环境发生变化后对相关单位或者个人造成的影响进行调解的处理方式。可以通过诉讼或者协商的方式解决。调解是污染者和受害者达成协议的过程，妥善处理污染纠纷对于社会的稳定和水环境的保护都具有重要的意义。水质污染具有滞后性的特点，在水污染纠纷调解时不要只考虑当前的直接损失，也要考虑污染所带来的间接或者滞后的损失。通过纠纷的调解，使污染者和受害者都受到环境教育也是很重要的。

制定保护水资源质量的政策与法规，并且贯彻实施，是水资源质量管理不可分割的一部分，通过制定相应的水资源质量保护政策，可以引导人们的行为，有利于水资源质量的保护。法规是保证水资源治理的强制性手段，根据实际情况，制定符合实际的法规，并且根据客观需要不断地进行修正，是一个长期的过程。法规出台后重要的是实施，监督法规的实施也同等重要。

水质科研是探索水资源质量问题的科学活动，包括多种方面。目前，我们最需要的是在跟踪国外研究的基础上进行创新，只有大胆地创新才能走出具有中国特色的水质科研之路。

为加强全国水资源质量管理工作，进一步强化国家环境保护总局对重点流域、跨省区域水污染防治工作的监督管理，全面落实国家确定的水资源质量保护目标和任务，国家环境保护总局成立了国家环境保护总局水环境管理办公室（简称"水办"），为此，国家环境保护总局 2002 年 3 月 29 日发出通知［环发〔2002〕95 号］。通知指出，水办是国家环境保护总局具体负责水污染防治工作的职能机构，设在污染控制司，由污染控制司归口管理，水办的主要职责是：①拟定全国水污染防治的政策、法规、规章和标准，并监督实施；②负责重点流域水污染防治工作的监督管理，组织拟定重点流域水污染防治规划及重点江河跨省界水质标准，并监督实施；③组织开展全国水环境功能区划分及饮用水水源保护工作；④指导地方和流域水污染防治工作。同时，水办内设河流污染防治组和湖泊污染防治组，分别负责重点江河流域和湖泊流域水污染的监督管理工作。

二、水资源质量管理的原则

水资源质量管理应遵循以下几个基本原则：

（1）整体统一性原则。水资源是水量与水质的统一，要对水量与水质进行统一管理。由于水具有流域性，必须将流域作为一个自然、经济、社会综合体进行考虑，才可能实现总体最优。此外，流域内不同区域之间、点源与非点源、水资源和水环境与其他资源和环境之间、现状与未来等之间，构成了相互联系相互作用的有机体，只有实行统一规划、统一管理，才能实现水环境管理目标。

（2）区域综合性原则。水资源具有明显的区域特征，不同的流域或者同一流域的不同河段，由于自然、生态、社会和经济背景差异，水环境问题各具特色，因此，根据水资源的区域特征采取不同的治理措施和相应的水资源质量保护政策是非常必要的。由于影响水资源质量的因素是多样的，涉及自然、生态、社会、经济领域的许多方面，所以，水资源质量管理采取单一的手段是难以实现水环境管理目标的，必须要综合利用技术、法规、政治、行政、经济、政策、教育等多种手段进行综合管理。

（3）主导动态性原则。尽管影响水资源质量的因素是多种多样的，但对于一个具体的水环境而言，常常几个因素起着主导作用，针对主导因素，进行重点管理，抓住主要矛盾。由于社会和经济是不断发展变化的，水环境也处于动态变化之中，为适应水环境新形势，水资源质量管理的措施需要不断地调整，以适应新的形势。

（4）公众参与原则。水资源质量是一个涉及面广、关系重大和复杂的问题，需要政府部门、各种团体、企事业单位、个人的广泛监督和参与。没有公众的参与，水资源质量管理单独靠哪一个部门是不能成功的。公众参与具有多方面的作用，如维护公众自身利益、监督污染治理等，参与水资源质量规划，使规划更能符合实际、舆论监督等。公众参与也是民众民主管理水资源质量的重要途径。

第二节　我国水资源质量现状

近年，人们对居住环境及周边环境的改变能力越来越强，集结在一起的庞大人口和经济实体，彻底改变了城市所在地区的自然环境。这些改变，都以破旧建新的方式进行，往往灾害性的改变多，有利于水环境维护的改变少，最后以普遍存在的水脏（水污染）、水多（洪涝灾害）、水少（水资源短缺）、水土流失等问题体现出来。

《中国环境状况公报 2008》公布了水环境状况：我国地表水污染依然严重。七大水系水质总体为中度污染，浙闽区河流水质为轻度污染，西北诸河水质为优，西南诸河水质良好，湖泊（水库）富营养化问题突出。

《中国环境状况公报 2014》显示，我国Ⅰ、Ⅱ、Ⅲ、Ⅳ、Ⅴ类和劣Ⅴ类水质断面分别占 3.4%、30.4%、29.3%、20.9%、6.8%、9.2%，主要污染指标为化学需氧量、总磷和五日生化需氧量。在 4896 个地下水监测点位中，水质优良级的监测点比例为 10.8%，良好级的监测点比例为 25.9%，较好级的监测点比例为 1.8%，较差级的监测点比例为 45.4%，极差级的监测点比例为 16.1%。

一、地表河流水资源质量现状

2008 年长江、黄河、珠江、松花江、淮河、海河和辽河七大水系水质总体与上年持平。200 条河流 409 个断面中，Ⅰ～Ⅲ类、Ⅳ～Ⅴ类和劣Ⅴ类水质的断面比例分别为55.0%、24.2%和20.8%。其中，珠江、长江水质总体良好，松花江为轻度污染，黄河、淮河、辽河为中度污染，海河为重度污染。

长江水系水质总体良好。104 个地表水国控监测断面中，Ⅰ～Ⅲ类、Ⅳ类、Ⅴ类和劣Ⅴ类水质的断面比例分别为85.6%、6.7%、1.9%和5.8%。主要污染指标为氨氮、石油类和五日生化需氧量。

黄河水系水质总体为中度污染。44 个地表水国控监测断面中，Ⅱ～Ⅲ类、Ⅳ类、Ⅴ类和劣Ⅴ类水质的断面比例分别为68.2%、4.5%、6.8%和20.5%。主要污染指标为氨氮、石油类和五日生化需氧量。黄河干流水质总体为优。与上年相比，水质无明显变化。黄河干流河南三门峡段为轻度污染，其他河段水质优或良好。

珠江水系水质总体良好。33 个地表水国控监测断面中，Ⅰ～Ⅲ类、Ⅳ类、Ⅴ类和劣Ⅴ类水质的断面比例分别为84.9%、9.1%、3.0%和3.0%。主要污染指标为石油类、五日生化需氧量和氨氮。珠江干流水质总体良好。珠江广州段为轻度污染。

松花江水系水质总体为轻度污染。42 个地表水国控监测断面中，Ⅰ～Ⅲ类、Ⅳ类、Ⅴ类和劣Ⅴ类水质的断面比例分别为33.3%、45.2%、7.2%和14.3%。主要污染指标为高锰酸盐指数、石油类和五日生化需氧量。松花江干流水质为轻度污染，水质无明显变化。

淮河水系水质总体为中度污染。86 个断面中，Ⅱ～Ⅲ类、Ⅳ类、Ⅴ类和劣Ⅴ类水质断面比例分别为38.4%、33.7%、5.8%和22.1%。主要污染指标为高锰酸盐指数、五日生化需氧量和氨氮。淮河干流水质为轻度污染，与 2007 年相比，淮河干流水质明显好转。淮河支流水质为中度污染。

海河水系水质总体为重度污染。63个断面中，Ⅰ～Ⅲ类水质断面占28.6%；Ⅳ类水质断面占14.3%；Ⅴ类水质断面占6.3%；劣Ⅴ类水质断面占50.8%。主要污染指标为氨氮、五日生化需氧量和高锰酸盐指数。海河干流水质总体为重度污染。与上年相比，水质无明显变化。海河水系其他主要河流水质总体为重度污染。

辽河水系水质总体为中度污染。37个地表水国控监测断面中，Ⅱ～Ⅲ类、Ⅳ类、Ⅴ类和劣Ⅴ类水质的断面比例分别为35.1%、13.5%、18.9%和32.5%。主要污染指标为石油类、高锰酸盐指数和氨氮。辽河干流水质总体为中度污染。

2013年中国水资源公报对全国20.8万km的河流水质状况进行了评价。全年Ⅰ类水河长占评价河长的4.8%，Ⅱ类水河长占42.5%，Ⅲ类水河长占21.3%，Ⅳ类水河长占10.8%，Ⅴ类水河长占5.7%，劣Ⅴ类水河长占14.9%。全国Ⅰ～Ⅲ类水河长比例为68.6%。从水资源分区看，西南诸河区、西北诸河区水质为优，珠江区、东南诸河区水质为良，长江区、松花江区水质为中，黄河区、辽河区、淮河区水质为差，海河区水质为劣。

二、湖泊水资源质量现状

2008年28个国控重点湖（库）中，满足Ⅱ类水质的4个，占14.3%；Ⅲ类的2个，占7.1%；Ⅳ类的6个，占21.4%；Ⅴ类的5个，占17.9%；劣Ⅴ类的11个，占39.3%。主要污染指标为总氮和总磷。在监测营养状态的26个湖（库）中，重度富营养的1个，占3.8%；中度富营养的5个，占19.2%；轻度富营养的6个，占23.0%。我国重点湖库水质类别见表3-1。

表3-1   我国重点湖库水质类别

水系	个数	Ⅰ类	Ⅱ类	Ⅲ类	Ⅳ类	Ⅴ类	劣Ⅴ类
三湖①	3					1	2
大型淡水湖	10		2	1	3	1	3
城市内湖	5				1		4
大型水库	10		2	1	2	3	2
总计	28		4	2	6	5	11
比例/%		0	14.3	7.1	21.4	17.9	39.3

① 三湖指太湖、滇池和巢湖。

太湖水质总体为劣Ⅴ类。湖体21个国控监测点位中，Ⅳ类、Ⅴ类和劣Ⅴ类水质的点位比例分别为14.3%、23.8%和61.9%。湖体处于中度富营养状态。主要污染指标为总氮和总磷。太湖环湖河流水质总体为中度污染。与2007年相比，水质明显好转。主要污染指标为氨氮、五日生化需氧量和石油类。

滇池水质总体为劣Ⅴ类。草海处于重度富营养状态，外海处于中度富营养状态。主要污染指标为氨氮、总磷和总氮。滇池环湖河流水质总体为重度污染。8个地表水国控监测断面中，Ⅰ～Ⅲ类和劣Ⅴ类水质的断面比例分别为37.5%和62.5%。与2007年相比，水质有所好转。主要污染指标为氨氮、五日生化需氧量和石油类。

巢湖水质总体为Ⅴ类，与2007年相比，水质无明显变化。西半湖处于中度富营养状态，东半湖处于轻度富营养状态。主要污染指标为总磷、总氮和石油类。巢湖环湖河流水质总体为重度污染。12个地表水国控监测断面中（包括两个纳污控制断面），Ⅲ类、Ⅳ类和劣Ⅴ类水质的断面比例分别为 16.7%、33.3% 和 50.0%。主要污染指标为石油类、氨氮和高锰酸盐指数。

其他 10 个重点国控大型淡水湖泊中，洱海和兴凯湖为Ⅱ类水质，博斯腾湖为Ⅲ类，南四湖、镜泊湖和鄱阳湖为Ⅳ类，洞庭湖为Ⅴ类，达赉湖、洪泽湖和白洋淀为劣Ⅴ类。与2007 年相比，洱海、兴凯湖、南四湖水质好转；洞庭湖水质变差；其他大型淡水湖水质无明显变化。各湖主要污染指标是总氮和总磷。洱海、洞庭湖、镜泊湖和鄱阳湖为中营养状态，博斯腾湖、洪泽湖和南四湖为轻度富营养状态，达赉湖和白洋淀为中度富营养状态。

《中国水资源公报 2013》对全国开发利用程度较高和面积较大的 119 个主要湖泊共2.9 万 km² 水面进行了水质评价。全年总体水质为Ⅰ～Ⅲ类的湖泊有 38 个，Ⅳ～Ⅴ类湖泊 50 个，劣Ⅴ类湖泊 31 个，分别占评价湖泊总数的 31.9%、42.0%、26.1%。主要污染项目是总磷、五日生化需氧量和氨氮。对上述湖泊进行营养状态评价，大部分湖泊处于富营养状态。贫营养湖泊 1 个，占评价湖泊总数的 0.8%；中营养湖泊 35 个，占评价湖泊总数的 29.4%；富营养湖泊 83 个，占评价湖泊总数的 69.8%。国家重点治理的"三湖"情况如下：

（1）太湖：若总氮不参加评价，全湖总体水质为Ⅳ类。其中，东太湖和东部沿岸区水质为Ⅲ类，占评价水面面积的 18.8%；五里湖、梅梁湖、贡湖、湖心区、西部沿岸区和南部沿岸区为Ⅳ类，占 78.3%；竺山湖为Ⅴ类，占 2.9%。若总氮参评，全湖总体水质为Ⅴ类。其中，五里湖、东太湖和东部沿岸区水质为Ⅳ类，占评价水面面积的 19.1%；贡湖为Ⅴ类，占 7.0%；其余湖区均为劣Ⅴ类，占 73.9%。太湖流域处于重度富营养状态，各湖区中，五里湖、东太湖和东部沿岸区处于轻度富营养状态，其余湖区处于中度富营养状态。

（2）滇池：耗氧有机物及总磷、总氮污染物均十分严重。无论总氮是否参加评价，水质均为劣Ⅴ类，处于中度富营养状态。

（3）巢湖：总磷、总氮污染十分严重，西半湖污染程度重于东半湖。无论总氮是否参加评价，总体水质均为Ⅴ类。东半湖水质为Ⅳ类、西半湖水质为劣Ⅴ类。湖区整体处于中度富营养状态。

三、地下水资源质量现状

根据国土资源部有关资料，我国地下水资源质量并不乐观，地下水污染问题日益突出。从空间范围来看，城镇周围、排污河道两侧、地表污染水体分布区及引污农灌区污染集中。地下水资源污染呈现出由点向面、由城市向农村扩展的趋势。全国约有 1/2 城市市区地下水污染比较严重，由污染造成的缺水城市和地区日益增多。按照 GB/T 114848—1993《地下水质量标准》，全国地下水资源有 63%（按分布面积统计）的地下水资源可供直接饮用，17%需经适当处理后方可饮用，12%为不宜饮用但可作为工农业供水水源，约8%的地下水资源不能直接利用，需经专门处理后才能利用。南方大部分地区地下水可供直接饮用，如江西、福建、广西、广东、海南、贵州、重庆等省（自治区、直辖市），可饮用地下水分布面积占各省地下水分布面积的 90％以上，但一部分平原地区的浅层地下水污染比较严重。北方地区的丘陵山区及山前平原地区水质较好，中部平原区较差，滨海地区水质最差。各省（自治区、直辖市）不同程度地存在着与饮用水水质有关的地方病区。例如，我国北方丘陵山区分布着与克山病、大骨节病、氟中毒、甲状腺肿等地方病有关的高氟水、高砷水、低碘水和高铁锈水等。全国约有 7000 多万人仍在饮用不符合饮用水水质标准的地下水。地下水主要超标指标有矿化度、总硬度、硫酸盐、硝酸盐、亚硝酸盐、氨氮、氯化物、pH 值、铁和锰等。

东北地区主要城市地下水污染指标主要为总硬度、矿化度、硝酸盐、亚硝酸盐以及铁和猛，其次为硫酸盐和氯化物。华北地区主要城市和地区地下水污染指标主要为总硬度和矿化度，其次为硫酸盐、硝酸盐、氮化物和氟化物。该区总硬度和矿化度超标严重，特别是河北省的沧州市和廊坊市，总硬度超标严重，水质极差；许昌市细菌总数和大肠菌群超标明显。

西北地区主要城市地下水污染超标成分主要有矿化度、总硬度、硝酸盐和硫酸盐，其次为氯化物、氟化物、亚硝酸盐和氨氮。另外，陕西省的西安市和汉中市六价铬污染超标。

东南地区主要城市地下水污染超标组分主要有亚硝酸盐、氨氮、铁和锰、总硬度和硝酸盐。另外，部分城市地下水呈酸性，pH 值超标严重。中南地区主要城市和地区地下水污染超标组分主要有亚硝酸盐、硝酸盐、氨氮、铁和锰，其次为总硬度、氮化物和 pH 值。铁和锰主要为原生环境引起的污染，污染普遍。西南地区主要城市和地区地下水污染指标主要有总硬度、矿化度、亚硝酸盐、氨氮、铁和锰，其次为氟化物、硫酸物、有机酚、耗氧量和 pH 值。污染指标主要呈点状分布，超标率低。

2013 年中国水资源公报依据 1229 眼水质监测井的资料，北京、辽宁、吉林、黑龙江、河南、上海、江苏、安徽、海南、广东 10 省（直辖市）对地下水水质进行了分类评价。水质适用于各种用途的 Ⅰ 类、Ⅱ 类监测井占评价监测井总数的 2.4％；适合集中式生活饮用水水源及工农业用水的 Ⅲ 类监测井占 20.5％；适合除饮用外其他用途的 Ⅳ～Ⅴ 类监测井占 77.1％。

第三节　水资源质量管理经验

一、国外水资源质量管理经验

我国水资源质量管理起步较晚，起始于 20 世纪 70 年代北京西郊环境的调查。30 多年来，我国在水资源质量管理方面取得了优异成绩，但也存在一定问题。实事求是地剖析国外水资源质量管理经验，对于我国的水资源质量管理具有重要的借鉴意义。

从整个情况来看，国外水资源质量管理存在以下几种模式。

1. 以环保局或者水利部为主的水资源质量管理

国外水资源质量管理有的以环保局为主，有的以水利部为主。法国与德国是典型的以环保部门为主体，集中管理水环境的国家。法国在环境部设有专门的水务管理司，主要职责是管理和保护水资源，在防止水污染和预防洪水方面与国家有关机构、社会团体、企业协同采取干预行动。在德国，联邦环保部负责包括防洪、水资源利用、水污染控制以及污水处理、水质监测、发布水质标准等工作。以水利部门全面负责水管理的典型代表国家是荷兰，省级水利部门负责制定非国管的区域水与防洪的战略政策以及地下水的开采及部分渠道航运的具体管理。

2. 分散、集成水资源质量管理模式

分散、集成水资源质量管理模式包括普通分散式、部级别集成分散式管理模式和国家级集成分散管理模式。

普通分散式管理模式就是将水资源质量管理分散给有关部门，英国、加拿大和日本是这类管理的代表。在英国，水资源质量管理由政府的有关部门分别承担；在加拿大，环境、渔业、海洋和农业部等联邦政府部门都设有专门的水管理机构；在日本，环境厅负责环境用水与水资源质量保护工作，林水产省主管农田水利，厚生省主管生活用水，通商省主管工业用水和水力发电，建设省主管防洪和水土保持，其他水资源开发利用工作分别由其他部门负责。

以色列是部级别集成分散式管理模式的代表，农业部长负责全国水资源的管理工作，农业部领导"国家水委会"对全国水资源的保护与开发利用进行统一管理，主要职能是制定国家水资源开发利用规划，对国家水利工程进行评估、审批和管理，负责全国水资源开发生产的审批和许可证的发放，负责水资源的水质监测和污染防治，负责国家有关水资源保护与开发利用的政策法规的制定等。

国家集成分散管理模式是组成国家水资源管理委员会全面负责水资源与水环境管理工作，澳大利亚与印度是这一模式的代表。澳大利亚国家水资源理事会是水资源管理最高组织，由联邦、州和北部地方的部长组成，联邦国家开发部长任主席；理事会负责制定全国水资源评价规划，研究全国性的关于水的重大课题计划，制定全国水资源管理办法、协议，制定全国饮用水标准，安排和组织有关水的各种会议和学术研究。印度国家水资源委员会是以印度总理为首，由各相关部和邦的负责官员组成，职责是制定和监督国家水政策，审查水资源开发计划，协调各邦之间水资源利用的冲突等。

3. 流域水资源质量管理模式

按流域统一管理水资源质量，使水资源管理和水污染防治统一管理，成为一种逐步被接受的水环境管理模式。目前，大多数发达国家一般通过流域范围内的综合利用来对水资源与水污染实行统一管理。英国在这方面有非常成功的经验。英国在流域层面实施的是以流域为单元的综合性集中管理，在较大的河流上都设有流域委员会、水务局或水公司，统一流域水资源的规划和水利工程的建设与管理，直至供水到用户，然后进行污水回收与处理，形成一条龙的水管理服务体系。

4. 区域水资源质量管理模式

英国政府分别于 1963 年、1974 年和 1989 年对《水资源法》进行了修订，将英格兰和威尔士划分为 10 个区域性水管理局，综合管理辖区内的水资源管理、污染控制、渔业、防洪、水土恢复与保持等问题，改变了水资源管理和水污染控制上的相互交叉和推诿的混乱局面，取得了显著的成效。美国 20 世纪 80 年代初削弱了流域水资源管理委员会的作用，加强了各州政府对水资源的管理权限。各州以流域为单位划分自然资源区，由州政府的自然资源委员会统一管理，负责管理自然资源区水土保持、防洪、灌溉、供水、地下水保护、固体废弃物处理、污水排放以及森林、草地、娱乐和生态资源。

二、我国水资源质量管理经验

水资源质量的问题已成为事关我国未来发展的战略性问题，水质问题的解决对保证我国经济和社会的可持续发展具有重大的作用。要解决水资源质量的问题，就必须不断总结前人经验，从而完善并建立更为科学、合理的现有的水资源质量管理体制。

现从以下几点总结我国近几十年来的水资源质量管理经验：

（1）政府作用。水资源有别于一般物质资源和商品，它是人类生存最基本的必需品之一。因此，无论是联邦制国家还是单一制国家，无论是水资源相对丰富的国家还是严重稀缺的国家，各国政府都高度重视水资源管理，明确政府的角色定位和应承担的职责，通过完善体制、加强立法、创新政策，不断加强和优化水资源管理。国务院颁布的"水十条"中也指出要明确和落实各方责任，强化地方政府水环境保护责任，加强部门协调联动，落实排污单位主体责任。

（2）综合管理。由于水资源具有外部性和公共物品性，往往涉及多个不同地区、不同部门、不同利益群体。过去那种多头管理、部门分割、各自为政的管理模式易于造成政出多门、彼此矛盾和冲突等问题。通过整合涉水管理部门、建立跨行政辖区的流域管理机构等措施，由部门管理转变为综合管理，可以较好地避免这些问题，有利于有限水资源高效、公平的分配和利用。

（3）多种手段。传统上我国在水资源质量管理中，更多地采用行政命令之类的规制手段。这类手段尽管有结果确定、见效较快等优点，但往往不够灵活，监督成本很高。因此，应当在以后的水资源质量管理中越来越多地采用各种经济手段，鼓励私营部门和公众参与，应用新的技术和工艺等，并将多种手段相结合。

（4）因地制宜。水资源质量管理模式与特定的行政管理体制相联系的管理手段的采用，需要以一定的条件为前提。因此，在一个国家适用的管理模式在别的国家未必适用。例如，日本政府在水资源方面提供了巨额的财政补贴，这种做法不仅像中国这样的发展中国家难以效仿，即便是欧美发达国家也没有采用。再如，水权交易手段美国采用的较多，其他国家则采用得非常少。中国必须根据本国地理环境条件、水资源特点、行政管理体制现状及其未来发展趋势、经济社会发展状况等各种因素，探索建立具有自身特色的水资源质量管理模式，采用行之有效的手段，在兼顾效率与公平的前提下，改进水资源质量管理，促进水资源的可持续利用。

三、水资源质量管理趋势

综观国内外水资源质量管理现状，未来我国水环境管理有以下几种趋势。

1. 水资源量与质统一管理

水资源是数量与质量的高度统一，目前两者的管理还不协调，需要采取各种措施进行统一管理。水质与水量是相互联系、制约的统一体，从总的情况来看，我国南方水资源数量上比较丰富，但由于污染的原因，许多水资源失去了原有的功能，加剧了水资源供需矛盾。水资源质量直接影响水资源可开发利用的数量值，对人类身心健康和自然生态环境造成危害。增加的水量可以使水资源质量得到适当的改善，因为水的稀释和降解作用可以适当恢复水环境。总之，水量与水质是一个辩证统一的整体，现在环保部门偏重于水质的保护和研究，而水利工作者则侧重于对水量的管理，这样切断了水资源质与量的辩证关系，是不科学的。

为了实现水量与水质的统一管理，相关部门必须采取协调一致的行为。

（1）在行政职能划分上要明确谁为主，谁配合，不能出现"夺权"的行为，在必要的情况下成立国家水资源委员会，对此进行协调统一管理。

（2）建立与水量相适应的水环境调控方法或者与水环境相适应的水量调度的方法：干旱期，由于水资源量的减少，减少污染物的排放；在洪水期，可以适当增加污染物的排放，也就是根据水资源量的变化适当调整污水排放标准，在进行水量平衡或者调控的时候，将水质作为一个重要的因素进行考虑，不能只进行数量的平衡，也要进行水质平衡。

（3）充分发挥水资源功能，根据水资源质量状况，充分挖掘其功能，尽可能避免高质低用，或者低质高用。

2. 流域水资源质量协调管理

流域是以水文单元为基础构成的社会、经济环境高度综合的综合体，以水为纽带，实行流域水资源质量协调管理是一种必然趋势。彻底改变单独由行政区划分块管理的管理模式，实现以流域单元为目标，以行政区划协调的综合防治与管理的水资源质量协调模式。

为实现此种模式，需要做以下几方面的工作：

（1）赋予流域管理委员会新的职能。我国已经有了流域委员会，它们是水利部派出的机构，负责协调流域内的水资源管理工作，但其职能远不能满足流域水环境协调管理的需要，它不是一个独立的机构，权限有限，需要对其进行适当的改造，满足其流域管理的功能。

（2）制定满足流域水环境目标的可控标准。根据流域的实际情况，所制定的标准可严于国家标准，同时易于操作，如根据水资源的周期性变化进行调整等。

（3）建立完善的"契约"规范，协调流域不同行政区和上、下游之间的关系。流域上、下游间可以用契约的方式规定各自的允许总排放负荷、交界断面的水质、水资源量分配等，这样既很好地防止冲突的产生，也有利于冲突的协调解决。

3. 水资源质量治理由注重点源走向点面并重

长期以来，我国的水资源质量管理一直将点源作为重点。在一定时期，这样的管理模式对于改善我国的水资源质量发挥了巨大作用，今后也必将继续发挥作用。但随着点源治理的推进，面源污染问题日益突出，而且一些地区，特别是一些湖泊流域面源成为重要的污染源。因此，根据这种情况，今后水环境管理工作在注重点源治理的同时，必须逐渐向点面并重转变。

4. 水环境功能分区

所谓水环境功能区，是指依照《中华人民共和国水污染防治法》和 GB 3838—2002《地表水环境质量标准》，综合水域环境容量、社会经济发展需要以及污染物排放总量控制的要求而划定的水域分类管理功能区，其中包括自然保护区、饮用水水源保护区、渔业用水区、工农业用水区、景观娱乐用水区以及混合区、过渡区等。水环境功能区划分是水环境分组管理有力落实环境管理目标的重要基础，是环境保护行政主管部门对各类环境要素实施统一监督管理的需要。

5. 水资源质量治理由尾端治理走向首尾并控

在过去水资源质量治理过程中，我们特别注重的是污染物产生以后对环境的影响，以及如何进行防治等，称为尾端治理。这种治理虽然取得了一定成效，但总处于一种被动状态。今后环境管理将在加强尾端管理的同时，注重首端管理，也就是从减少污染物上下工夫，开展清洁生产。例如，山东莱州的黄金生产，以前对水源造成了严重的污染，影响了工农关系，厂方依靠科学技术加强治理技术的开发后，使污水循环利用，实现了"零排放"，不仅消除了污染，而且还回收了许多过去不曾利用的稀有金属，2 年即收回了治理投资。

6. 公众参与将成为水资源质量管理的重要组成部分

国外水资源质量管理的实践和研究表明，成功的水资源质量管理需要公众参与和支持，公众参与到有关水质问题的立法和管理过程中将增加水资源质量管理的透明度、提高水资源质量管理的效率和效果。国务院颁布的"水十条"中也明确指出了要强化公众参与和社会监督。公众参与在很大程度上决定了水资源质量制度是否能够更有效地运作。广泛的公众参与能够降低交易成本和管理成本，可以确保决策者了解到公众的意见，并通过各方的协作来协调多目标、多部门、多地区和多利益集团之间的关系；此外，公众还是水资源质量的监督者和水质污染控制行动的参与者，对水资源质量管理是非常重要的。过去我们在水资源质量管理过程中对公众参与考虑不多，而如今，随着我国市场经济的逐步完善以及民主的发展，公众参与水资源质量管理也将成为一种必然的趋势。

此外，浙江省新一轮改革发展中所提出的"五水共治"也可能会成为未来水资源管理的一种趋势。

所谓"五水共治"是指治污水、防洪水、排涝水、保供水、抓节水五个环节水的共同治理。浙江省委省政府抓"五水共治"倒逼经济转型，是由客观发展规律、特定发展阶段、科学发展目的决定的。水是生产之基，什么样的生产方式和产业结构，决定了什么样的水体水质，治污水就是从源头上关、停、并、转排出污水的企业，倒逼有污染的企业转型，此乃治污水的根本措施；水是生态之要，气净、土净，必然融入于水净，治水就是要改善生态；水是生命之源，老百姓每天洗脸时要用、口渴时要喝、灌溉时要用，治水就是改善民生。可以说，"五水共治"是一石多鸟的举措，既扩投资又促转型，既优环境更惠民生。进行"五水共治"，是平安浙江建设的题中之意，直接关系平安稳定、关乎人水和谐。对治理自来水、江水、河水等水流污染问题具有极大的帮助。这也是未来水资源管理可借鉴的一种新的举措。

本 章 小 结

水资源质量管理是水资源管理与保护的重要组成部分之一。本章首先对水资源质量管理的内容与原则进行了界定；其次，根据水资源种类的不同，将水资源分为地表河流水、湖泊水、地下水三类，并对我国水资源质量现状进行了概述；最后实事求是地剖析了国外水资源质量管理经验，并认真总结近几十年来国内在水资源质量管理工作中取得的宝贵经验，对未来我国水环境管理趋势进行了展望。面对日益加剧的水污染问题，水资源质量管理所占的地位日益显著，而管理中所面临和需要解决的问题也会更加突出。因此，希望本章内容能够给广大读者提供一个视角和平台，有助于对水资源管理问题系统的解决，浙江省实施的"五水共治"为提高水资源质量进行了有效实践，实现了"绿水青山就是金山银山"，发展了生态经济，有望在全国推广。

参 考 文 献

［1］ 王渺林，蒲菽洪，傅华．水资源数量与质量联合评价方法在鉴江流域的应用［J］．重庆交通大学学报：自然科学版，2007，26（6）：141-144．

［2］ 赵然杭，陈守煜．水资源数量与质量联合评价理论模型研究［J］．山东大学学报：工学报，2006，36（3）：46-50．

［3］ 段性生．我国水资源质量管理的原则与途径［J］．科技创业家，2013（1）：198．

［4］ 黄林显，张伟娜．基于模糊层次分析法的湖泊水资源可持续发展研究［C］．中国湖泊论坛，2011．

［5］ 袁福．改善水环境提升水质［J］．河北水利，2010（3）：13-14．

［6］ 娄彦兵，黄亮，冯宗，等．自动监测在水资源质量管理中的应用［J］．人民黄河，2012，34（11）：48-49．

［7］ 叶亚妮，施宏伟．国外流域水资源管理模式演进及对我国的借鉴意义［J］．西安石油大学学报：社会科学版，2007，16（2）：11-16．

［8］ 张平．国外水资源管理实践及对我国的借鉴［J］．治淮，2005，27（3）：6-7．

［9］ 姚志强，张俊．浅谈五水共治对流域经济发展的影响［J］．品牌月刊，2014（11）：42．

［10］ 林宇豪．论"五水共治"背景下的水利建设［J］．山西农经，2015（8）：60-61．

［11］ 潘田明．浙江省全面推行"河长制"和"五水共治"［J］．水利发展研究，2014，14（10）：35．

［12］ 中华人民共和国水利部．中国水资源公报2013［M］．北京：中国水利水电出版社，2014．

思 考 题

1. 水资源质量管理的内容有哪些？

2. 水资源质量管理要遵循哪些基本原则？

3. 请简述我国水资源质量现状。

4. 请列举几种国外水资源质量管理的模式。

5. 我国近十年来取得的水资源质量管理的经验有哪些？

6. 请简述我国未来水资源质量管理的趋势有哪些。

7. 结合相关资料，谈谈你对浙江省"五水共治"水资源质量管理模式的认识。

实 践 训 练 题

1. 中国水资源质量及其分布特点研究。

2. 流域水资源质量时空分布特性研究。

3. 地区（省、自治区、直辖市）水资源质量时空分布特性研究。

4. 流域需水质量研究。

5. 地区需水质量研究。

6. 地区生活需水质量研究。

7. 地区（流域）生产需水质量研究。

8. 地区（流域）生态需水质量研究。

9. 地区（流域）可供水质量分析。

10. 地区（流域）水资源质量供需平衡分析。

11. 地区（流域）水资源质量提高措施分析。

12. 地区（流域）非常规水资源质量分析。

13. 水资源质量管理的法律法规分析。

14. 水资源质量管理的措施分析。

15. 水资源质量管理的方法研究。

16. 水资源质量管理考核指标体系研究。

17. 水资源质量管理效果分析。

18. 水资源质量管理的主要内容分析。

第四章 水资源经济管理

水是一种有限的自然资源，当今社会已认同这一观点并认识到水的资源价值和商品属性。水资源经济管理是指在涉及水资源的各类经济活动中，通过经济杠杆来调控水资源各

图 4-1 本章体系结构

种管理行为，这些管理行为包括水资源价值的评估、水资源效益分析、水资源价值补偿及水价调整各方面利益等活动，其最终目的是达到水资源综合效益的最大化。水资源经济管理是水资源管理不可缺少的经济手段，是水资源管理学的重要组成部分。对水资源价值进行合理评估，并对水资源进行系统的经济管理，可以有效地在水资源数量及质量管理的基础上进一步完成水资源综合效益的最大化，对于水权的分配及水资源的使用等方面起到经济上的约束，使人们在对水资源的规划及使用上更加注重合理性及高效性，是有效减少水资源低效利用、环境退化、资源短缺的重要途径，对于保护及合理利用水资源有着重要意义。本章体系结构如图 4-1 所示。

第一节 水 资 源 的 价 值

一、水资源的价值内涵

传统的价值观念认为水资源是一种无价的资源，可以任意使用，它是取之不尽、用之不竭的。在这种错误的价值观引导下，尽管水资源在人类经济生产活动中具有重要地位，但在从事生产活动时很少将水资源的价值考虑在其中，在计算生产效益时也不会考虑使用水资源价值的成本。水资源价格仅仅考虑在水资源摄取过程中所投入的劳动力成本和各种相关设备成本，并将其简单地等同于水资源价值，致使人类疯狂地利用水资源，造成环境退化、资源短缺以及由此引发的环境危机、粮食危机等各种危机。

随着环境的恶化和人类对于可持续发展的追求，人们开始意识到水资源本身是具有价值的，且在生产和生活中都必须考虑到水资源的价值。水资源的价值来自两个方面，即水资源自身具备的两个基本属性：水资源的有用性和稀缺性。

水资源的有用性属于水资源的自然属性，是指对于人类和人类生活的环境来讲，水资源的功能包括生产功能、生活功能、环境功能、景观功能等。这些功能是由水资源的本身特征及其在自然界所处的地位和作用所决定的，不会因社会外部条件的改变而发生变化或消失。

水资源的稀缺性可以理解为水资源的经济属性，它是在水资源成为稀缺性资源以后才出现的，即当水资源不再是取之不尽的资源，其数量远远不能满足人类的基本需要，且影

响到可持续发展时，迫使人类必须从更经济的角度来考虑水资源的开发利用，在经济活动中必须考虑水资源的成本问题。对于水资源这种具有正面功能的资源，其稀缺程度越大，则价值越大。

二、水资源价值的计量方法

由于水资源价值计量研究涉及社会各个方面，受多种条件限制，在基础资料选择、计量方法采用、计量内容及计量参数选取、计算结果表达方式等方面仍有欠缺，与其他较为成熟的学科相比，仍处于探讨和实验研究过程中。经常运用到的计量方法主要包括影子价格法、边际机会成本模型法、成本分析法、CGE 模型法、模糊数学模型法等。

（一）影子价格法

影子价格最早于 20 世纪 40 年代提出，是指在其他资源投入不变的情况下，一种稀缺性资源的边际收益。它反映在某种均衡状态下，社会劳动消耗、资源稀缺程度和对最终产品需求的产品及资源的价格。影子价格是以资源有限性作为出发点，将资源充分合理分配并有效利用作为核心，以最大经济效益为目标的一种测算价格，是对资源使用价值的定量分析。

使用影子价格法即通过严格的单纯型法求解线性规划来获得水资源的影子价格，但在实践中很难获得，因为水资源只是线性规划中所涉及的众多资源中的一种，很难确定其与其他资源之间的数量经济关系，进而也很难准确确定出水资源的影子价格。在实际操作中，影子价格已经失去数学规划中所定义的严格性，它并不是价格，而泛指实际价格之外，较能反映资源稀缺程度的社会价值的那种价格。通常而言，影子价格的数值越大，表明资源的稀缺程度越大；影子价格为零，表明此种资源不存在稀缺问题。

目前，我国在水资源价格或价值测算中应用的影子价格计算方法主要有以下几种：构建水权价值数学模型，求解线性规划；利用机会成本法确定水权价值的影子价格；参照国家发展和改革委员会测定的影子价格或用《水利建设项目经济评价规范》中测定影子价格的方法；借鉴国际市场水价情况，类比测定我国的水影子价格；以国内市场价格为基础，结合水资源稀缺程度确定影子价格等。

与水资源的实际市场价格相比，影子价格更接近水资源的真实价值，因此也更能反映水资源的稀缺程度。一般而言，影子价格能够提供比市场价格更为合理和准确的价格信号和计量尺度，利于促进水资源的有效配置并最终促进水资源持续利用。但由于涉及众多因素，用影子价格法求算水资源价值还有一定的局限性。

（二）边际机会成本模型法

在经济学中，"边际"具有特殊的含义，它是指处在最后一单位（如 $1m^3$ 水）被生产或消费的点上。边际的单位是某物的增加单位，即增加、追加或额外的意思。机会成本指在资源有限的情况下，在从事某项经济活动而必须放弃的其他活动的价值。机会成本中不仅包括财务成本，还包括生产者在尽可能有效地利用财务成本所代表的生产要素时所能够得到的利润。

边际机会成本（marginal opportunity cost，MOC）是指从经济角度对资源利用的客观影响进行抽象和度量的一个工具。边际机会成本理论认为，资源的消耗应包括 3 种成本：①边际生产成本（marginal production cost，MPC），它是指在资源获取过程中，每获得 1 单位的资源而必须投入的直接费用；②边际使用成本（marginal use cost，MUC），即对于使用 1 单位该资源的个人或组织而言，所放弃的机会成本；③边际外部成本（marginal external cost，MEC），主要指各种外部损失，这种外部损失是由于使用该种资源的各种外部负效应所造成的损失，包括目前或将来的损失，也包括各种环境损失。

水资源的边际机会成本可以由上述 3 个指标的加总来衡量，其公式为

$$MOC = MPC + MUC + MEC \tag{4-1}$$

该理论认为，MOC 表示由社会所承担的消耗一种资源的费用，在理论上应是资源使用者为资源消耗所付出的价格 P：当 $P < MOC$ 时，会刺激资源的过度使用；当 $P > MOC$ 时，会抑制资源的合理使用。因此，边际机会成本理论认为，合理的资源价格 P 应该等于 MOC。

MOC 将资源的使用及其外部性联系起来，从经济学的角度来度量使用资源的社会成本，弥补了传统资源经济学中忽视的资源消耗的环境损失等社会代价以及对后代或受害者的利益缺陷。此外，MOC 可以作为决策的有效依据用以判断有关资源环境保护政策是否合理。

（三）成本分析法

水资源作为一种资源资产投入生产和生活领域当中，相应地就会有效益产出。从产出角度分析，水资源资产的价格应该涵盖水资源投入成本-水权价值。成本分析法的定价原则是供水价格包含水资源成本-水权价值。通常的成本分析法包括平均成本定价法和边际成本定价法两种。

1. 平均成本定价法

平均成本定价法又称为成本核算法或成本加利润法，它是在产品消耗的原材料和人工费用的基础上，加上应分摊的间接费用，构成"完全成本"，然后加上利润，就成为销售价格。其定价的基础是平均成本的估计数，目的是为了弥补运行费用而提供足够的收入，价格的计算中所包含的利润率一般取社会平均利润率。此方法中平均利润和水资源生产成本的确定基于历史数据，资源税则依据相关法规规定，其公式为

$$P = 平均利润 + 水资源生成成本 + 资源税$$

在我国，各省、市、地区水资源的数量相差悬殊，且各地区的自然环境及经济发展程度不同，对于同一地区的不同产业来说，其对水资源的使用效率及数量也存在巨大差异，导致资本盈利能力以及人均可支配收入的差距。因此，用平均成本定价法确定水价时，不仅要随着地区差异而不同，而且还应按生产用水和生活用水的分类而有所不同。

2. 边际成本定价法

边际成本定价法是利用边际收入等于边际成本时利润最大的原理制定产品价格的定价方法。用边际成本定价法确定水价是指用一组变化的价格反映水资源使用的效率变化。边际成本一般分为短期边际成本和长期边际成本两类。在短期边际成本中，由于固定资本不变，供水成本的变化主要表现为劳动力、流动资金等可变成本的投入和变动。长期边际成本由于关注固定成本的变化，能够考虑到未来可能的供水成本的扩张，从而促使用户根据水价的变化自动调整水资源消费量，使得边际成本接近边际效用点，水资源得到更加合理的使用和保护。

（四）CGE 模型法

可计算的一般均衡（computable general equilibrium，CGE）模型，是 20 世纪 60 年代末出现的，基于瓦尔拉斯一般均衡理论而构建的模型，主要应用于宏观政策分析和数量经济领域。CGE 模型由于不需要完全竞争市场的假设条件，从而使其更接近经济现实，因此使其成为研究市场行为、政策干预和经济发展的有效工具。CGE 模型在市场条件下能有效地模拟宏观经济的运行情况，可以研究和计算部门的商品生产及能源使用情况，并计算其价格。在利用 CGE 模型计算水价中，一个重要的方法是建立宏观的水资源投入产出模型，通过可供水量的变化，推算 GDP 的变化值，然后根据 GDP 变化值中水资源变化量的贡献率推求水的边际价格。CGE 模型要求数据资料相当庞大，一般要求部门投入产出系统、劳动力分配情况、投资情况、消费情况以及相应的弹性系数。因此，如果采用CGE 模型计算水价，其数据的收集和处理将是关键。

（五）模糊数学模型法

水资源价值系统是一个复杂系统，它是自然系统、社会系统、经济系统相互影响、相互作用、相互耦合的系统。同时，水资源价值系统又是一个模糊系统，如在水质评价中常提到的"水质清洁""水污染严重"等概念本身并没有明确的含义，即使是颁布了质量标准但由于各种指标及监测方式的不同使结果表现出极大的不确定性，具有模糊性。同理，水资源价值也具有很大的不确定性，也是一个模糊事件。

水资源价值系统模糊数学模型理论认为，水资源价值系统是复杂且模糊的系统，适宜用模糊数学方法进行处理。该模型将水资源价值的影响因素划分为 3 类：自然因素（包括环境因素）、经济因素、社会因素。水资源价值是这些因素共同作用的结果，它们之间存在着一定的函数关系。通过构造各个影响因子对水资源价值影响程度的判别矩阵对其作综合评价，并得出水资源价值综合评价结果。

水资源模糊数学模型由两部分组成，即价值评价模型和价值转化计量模型。在水资源价格确定模型中，提出了水费承受指数的概念和计算公式，水费承受指数将人的物质承受能力和心理承受能力综合起来，考察人们对于水价变化的承受能力，依此来制定合理的水价。此外，水费承受指数的提出，还解决了衡量不同功能水资源价格的差异问题。在水资源价值评价模型中，其评价结果存在着不连续性，并且不同地区的价值评价结果不能比较等缺点。为了解决这一缺陷，该模型根据水质 5 级划分原理构造了水资源类别向量，与水资源价值综合评价向量相乘，得出水资源价值模糊综合指数。水资源价值模糊综合指数是一个介于 1～5 之间的无量纲的连续的数，综合了与水资源有关的诸要素，隐含着水资源价格，能够对不同地区、不同时间的水资源进行比较。

水资源模糊综合指数越大，水资源越丰富，水资源价值越低；反之，水资源价值模糊综合指数越小，水资源价值越高。

第二节　水价的计算与调整

一、水价计算

水价计算公式如下：

$$水价＝资源水价＋工程水价＋环境水价 \qquad (4-2)$$

式中各项说明如下。

（一）资源水价

资源水价即水资源费。水资源费主要是指对取水的单位征收的费用。这项费用，按照取之于水和用之于水的原则，纳入地方财政，作为开发利用水资源和水管理的专项资金。2006年2月21日，国务院公布了《取水许可和水资源费征收管理条例》，明确规定了水资源费应主要用于水资源的节约、保护和管理。《中华人民共和国水法》规定："用水实行计量收费和超定额累进加价制度。拒不缴纳、拖延缴纳或者拖欠水资源费的，由县级以上人民政府水行政主管部门或者流域管理机构依据职权，责令限期缴纳；逾期不缴纳的，从滞纳之日起按日加收滞纳部分千分之二的滞纳金，并处应缴或者补缴水资源费一倍以上五倍以下的罚款。"从水资源费实践效果来看，水资源费的性质就是水资源本身的价值，或者说水权的价值。在我国，水资源费实际上是一种稀缺资源（使用权）租金，是当水资源短缺时国家凭借对水资源的所有权收取的产权收益。

水权价值与通常所说的水价是两个不同的概念。水价是指水资源使用者或使用单位水资源所付出的价格。合理的水价与单位水权价值的关系为

$$水价＝水权价值＋成本＋利润＋排污费 \qquad (4-3)$$

既然水资源具有价值，那我们应该在实际生产、生活中将其体现出来，从经济上实现水资源价值，实际可行的做法即从水价中的水资源费来实现。水资源费不同于水价，它是包含在水价内，体现水资源在参与生产和生活过程中的水资源成本。

在现行的水价体系中，资源水价是水价的一个重要组成部分，正确地分析水价中的资源水价的问题是改革资源水价的基础和依据。近年来，随着水价多次调整，长期以来备受关注的水价过低问题逐步得到解决，甚至个别地区的水价已经高到一定水平，但对于水价和水资源费的提高，许多用户和用水单位表示不理解。产生这些问题的主要原因来自水价体系中关于水资源费方面的以下几方面问题。

（1）各用水户的水资源费缺乏差异性。对不同的用水户，虽然供水企业征收的水价存在差异，但其中的水资源费却是一样的。由于水资源是政府行政事业性收费，相同的水资源费即表示政府将水资源无差别地配置给不同的用水户。然而实际上，各用水户对于水资源的使用是存在差异的，例如水资源作为生活资料时，相对其作为生产资料所产生的效益是不一样的，采取同样的水资源费显示了政府没有对水资源进行有效的调控，没有对其进行合理分配。对于某些对水资源消耗极大的产业，政府本应对其用水进行一些限制，以此来节约水资源，并督促其提高水资源的利用效率，但在水资源费的征收上却同生活用水相同，这样不利于水资源的节约利用及产业调整。

（2）恒定的水资源费导致部分国家利益受损。水资源费最终归政府所有，维护政府的利益不受侵害，是市场经济条件下面临的一项重要任务。但在目前的水价体系中，虽然对于不同用水户所征收的水价不同，但其中的水资源费是相同的，使得自来水公司从某些征收高水价的行业中获取了额外的收益，而这部分收益本应归国家所有，这样会使得国家的利益受到损害。

（3）捆绑的水价方式难以体现政府的宏观调控职能，不利于政企分离。目前，我国现行水价是捆绑式的综合体，包括行政事业性收费（水资源费）和企业收费两部分，其中的企业收费又分为自来水公司和污水治理企业两部分。由于收费都是供水企业进行统一征收，使许多人产生误解，认为供水企业代表政府，或者供水企业代表政府行使政府职能。随着市场经济的逐步完善，政企分离是一种必然，但为减少水资源费和企业性收费的分离对用水户缴费造成的麻烦，政府应该加大水资源费宣传力度，让用户清楚地知道水资源费和供水企业征收的水费所代表的不同的性质，强调政府的宏观调控职能，在理念上实现两者的分离。

在我国，水资源费实际上承担了水资源所有权实现的功能，是水资源所有者因付出水资源使用权而得到的收益，是水资源所有权在经济上得以实现的具体体现。影响水资源费因素很多，但主要包括以下几种。

（1）水资源供求关系。水资源供求关系对水资源费具有重要影响。在水资源的供给能够满足人们的用水需求时，是不征收水资源费的。但当水资源量减少或人们对水资源需求量增大，使得水资源的供给不能满足社会经济发展需求出现短缺时，水资源费的征收就会出现。水资源的需求量越大，水资源量越紧张，水资源费就越高，反之则越低，符合市场规律。影响水资源供求关系的因素很多，如水资源数量、人口的增长变化、收入的变化、国民经济发展速度、产业结构等。目前，我国的水资源供需矛盾很尖锐，这对于水资源的上涨提供了一定的空间。

（2）国家现行政策的影响。水资源费是政府行为下的行政性收费，可通过政府的不同政策对其进行影响，国家根据生活、生产等的需要及水资源数量的情况对水资源费进行提高、降低或减免，并通过差额收费对水资源在不同行业间进行调配。由此可见，水资源费是国家水资源政策的一个重要组成部分，国家根据水资源供需状况，通过水资源费经济调节作用调配水资源，行使国家对水资源的所有权。

（3）水资源商品的特殊性。水资源不同于一般的商品，它是一种准商品，并且稀缺性越来越大，同时也是一种不可缺少的生活资料和生产资料，因而其价格的高低与用水户的承受能力紧密相关。水资源费的确定不仅要保证水资源使用者能够承受，保护他们的基本权益，同时也要有利于节约用水，提高水资源的使用效率。因此，水资源费的确定一定要充分考虑到水资源这种商品的特殊性。

（二）工程水价

工程水价是指人类为了使用水资源，而对修建的设施设备、人工费等支出的补偿，也可以说是把天然水变成商品水的过程中所必须要花费的费用。详细来说，包括开发利用水资源时基础设施的兴建、运行和维护所花费的费用。主要有兴建水库、管道，从地下引水、提水，通过各种管线输水的运输成本和供水企业对水资源进行再处理的生产成本。这整个过程所花费的费用就构成了工程水价。工程水价是反映水价的重要部分，是人类正常使用水资源所必须付出的费用。

（三）环境水价

环境水价是指人类用水时对生态环境所产生的影响以及废水排出后对社会和环境所产生的不良影响。这是使用水资源时对环境产生影响的补偿，也是为了增强使用水资源的环保意识。

二、水价调整

1. 水价调整目标

水价调整目标是：建立有利于政企分离的水价体系，充分发挥政府调控水资源的经济杠杆功能，引导产业结构的调整；维护国家的权益不受损失，确保水资源费上缴国库；建立节水型水价体系，为节水型社会的建立奠定基础，促进社会经济环境的协调发展。

2. 水价调整的基本原则

水价的调整，除了遵循一般商品调价原则之外，必须遵守以下几个原则。

（1）政企分离的原则。通过对水价调整将政府职能与企业职能划清，达到政企分离的目标，一方面让供水企业减轻包袱，让其轻装上阵；另一方面让政府在其职权范围内行使权利，到位而不越位，不干预供水企业的具体经济行为，各司其职。

（2）阶梯式原则。阶梯式水价中供水企业的成本、利润部分是统一的，即无论对于什么样的用水户，他们的成本和利润是一样的，而在不同的行业中，通过拉开水资源费差距来体现政府对水资源调节的行为和意图。在同一用户中采用阶梯式水资源费，就是在一定水资源量的范围内采用基本价，超过定额的部分采取更高的价格，这样既能保证其基本的用水量，也有利于促进用水户节约用水。

（3）承受力原则。水资源商品是准商品，其价格与使用者承受能力紧密联系，若超过其承受能力则会引发各种社会问题。因此水价的调整，一定要限制在使用者的可承受能力范围之内。

（4）水资源费差异性原则。现阶段，水资源短缺现象较严重，而且不同用水户的承受能力也大不相同。由此，可对不同的用水户收取不同的水资源费。对于生活用水，它是人们生存、生活的基础，具有公益性，可对其进行适当倾斜；对于其他用水户将水资源作为产生效益的生产资料，对于其收取的水资源费应按照市场规律进行调整，这样有利于提高水资源的利用效率，有利于用水量较大的产业进行产业结构调整，也有利于建设可持续发展的节水型社会。

3. 水资源费征收

水资源费的征收可由政府委托自来水公司代收，委托单位向自来水公司支付一定的代收费用，征收的水资源费应及时划入专用账号。因为自来水公司是将水资源视为生产资料以获取一定利益的企业，其对水资源的使用不能是无偿的，需要付出一定代价，因此在加工销售过程中的水量损失应由自来水公司承担。

第三节　水资源经济管理体系

无论想要完成任何一项任务或是要达到某种目标，在实施过程中都离不开管理工作。管理就是通过计划、组织和控制等一系列活动，合理配置和协调系统内部的各种资源，从而达到既定目标的过程。

一、水资源经济管理的内涵

水资源经济管理，是指在涉及水资源的各类经济活动中，通过经济杠杆来调控水资源各种管理行为，这些管理行为包括水资源价值的评估、水资源效益分析、水资源价值补偿、水价调整以及水资源污染控制等活动。

水资源经济管理强调通过对水资源的合理配置从而达到水资源的最经济使用。这里指的最经济并不单纯的从狭义的经济效益角度来衡量水资源使用的效果，而是结合水资源所具有的生态功能以及社会功能等方面来衡量水资源使用的经济效益、生态效益和社会效益相结合的综合效益。水资源使用的形态转变也伴随着水资源价值的转变。因此，要达到水资源经济管理的目标，必须以"水资源价值"为核心，通过"水资源价值"的改变调整水资源分配。

水资源价值流是水资源经济管理中非常重要的概念，是指单位水资源量在不同的时空条件下，因自然环境、社会环境、经济环境等因素的差异而导致的水资源价值的变化过程。水资源价值流既可以通过水资源使用形态的变化反映，也可以根据水资源稀缺程度的变化来反映。从经济学角度来看，水资源价值流的这两种状态分别从微观和宏观两个方面描述水资源的经济运行。

从宏观角度来看，水资源价值流的变化趋势与水资源稀缺程度的变化趋势刚好相反，即水资源越稀缺，其水资源价值越大，反之则越小。因此，在区域间配置水资源的过程中，水资源经济管理的目的就是根据水资源价值流的变动趋势来确保水资源价值实现。而水资源价值实现可以转化为通过水权价值而实现。因此，水资源区域配置过程中的水资源价值实现的基本手段就是确保水权价值的实现。围绕"水资源价值"的水资源经济管理的一个主要任务就是规范用水单位的水资源使用，确保水资源所有权的拥有者在向水资源使用者提供水资源时，水资源所有权拥有者能够获得与水资源付出相匹配的水权价值。

从微观角度来看，一个水资源量（包括自身拥有量和调入量）确定的特定区域内，该地区通过水权市场从水资源所有权拥有者手中，通过经济手段购买或者通过行政手段调入所需水资源量后，必然要求其水资源的使用和配置效用最大化，即水资源在各种使用形态之间的不同配置应以能够带来最大的效用为目的。对于该地区而言，水资源效用最大化并不意味着仅仅考虑经济效益最大化，而是应全面考虑经济效益、生态效益和社会效益统一，实现综合效益最大，这是水资源经济管理的根本。

二、水资源经济管理体系的内容

一般的经济管理体系从垂直构架来看分为管理基础、管理主体（管理部门和监督机构）、管理方法和管理对象4个层次，其中管理基础属于管理体系的理论部分，管理主体、管理方法和管理对象则属于经济管理体系的实践部分，如图4-2所示。

水资源经济管理体系的几个方面要形成有机统一体，互为条件，共同作用，才能形成有效的水资源经济管理体系。水资源经济管理的根本目的是水资源综合效益最大化，水资源经济管理体系的设计应以服务于此目标为基本原则。

三、水资源经济管理的原则

1. 有利于水资源可持续发展原则

在水资源管理的过程中，要充分考虑节约资源，维护生态，保护环境，实现人与自然和谐共处，实现水资源与经济、社会、生态的协调发展。保障后代人拥有与当代人对水资

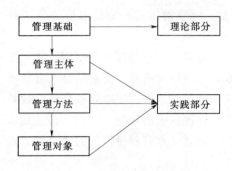

图 4-2 经济管理体系构架图

源使用、对社会经济发展的平等权利。

2. 兼顾资源配置效率与公平原则

所谓资源配置效率原则是指使资源流向资源利用效率高的用户；所谓资源配置公平原则是指保障每个用户都能满足必要的基本水平的用水需要。

3. 资源效率与经济效率并重的原则

水资源效率是单位水资源的产出贡献率，而经济效率是单位物质的生产水平。我国现阶段的经济快速发展，存在着大量消耗资源和破坏环境的不利现象，这在一定程度上尚难于完全避免。由于自身经济利益的驱动，用水户往往重视经济效益而忽视资源效率。对于资源管理者而言，必须要重视水资源的效率，通过管理来提高单位水资源的产出。

4. 防止专有资源转化为共享资源的原则

在开发利用水资源过程中，共享水资源客观存在，必不可少，发挥公益性作用，由政府或政府委托的机构管理。由于共享资源是无主资产，过多的共享资源，既会导致市场失灵、管理低效，也会导致滥用和浪费；而产权明晰的专有资源容易受到尊重、保护和合理利用。因此，根据用水户的性质，要尽量明确产权人，防止专有资源成为共享资源。

5. 讲求水资源管理讲究经济效益的原则

水资源是一种越来越珍贵的资源，对其管理既要讲科学管理，也要讲管理成本、讲究经济效益，要追求管理成本的最小化和管理效益的最大化。

第四节 水 资 源 效 益 分 析

水资源是关系国际民生的战略性资源，是大自然赋予人类的极其宝贵的财富，是关系社会进步和人类生存的最重要的自然资源。如何科学管理、有效利用水资源，这是人类在可持续发展中的一个重大课题。加强对水资源的综合效益分析，是人类生存和发展的需要。

一、水资源效益理论

水资源经济管理的根本目标是有效配置稀缺的水资源以达到水资源综合利用的效益最大化。对于稀缺性资源有效配置的一个基本衡量标准就是在资源数量一定的情况下实现其效益的最大化或在达到预期效益的前提下使用最少的资源数量。水资源对于社会的作用是经济效益、社会效益和生态效益三大效益的综合体现，这三大效益对于人类社会都是不可或缺的。

水资源的经济、社会和生态三大效益分别用 U_{EC}、U_{SO}、U_{EI} 表示，其水资源的使用量分别为 Q_{EC}、Q_{SO} 和 Q_{EI}，P_W 为水资源价格，它们的效用函数分别为

$$U_{EC} = F(Q_{EC}) - Q_{EC}P_W \tag{4-4}$$

$$U_{SO} = F(Q_{SO}) - Q_{SO}P_W \tag{4-5}$$

$$U_{EI} = F(Q_{EI}) - Q_{EI}P_W \tag{4-6}$$

则使用水资源的总效用为

$$U=U_{EI}+U_{SO}+U_{EI} \tag{4-7}$$

在理论上分析水资源效用时假定人们对水资源价值的认识是清晰的，也就是说在使用水资源时都充分考虑了水资源的价值问题，即将水资源本身的成本纳入水资源效用函数当中，函数中的 P_W 即为水资源价值的价格表现。对水资源效益的分析一般分为两种情况，一种是水资源供应额不确定，另一种是水资源供应额定量。

二、水资源效益评价指标体系

水资源效益的理论分析有助于我们理解水资源价值，实现水资源效益最大化，但在应用中却面临着许多技术性问题，如水资源价值的价格化、三大效益水资源使用的定额确定、具体效用函数形式的设定等。所以在水资源效益实际分析中，往往通过构建反映水资源经济效益、社会效益和生态效益的评价指标体系，并利用一定数学方法对其进行评估，得出水资源综合效益的相对指标后再对水资源配置进行指导的方法。

构建合理的水资源评价指标体系应该遵守以下原则。

1. 科学性原则

科学性原则即指标体系的构建必须具有科学基础，指标体系应是一个能够充分考虑水资源配置和使用的整体，其具体指标项的选取要能够度量和反映水资源配置及使用的特点、问题及发展趋势，指标选择和计算口径一致，都有相关的科学理论作为支撑，应客观合理，减少人为因素的干扰，保证结果的公正性及合理性。

2. 可操作性原则

可操作性原则即指标的选择、计算和评价具有实际操作性。选择指标必须立足于实际情况，能够获得相应的数据；指标具有可测性和可比性，易于量化，同时避免指标体系过于繁杂。

3. 层次性原则

水资源配置及使用涵盖社会、经济和环境三大系统，每一系统都可以用不

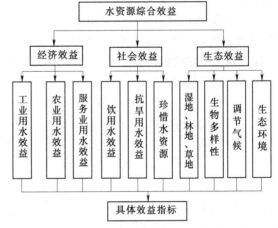

图 4-3 水资源效益评价指标体系层次图

同的指标反映，而就是各个系统不同层次的不同指标的综合评价最终反映水资源效益，故指标体系的构建必须紧紧围绕水资源综合效益评价的目的层层展开，最后使评价结论确切反映评价意图，如图 4-3 所示。

4. 动态性原则

动态性是水资源持续利用时间性的主要特征之一，也是水资源价值流的外在表现形式，水资源价值流的变化过程本身也是一个动态过程，因此，在指标的设置过程中，必须考虑水资源动态变化的特点，将时间包含在体系之中，使评价模型更具灵活性。

依据水资源指标体系设计原则，水资源效益评价体系的构建一般分为以下几个步骤：

（1）对水资源配置及利用进行系统分析，分清楚水资源配置及利用系统中的基本层次

及结构。一般情况下，其基本层次结构可以分为目标层、准则层、准则亚层和指标层 4 个基本层次。

（2）不受条件限制，将凡是能描述层次目标状态的所有指标尽可能全面的一一列出，对系统进行全面考虑，防止遗漏重要指标。

（3）确立指标体系。对第二步初步建立的指标体系进行筛选，找出关联性较大的指标，对意义上有交叉重复的指标再次选择或重组，最终确立科学的指标体系。

三、水资源效益评价方法

（一）基本模型

构建了水资源效益指标体系后，为了综合判断水资源效益情况，还必须对这些指标体系进行综合评价。其基本思路就是构造一个基本数学模型，利用该模型将所有指标最终综合成一个具体数值用以判断和比较水资源综合效益。其基本的数学模型以下式表述

$$R = \sum_{i=1}^{a} a_i \Big[\sum_{j=1}^{m} a_{ij} \Big(\sum_{k=1}^{n} a_{jk} R_{jk} \Big) \Big] \tag{4-8}$$

式中：a_i、a_{ij}、a_{jk} 分别为准则层 i、准则亚层 j 和指标层 k 中指标的系数，$k=1$，2，$\cdots$，n；$j=1$，2，$\cdots$，m；$i=1$，2，$\cdots$，a；R_{jk} 为 j 层指标 k 标准化数值。

（二）指标的标准化处理

反映水资源综合效益的指标涵盖社会、经济和生态各个领域，其指标不仅具有不同量纲，而且有的指标数值量级也具有很大的差异。在综合效益评价中，这些不同量纲、量级的数值是不能进行直接的比较或加和计算的。为了消除这些差别的影响，在评价综合效益之前，必须对这些数值进行标准化处理，以使每一个指标的平均值为零，方差为 1。指标数值标准化的公式为

$$R_{ij} = (x_{ij} - \bar{x}) / [\mathrm{var}(x_j)]^{1/2} \tag{4-9}$$

式中：x_{ij} 为在 i 状态下 j 指标值的具体值；$\bar{x}$、$[\mathrm{var}(x_j)]^{1/2}$ 分别为 j 指标的平均值和标准差。

（三）综合评价指标权重的确定方法

权重是以某种数量形式对比、权衡被评价事物总体中诸因素相对重要程度的量值。指标权重的大小反映的是指标的相对重要性，对评价结果有着直接的影响，因此指标权重的确定在水资源综合效益评价中具有重要的地位。指标权重不仅反映了某项指标在发生变化时对综合效益所产生的影响的大小，也反映了在同一评价层次上该指标的相对位置，即其重要性。指标权重确定的合理与否直接影响最终评价结果的正确性。目前，学术上对于综合评价指标权重的确定方法较多，比较常见的有层次分析法、主成分分析法、聚类分析法、加权优序法、效用函数法、模糊综合评价法等。

这里以在各种水资源效益评价中使用最常见的层次分析法为例介绍水资源综合效益评价中权重确定的过程和方法。

层次分析法（Analytic Hierarchy Process，AHP）是美国运筹学家 T. L. Saaty 于 20 世纪 70 年代提出的，是一种将决策者的定性判断和定量计算有效结合起来的决策分析方法。这种多层次分别赋权法可避免大量指标同时赋权的混乱与失误，从而提高赋权的简便性和准确性，特别适用于对目标结构复杂且缺乏必要数据的多目标多准则的系统的分析评

价。层次分析法可以对有关专家的经验判断进行量化，将定性、定量的方法有机结合起来，用数值衡量方案差异，使决策者对复杂对象的决策思维过程条理化。

水资源综合效益评价涉及众多因素，从评价体系的构建来看，划分为目标层、准则层、准则亚层和指标层 4 个层次，涉及经济、社会和生态三大方面的综合效益评价。这些指标非常复杂，想要对其进行准确的定量化描述几乎不可能，需要借助于专家的专业知识以及长期积累的经验。

从实际应用来看，层次分析法主要有以下几个步骤：

（1）构建层次模型，确立系统的递阶层次关系。根据具体问题，一般将评价系统分为目标层、准则层和指标层。依照水资源综合效益评价指标体系，其评价层次模型从低到高依次为指标层、准则亚层、准则层和目标层。

（2）构造判断矩阵，判断指标相对权重。判断矩阵元素的值反映了人们对各元素相对重要性的认识，一般采用 1～9 及其倒数的标度方法（表 4-1）。当用具有实际意义的比值说明时，判断矩阵相应元素的值则取这个比值，即得到判断矩阵 $U = (u_{ij})_{p \times p}$。

表 4-1　　　　　　　　　　　　　　1～9 标度的含义

标　值	含　　义
1	表示两个指标相比，具有同样的重要性
3	表示两个指标相比，一个指标比另一个指标稍微重要
5	表示两个指标相比，一个指标比另一个指标明显重要
7	表示两个指标相比，一个指标比另一个指标强烈重要
9	表示两个指标相比，一个指标比另一个指标极端重要
2、4、6、8	上述相邻判断的中值，需要折中时采用
倒数	因素 i 与 j 比较得判断 b_{ij}，则因素 j 与 i 比较的判断 $b_{ji} = 1/b_{ij}$

（3）求解判断矩阵的最大特征值 $\lambda_{\max}$ 和特征向量 W，并进行一致性检验。用方根法或积法计算判断矩阵 U 的最大特征根 $\lambda_{\max}$ 及其对应的特征向量 W，此特征向量就是各评价因素的重要性排序，也即是权系数的分配。为进行判断矩阵的一致性检验，需计算一致性指标 $CI = \dfrac{\lambda_{\max} - n}{n - 1}$ 和平均随机指标 RI（表 4-2）。当随机一致性比率 $CR = \dfrac{CI}{RI} < 0.10$ 时，认为层次分析排序的结果有满意的一致性，即权系数的分配是合理的。否则，需要调整判断矩阵的元素取值，重新分配权系数的值。

表 4-2　　　　　　　　　　　　　　W 的阶数与 RI 值

W 的阶数	1	2	3	4	5	6	7	8	9
RI 值	0.00	0.00	0.58	0.90	1.12	1.24	1.32	1.41	1.45

（4）确定相应权重。求出特征向量集 $W = \{W_1, W_2, \cdots, W_m\}$，对于其上一层指标集 $F = \{F^{(1)}, F^{(2)}, \cdots, F^{(n)}\}$ 中各单个因素 $F^{(i)}$ 的权重 W_j^i（$i = 1, 2, \cdots, n$；$j = 1, 2, \cdots, m$）以及 F 中各指标对于决策层的权重 $a_1, a_2, \cdots, a_n$ 则按下式

$$W_j = \sum_{i=1}^{n} a_i W_j^i \quad (j = 1, 2, \cdots, m) \tag{4-10}$$

求出集 W 对决策层的相对权重 $(W_1, W_2, \cdots, W_m)$。

第五节　水资源的资产折补

水资源资产作为一种自然资产，在经过人类各领域的使用后，最后通常以废水形式排出。与此相对应，其水资源价值也逐渐减小，最后甚至变为负价值。从水资源利用的角度来讲，水资源经济活动的目的应该是实现水资源价值的增值和保值。水资源折补是水资源保值增值的一个有效途径。

一、资源资产折补

资源资产在投入生产领域或者消费领域后，常常伴随着数量的减少及其质量的下降。资源资产的减少和直接消耗，会产生两个直接后果：①影响国民经济的健康发展；②影响子孙后代的资源资产占有量。可持续发展的理论告诉我们，为了维持国民经济健康持续发展，同时为了让子孙后代有一个宽松的生存环境，我们必须在开发利用资源资产的过程中寻求通过资源资产功能的恢复或者对功能的替代来实现原有资源资产的功能。资源资产折补正是解决这一问题的一个有效途径。

所谓"资源资产折补"是指为了维持资源资产开发利用功能恒定而进行的价值、技术等方式的补偿。资源资产折补所追求的是"资源资产开发利用功能恒定"。它指的是通过对所开发利用的资源资产采用价值补偿、技术维护等手段，维持资源资产的价值及其功能不变。对于某一特定资源资产而言，假设在时刻 a 其价值及服务功能为 A，在时刻 b 其价值及服务功能服务为 B，在 $b-a$ 时段内，资源资产价值及其服务功能减少了 $A-B$，资源资产的折补就是通过价值、技术等方式使时刻 b 资源资产的价值及其服务功能恢复到 A，那么折补的数量至少为 $A-B$。

二、水资源的折补

水资源作为一种可更新的资源资产，在人类的使用过程中，其数量上不会发生改变，但是随着水资源投入到不同用途的环境和场合中使用，由于水资源的水质会发生恶化，如果不采取任何补偿措施，其价值会随着时间的推移逐渐变小、消失，甚至还会呈现出负价值，不仅不能成为可持续发展的资源，而且还会给人类带来危害。

（一）水资源折补的含义

水资源折补即水资源资产折补，指人类在水资源使用过程中，为了维持水资源功能恒定而进行的价值、技术等方式的补偿。对水资源进行折补，不是简单的水资源使用付费，而是通过各种补偿手段维持水资源的价值、功能不变。水资源折补的形式可以是价值折补和技术折补，但最终目的是水资源功能修复，使水质变差的水资源变好，具有一定的使用价值。投入生活生产的水资源经使用后变为废水，这些废水有可能含有不利于环境的有害物质，从功能上来衡量，不但不具备生产功能，还会对环境产生破坏作用。要使这种废水恢复功能，继续成为无害有用的水资源就必须对其进行折补。

对水资源进行折补，可以保护环境与人类的需要，具有非常重要的意义。水资源折补是水资源可持续利用的根本要求，是社会可持续发展的需要。水资源是维系全球生态系统可持续发展的重要纽带，水资源量的丰枯以及其功能的好坏直接关系着地球生态系统能否持续健康发展。水资源对社会经济系统以及生态环境系统的重要作用，必然要求人类确保对水资源的可持续利用。水资源折补确保对水资源价值的维持、功能的修复。因此，水资源折补是保证水资源安全，实现水资源可持续利用的有效途径。

（二）水资源折补的方法

水资源折补的目的是维持水资源功能的恒定，从理论上来讲即通过价值补偿维持价值不变，从实际上来看则是通过技术手段进行水资源功能修复。数量和质量一定的水资源在进入人类的生活和生产领域，经过人类的使用后，其数量会减少，其质量也会降低，功能有所影响。因为水资源数量减少而进行的价值补偿称为价值折补，因为水资源功能减弱而进行的功能修复称为技术折补。

水资源价值折补就是指对在经济活动中消耗的水资源量进行价值上的补偿，通过经济补偿的方式体现水资源价值，通过水权价格的征收实现。水资源技术折补又可称为水资源功能修复，即利用相应的技术手段和净水设备对功能减弱甚至消失的水资源净化，以恢复其应有功能，常用的技术手段就是各种污水处理技术和手段。

水资源折补理论告诉我们，无论是通过价值折补还是技术折补手段进行水资源折补，其根本目的都是为了维持"水资源功能恒定"。水资源是人类经济发展和人类生存环境稳定的基本要素之一，因此任何水资源使用单位或个人都有权利和义务为了维持"水资源功能恒定"而进行水资源折补。

本 章 小 结

水资源经济管理以"水资源价值"为核心，通过经济杠杆作用，根据"水资源价值"的改变调整水资源分配。在完整的水资源经济管理体系下，对水资源的价值进行评估，并通过效益评价方法实现水资源利用的最经济，即经济效益、生态效益和社会效益相结合的综合效益达到最大化，从而实现对水资源的优化配置。通过水资源价值的变化及时对水资源进行折补，以实现水资源这种可再生资源的功能恒定。本章在介绍了水资源价值及其内涵等内容后，阐述了现阶段计量水资源价值的常用方法，在此基础上说明了水价计算的原理，阐明了水价改革的意义和必要性，通过理论-体系-方法这一系统，说明了水资源效益分析的过程，最后详细阐明了水资源折补的相关内容。水资源经济管理对于水资源价值评估、水资源优化配置、水资源污染控制及水资源安全等都具有重要意义。

参 考 文 献

［1］ 于万春，姜世强，贺如泓. 水资源管理概论［M］. 北京：化学工业出版社，2007.
［2］ 姜文来，唐曲，雷波，等. 水资源管理学导论［M］. 北京：化学工业出版社，2005.
［3］ 任群艳，任冬梅，任寒英. 浅析水资源的经济管理［J］. 科技创新导报，2010（6）：140.
［4］ 张婷. 水资源经济管理的理论化分析［J］. 经济管理者，2013（26）：117.
［5］ 刘捷，刘东润，王绍兵. 水资源费及其定价机制分析［J］. 水利发展研究，2012，12（2）：42 -45.
［6］ 单以红. 关于水资源费性质的分析［J］. 安徽农业科学，2011，39（22）：13686 - 13687.

［7］ 张春玲，申碧峰，孙福强. 水资源费及其标准测算［J］. 中国水利水电科学研究院学报，2015，13（1）：62-67.

［8］ 史璐. 我国水资源费形成机制的理论分析和政策建议［J］. 理论月刊，2012（4）：117-120.

［9］ 姬鹏程，孙长学. 对我国水资源费征收标准的研究［J］. 价格理论与实践，2009（8）：18-19.

［10］ 张磊，赵志青. 水资源费征收管理的现状与建议［J］. 吉林农业 C 版，2010（10）：186.

［11］ 曹永潇，方国华，毛春梅. 我国水资源费征收和使用现状分析［J］. 水利经济，2008，26（3）：26-29.

［12］ 谢文轩，田贵良，邵璇. 中央管理水资源费征收的演变与定价因素［J］. 水利经济，2009，27（5）：20-23.

［13］ 刘添瑞. 深化居民生活用水阶梯水价改革的思考［J］. 价格理论与实践，2013（6）：43-44.

［14］ 唐要家，李增喜. 居民递增型阶梯水价政策有效性研究［J］. 产经评论，2015（1）：103-113.

［15］ 刘百德. 实施阶梯水价的意义及建议［J］. 给水排水动态，2010（2）：15-16.

［16］ 孙露卉. 水资源价格改革：阶梯水价的全面实施［J］. 生态经济，2014，30（3）：12-15.

［17］ 廖婴露. "阶梯水价"的经济学思考［J］. 水利科技与经济，2005，11（8）：449-450.

［18］ 林丽梅，郑逸芳，苏时鹏. 城市水价改革的多重目标及其深化路径分析［J］. 价格理论与实践，2015（3）：42-44.

［19］ 冯峰，许士国. 基于模糊优选理论的水资源效益评价体系［J］. 水利水电科技进展，2008，28（2）：35-38.

［20］ 吕素冰，许士国，陈守煜. 水资源效益综合评价的可变模糊决策理论及应用［J］. 大连理工大学学报，2011，51（2）：269-273.

［21］ 曹雄，杨森林. 以水养水：水资源效益化的必由之路［J］. 新商务周刊，2015（4）：44-49.

思 考 题

1. 水资源有何价值？其价值主要来源于哪两个方面？
2. 水资源价值的计量方法有哪些？
3. 水资源费的内涵是什么？水价由哪几部分组成？
4. 水价改革需遵循哪几个原则？为什么？
5. 水资源经济管理的内涵是什么？水资源经济管理体系的内容有哪些？
6. 水资源效益评价的方法有哪些？
7. 什么是水资源折补？
8. 水资源折补的形式有哪些？折补方法有哪些？

实 践 训 练 题

1. 水资源经济管理主要内容研究。
2. 地区（流域）水资源经济管理内容分析。
3. 地区（流域）水资源价值量分析。
4. 地区（流域）工业水价分析。
5. 地区（流域）农业水价分析。
6. 地区（流域）生活水价分析。

7. 地区（流域）水资源费分析。

8. 地区（流域）水价组成分析。

9. 地区（流域）水资源经济管理体系研究。

10. 地区（流域）水资源折补分析。

11. 地区（流域）水资源效益分析。

12. 地区（流域）水资源经济管理的关键措施研究。

第五章 水资源权属管理

水资源的权属管理即水权管理，水权管理是管理领域在水资源产权方面的延伸，是对水权的产生、分配、行使、保护和转让等的管理，是通过计划安排、组织实施、人员配置、领导监督、协调控制等管理职能使水权得到更加有效的保护和实施的过程。通过水权管理，建立完善的水权制度是建立水资源经济管理制度的基础。明晰水权、合理分配初始水权、适度适时行使水权权益、有效保护水权、在保持良好生态环境及不损害第三方合法权益的前提下促进水权的流转，可以提高用水效益和效率，实现水资源价值，消除无序用水带来的水资源的浪费和污染，提高人们节约用水、依法用水的意识，促进人水和谐，帮助形成有序的水资源市场，促进社会可持续发展。因此，水资源权属管理在水资源管理中有着极其重要的作用。

本章将在介绍产权理论的基础上，重点研究水权基本理论、水权制度安排，研究总结国内外水权管理及水权制度特点，为完善我国水权管理提出意见。水资源的权属管理体系构架如图 5-1 所示。

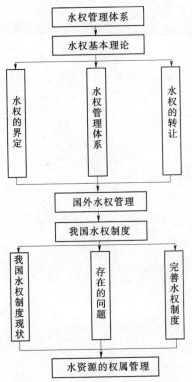

图 5-1 水资源的权属管理体系构架图

第一节　产权基本理论

一、产权的含义和内涵

现代产权经济学的代表人物均对产权定义有过论述。美国经济学教授德姆塞茨认为："产权是自己或他人受益或受损的权利。交易一旦在市场上达成，两组产权就发生了交换，虽然一组产权通常附着于一项物品的劳动，但是交换物或劳务的价值却是由产权决定的。"美国现代产权经济学创始人阿尔奇安认为："产权是一种通过社会而实现的对某种经济物品多种用途进行选择的权利。"著名产权经济学家菲吕博滕认为："产权不是人与物之间的关系，而是指由物的存在和使用而引起的人们之间一些被认可的行为性关系。产权分配格局具体规定了人们那些与物相关的行为规范，或者必须承担不遵守这些规范的成本。"我国学者在引入和借鉴产权经济学理论时，从各自的研究角度出发也对产权进行了不同的定义。综合国内外有关方面研究成果，结合资源资产的实际，我们认为产权是以所有权为基础，包括所有、使用、处分并获取相应收益的权利。它具有以下 3 层含义。

（1）资产的所有权。资产的所有权主要包括所有者依法对自己的财产享有占有、使用、收益、处分的权利。

（2）法人财产权。法人财产权是指法人企业对资产所有者授予其经营的资产享有占有、使用、收益与处分的权利。

（3）股权和债权。股权和债权是在实行法人制度后，由于企业拥有对资产的法人所有权，致使原始产权转变为股权或债权。

虽然定义表述的不同，但并不影响产权内涵的一致性：

（1）产权是一种行为权利，它规定了人们可以做什么、不可以做什么，但这种权利的行使要以有形或无形的物为载体。

（2）产权需要通过社会强制实施，所谓社会强制既可以表现为国家意志，即法律、法令、法规、条例、决定、政策等正式制度，也可以是社会习俗和社会公德等。

（3）产权与外部性存在着紧密联系，它通过规定人们的行为边界，进而界定了人们如何受益和受损的关系，以及如何向受损者进行补偿和向受益者进行索取。

（4）产权是一组权利束，它总是以复数名词 property rights 的形式出现，包括一切与财产有关的权利。

二、产权的基本属性

一般来说，产权的基本属性主要表现在以下五个方面。

1. 产权的可分解性

产权可以按不同方式分解不同的权项，各项权项可以隶属于不同的主体。最初步的分解是将产权分为所有权、使用权、经营权、收益权和转让权等，其中第一种权利还可以分解得更为具体、详细。产权的可分解性使得产权能够灵活、有效地进行资源配置。最常见的是所有权和经营权的分解。

2. 产权的有限性

产权的行使要受到许多条件的限制，诺贝尔奖获得者科斯曾经明确指出："对个人权利无限制的制度实际上就是无权力的制度。"这里限制既包括既定产权本身质和量的限制，又包括制度范畴的限制。也就是说产权的行使必须在一定的制度范畴内，走出规定的范围，就要受到其他权利的约束和限制，否则就会对其他权利造成损害。

3. 产权的收益性

产权的行使可以为所有者带来利益和需要的满足，进而对产权所有者的行为产生激励作用。产权的收益性是产权的核心，是激励功能产生的源，是产权发挥资源配置作用的必要条件之一。

4. 产权的排他性

排他性是指产权在行使对某一特定资源的权利时，排斥任何其他产权主体对同一资源行使相同的权利，即指产权主体的唯一性、垄断性。这种属性实质上是对产权收益的保护，这个属性决定了产权具有约束功能，同时能够有效地降低由于经济行为的不确定性而带来的社会风险，这也是产权发挥资源配置作用的又一必要条件。

5. 产权的可交易性

可交易性又称为可转让性，是指产权可以在不同的主体之间流动，产权的可交易性是使资源得以高效配置的前提和基础，由于产权的流动，资源配置将向高效益方向流动，进而提高了资源的利用效率。

产权交易有两种形式：①将产权的全部权利作为一个整体进行交易，这种交易是一次性和永久性的；②将产权中的部分权利进行组合交易，这种交易是有限期和有条件的。产权在不同主体间的流动，使得资源也能在具有不同经济效益的使用之间流动，从而提高了资源的利用效率。自由的交易性是产权配置稀缺资源的第三个必要条件。

三、产权制度的基本功能

产权制度就是以产权为中心，用来约束、鼓励、规范人们产权行为的系列制度。产权制度是人类社会发展到一定历史阶段的必然产物，是协调社会和生产力、生产关系相互关系的结果。在原始社会，不可能产生产权制度，资源的稀缺是产权和产权制度诞生的源泉。综观人类发展的历史，截至目前，产权制度至少经历了五种类型，即以自然经济为主体的简单商品经济创造的小生产产权制度、以资本经营为特征的企业产权制度（或企业制度）、市场经济条件下的法人制度、劳动合作制企业制度和计划经济产生的产权制度。

产权制度的功能是通过协调人们的经济关系，影响人们在经济运行中的经济行为来实现的，其基本功能主要表现如下。

1. 激励功能

激励就是使经济行为主体在经济活动中具有内在的推动力或使行为者努力从事经济活动，它是通过利益机制实现的。明晰的产权制度界定了产权所有者自由活动的空间，为其提供了一定程度的合理收益预期，并且这些收益能够得到法律的肯定和保护，因而激励人们经济行为的发生。

2. 约束功能

与激励功能相对，产权还具有约束功能。产权制度规定了产权主体不能作为的范畴，超过这个范畴，产权主体就违规，将会受到不同程度的惩罚，如此一来产权主体就会进行自我约束，这是内部约束功能。另外还有外部约束，即外部监督，通过外部约束可以强化内部的自我约束，使产权所有者遵守产权边界和规则。

3. 外部性内部化功能

德姆塞茨指出："产权的一个主要功能是引导人们实现将外部性较大地内在化的激励。"外部性概念原本属于福利经济学范畴，在产权经济学兴起之前，解决外部性的方法主要是庇古提出的罚款或收税的政府干预方式。而科斯等产权经济学家提出了通过权利界定和权利交易将外部性进行内部化的新思路，关键在于双方进行交易（内部化）的所得必须大于成本。

4. 高效率配置稀缺资源功能

产权的资源配置功能主要缘于产权的收益性、排他性和可交易性三个基本属性。产权的收益性能为产权所有者带来利益和满足，产权的排他性使所有者有权决定财产的使用方式，并对自己的行为和决策承担全部责任，这就激励了所有者将资源配置到使用效率最高的地方。而可交易性进一步促进了资源从低效使用向高效使用的流动，从而提高了整个社会的资源配置效率。

四、产权理论的观点及应用

1. 产权理论的主要观点

产权理论以研究产权的界定和交易为中心，其发展经历了很长时间。产权理论的主要观点如下：

（1）经济学的核心问题不是商品买卖，而是权利买卖。

（2）资源配置的外部效应是权利和义务失衡，或者权利无法严格界定而产生的，市场运行的失败是由产权界定不明所导致的。

（3）产权制度是经济运行的基础，有什么样的产权制度，就会有什么样的组织、什么样的技术、什么样的效率。

（4）私有产权更有利于合作和组织，私有产权制度产生合作效率极高的组织，明确界定私人产权是为有效地寻找最优体制奠定制度基础。

（5）在私有产权可以自由交易的制度下，中央计划也是可行的，只要计划是有效的，就可以使自由交易双方得利。

2. 产权理论的应用

产权理论自诞生以来向各个经济领域扩散渗透，取得了广泛的应用成果。产权理论最早也最重要的一个应用领域是对企业组织的分析，如产权结构与企业经济行为的关系、企业组织管理体制的比较、技术转让中的交易成本分析、社会化分工与交易成本关系分析、国家经济增长分析等。由于产权理论在研究外部性内部化及提高资源配置效率方面的独到作用，经济学家又将其应用到土地资源配置上，水资源与土地资源一样，作为人类生存的基础，水资源的日益减少、利用效率低下、用水矛盾的加剧都引起了广泛关注。因此，如何界定、安排水资源权属，以实现水资源高效利用，成为产权理论新的应用方向。

第二节 水权的基本理论

一、水权的概念

水权即水资源产权，是产权经济理论在水资源配置领域的具体体现。目前水权还没有一个一般性的、权威的定义，国外比较注重水权的实用性、可操作性、可计量性，通常以体积、流量、份额、水位或比例等可度量的方法定义水权，以明晰用水者的权利，同时辅之以相应的条款，如规定取水期限、引取地点、使用途径、引取水量或流量、退水水质等。而国内多侧重于水权性质界定、水权权利构成等方面的探讨。如水利部发展研究中心在《水权转让的现状、存在问题及对策》中认为："水权一般指水资源的所有权和使用权。"谢永刚等认为："水权是水事活动中有关各方权利关系的总和，有水事活动就存在着水权。水权是水资源所有权、使用权、水产品与服务经营权等与水资源有关的一组权利的总称。"根据我国水资源管理的实际，我们认为水权的概括性定义为：水权是水资源产权和水商品产权的简称，也叫水产权，都是市场配置资源的范畴。同其他财产的产权一样，水权也包括狭义的所有权（归属权）、占有权、支配权、使用权和收益权，它反映了水资源的存在和对水资源的使用等各方面，是水权主体围绕或通过水而产生的责、权、利关系。

对水权的概念目前主要有两种观点。一种观点认为水权，即为依法对于地表水和地下水取得使用或收益的权利。它是一个集合概念，是汲水权、引水权、蓄水权、排水权、航运权等一系列权利的总称。另一种观点认为水权就是水资源所有权和各种用水权利与义务的行为准则和规则，它通常包括水资源所有权、开发使用权、经营权以及与水有关的其他权益。《中华人民共和国水法》明确规定，水资源属于国家所有，水资源的所有权由国务院代表国家行使。农村集体经济组织修建管理的水库中的水，归农村集体经济使用。为适应不同的使用目的，可以在使用权的基础上，着眼于水资源的使用价值，将其各项权能分开，创设使用权、用水权、开发权等。其中最重要的是水资源的使用权。国家鼓励单位和个人依法开发、利用水资源，并保护其合法性。

水权概念有以下几点涵义：

（1）水权的客体是水资源，水资源是流动性资源，它赋存于自然水体之中，在质、量、物理形态上都存在很大的不确定性。

（2）水权是以水资源为载体的一种行为权利，它规定人们面对稀缺的水资源可以做什么、不可以做什么，并通过这种行为界定了人们之间的损益关系，以及如何向受损者进行补偿和向受益者进行索取。

（3）水权的行使需要通过社会强制实施，这里的社会强制同样既可以是法律、法规等正式制度安排，也可以是社会习俗、道德等非正式安排。随着水资源日益稀缺和用水矛盾的加剧，正式制度安排成为水权行使的主要保障，由非正式安排形成的习惯水权也正逐渐通过法律认可而变成正式制度安排。因为法律等正式制度安排更具权威性和强制性，能够有效地降低不确定性，提供稳定的预期，从而提高水权在水资源配置上的效率。

（4）水权也是一组权利的集合，而不仅仅是一种权利，主要包括水资源使用权、水资源占有权、水资源收益权、水资源转让权等。

二、水权的属性

水权具有产权的属性，但由于水资源独特的自然属性和经济属性，使得水权的这 5 个基本属性在具体内容上与一般意义相比存在其独特之处。

1. 可分解性

水权是一组权利束，可以分解为不同的权利形式，对于怎样分解、具体包括哪些权利，普遍认同的观点是：水权是包括水资源所有权在内的各种与水资源有关的权利的总称。水权应包括一切与水资源有关的权利，并可以将水权初步分解为水资源所有权、使用权、收益权和转让权。只不过在不同的权利设置下、在不同的研究领域，这 4 项权利的重要性可能有所不同。

根据我国的实际情况，水资源的所有权、经营权和使用权存在着严重的分离，这是由我国特有的水资源管理体制所决定的。在现行的法律框架下，水资源所有权归国家或集体所有，这是非常明确的，但综观水资源开发利用全过程，国家总是自觉地或不自觉地将水资源的经营权委授给地方或部门，而地方或部门本身也不是水资源的使用者，它通过一定的方式转移给最终使用者。水资源的所有者、经营者和使用者相分离，导致了水权的非完整性。

2. 有限性

水权的有限性包括两个方面含义：①由于水权的权利客体是流动性的水资源，因而要受到水量、水质和用水时间、地点等客体本身自然属性的限制；②由于水资源独特的经济属性决定了水权的行使很大程度上受到制度的约束和政府的管理。水资源对于人类社会与生态环境都有着重要意义，人类的生存离不开水资源，人类从事生产活动也必须以水资源为最基本的物质基础，水资源对于维持生态系统平衡、促进生物多样性起着重要作用，很多都是其他自然资源无法替代和比拟的，水资源的开发利用具有很大的公益性，这些都决定了水权的行使要受到政府的严格管理和制约。

3. 收益性

水资源在生产、生活和生态方面的重要作用使得水权的行使必然能为权利所有人带来收益。行使水权的收益可以是由水权所有人独享的、货币化的收益。水权收益性的特殊之处在于，行使权的收益有些是不能为个人所独享，而是为社会成员所共同拥有，并且不能货币化的收益，如支撑社会经济发展、维持生态系统完整性等方面。水权的收益性随着水资源稀缺性的不断提高、人类社会经济发展的不断加快和人们对于水资源价值认识的不断加深而不断显现，对人们在开发利用水资源时，充分考虑其最大效益的行为起到了激励作用，进而提高了水资源的利用效率，有助于水资源的优化配置。

4. 排他性

水权作为一种财产权利在理论上也是具有排他性的。当水权在完全私有的形式下，水权所有人可以自主地行使权利，对水资源进行使用和处置，独自承担行使权利所必需的成本，也独自享用行使权利带来的效益，具有很强的排他性。即使水权在共有形式下，由于水权是一组权利束，这组权利束可以进行分解，所以对于同一水资源，不同权利的所有人可以行使其各自的权利，互不重合，其仍具有一定的排他性。但是由于水资源具有复杂的自然属性和经济属性，界定水资源的排他性很难，需要投入较高的成本，甚至于有时投入的成本要高于界定其排他性所带来的收益。因此在实际的水权制度安排中，水权的排他性常常被弱化，但不能就此认为水权不具有排他性。

5. 可转让性

对于水权，就其概念来说，是可以转让和交易的，但是水资源属性很复杂，其本身具有很大的公益性，对于人类社会和生态自然都有着广泛的影响，因而水资源受到各国政府严格的管制，水权是否可以被转让或交易基本上还是要取决于各个国家的政策、法律和管理体制。水权制度建立初期，一些国家是不允许水权转让的，但随着水资源的日益短缺和水污染的日益严重，要求水权转让的客观需求也日益加强，并且，实践证明实行可转让和交易的水权制度，对于提高水资源的利用效率、促进水资源的合理使用具有非常重要的作用。但是水权也不可以随意转让，为保证水资源的公益性，形成规范的水市场，必须由政府对水资源进行宏观调控，由政府对水权的转让和交易进行审批，并对转让内容进行必要的限制。

第三节 水权的管理与转让

一、水权的界定

水权界定是指将水权所包含的各项权利赋予不同主体的制度安排，这种制度安排可以是非正式的，如按用水习惯沿袭下来的习惯水权界定，但更多的是通过法律法规进行的正式制度安排。

水权界定最主要的目的和功效就是明晰水权，因此在水权界定中对享有权利的主体是谁、权利客体的数量如何确定、应该保证怎样的质量以及行使权力的有效期限等都应明确规定。水权的界定是水权制度的核心内容之一，是水权转让的前提条件。

（一）水权界定的形式

水权可以根据权利主体的不同而分为私有水权和共有水权。私有水权就是将对水资源的权利界定给一个特定的人；共有水权则是将权利界定给共同体内的所有成员，若共同体的范围是国家和全民，则为国有水权。在界定水权时，如何在这两种水权形式中进行选择，取决于各自界定成本和收益的比较。

从水权界定的历史演变和发展趋势来看，正经历着从私有水权向共有水权的转变。传统的水权是依附于土地所有权的，在土地私有的情况下，水资源也就归私人所有。早在1976年，在委内瑞拉召开的"关于水法和水行政第二次国际会议"上，很多国家就提出"一切水资源都要公有或直接归国家管理"。随着水资源多元价值的日益显现，尤其是水资源在生态、环境方面的价值越来越受到重视，各国政府开始对私有水权加以限制，确立独立的水权。由于水资源的流动性及公益性等特点使得共有水权权利界定的成本相对私有水权来得低，而且能获得社会、生态方面的收益，这些就充分证明水权界定正在发生变化，共有水权将成为水资源管理的主流。

虽然共有水权是发展的方向，但其权利边界不明晰也使水权的排他性和激励功能受到减弱，对提高水资源的利用效率、进行优化配置有一定的影响，采取私有和共有混合的水权形式是比较现实的选择，亦即在共有水权框架下，根据不同区域条件、不同用水目的和不同政策目标，将水权所包含的各种权项进行分离，并有选择地界定给私人。这样既保证了政府对水资源的宏观调控，使其社会功能及生态功能得以实现，又能使其经济功能有效地发挥。

（二）水权界定的基本原则

合理地界定水权，是水资源高效率利用的基础，也是完善水市场的重要前提，更是有效管理水资源的必要条件。由于水资源的特性和水资源作为商品的特性，决定了水权的界定不同于一般的资产，其必须遵循以下基本原则。

1. 可持续利用原则

水资源是一种可再生的资源，但这并不意味水资源可以不受任何限制地进行再生，其再生功能要受到自身及其他自然条件的约束，就是说如果人类过度地对水资源进行开发，或是对水资源的污染过于严重，水资源的再生能力必将下降甚至失去再生能力。然而水资源是人类社会生存和发展的必要的物质基础和基本条件。因此，在对水权进行界定时，可持续利用原则为首要原则。具体体现为水量上要计划用水、节约用水，并保障一定量的生态用水，水质上要便于进行污染控制。

2. 效率和公平兼顾原则

水资源是社会经济发展的基础性资源，日常的各项活动中，不同区域、不同行业之间的用水往往是带有竞争性的，而为使水资源的经济作用能达到最大化，水权界定时应做到有利于促进水资源向效益高的产业进行配置。然而水资源并不只是一种经济物品，它的公益性使其成为人类以及其他物种得以维持生存的不可或缺的基本资料，因而，在水权界定时公平原则也不可忽略。水资源使用权的界定应支持效率优先、兼顾公平的原则。效率优先原则包括两层含义：①水资源使用权的界定能够起到节约用水、提高水资源利用效率的激励作用；②从全流域整体出发，水资源使用权的界定不能绝对平等，而应在优先保证各地区基本用水的基础上适当向水资源利用效率高的地区倾斜，引导水资源向优化配置的方向发展。公平原则的一个首要方面就是生活用水优先，保障人类最基本的生存需要。另外，如果水权的界定导致不同区域、不同行业之间收益的变化，应通过经济手段进行适度补偿。

3. 遵从习惯，因地制宜原则

对于不同的国家和地区，水资源的总量和分布情况不尽相同，经济的发展水平以及政府的政策等也都不同。所以，在一个国家取得良好效果的水权界定方式在另一个国家或地区不一定就能取得相同的效果。而且，在人类社会不断发展的过程中，水资源一直与这个过程息息相关。在水权制度建立之前，人们一直根据世代的用水习惯对水资源进行开发利用，若要对这些进行强制性的改变要付出很高的成本。因此，水权界定应尊重已有的习惯，遵从因地制宜原则。

（三）国外水权界定方式

1. 沿岸所有权制度

沿岸所有水权理论是在水资源丰富的地区，主要是英国形成的，目前仍是英国、法国、加拿大以及美国东部等水资源丰富的国家和地区水法规、水管理政策的基础。在沿岸所有水权制度中，水权的排他性是和土地所有权的排他性联系在一起的。根据沿岸所有水权制度，凡是拥有持续不断的水流穿过或沿一边经过的土地所有者自然拥有了沿岸所有水权，不拥有沿岸土地的人则无权开渠引水；只要水权所有者对水资源的使用不会影响下游的持续水流，那么对水量的使用没有限制。由于实行沿岸所有水权制度的国家和地区一般实行的是排他性私有土地制度，因此水权也就具有了排他性和可转让性。当某人获得沿岸土地的所有权时，也就自然获得了沿岸所有水权；当他出售沿岸土地的所有权时，水权随土地所有权同时转让。

沿岸所有水权制度虽然使水权具有了排他性，但是却导致了水资源另一种形式的浪费，特别是在水资源匮乏的地区，沿岸所有水权实际上限制了经济和社会的发展，由于沿岸所有水权是和沿岸土地所有权联系在一起的，这意味着不拥有沿岸土地所有权的人或经济主体不能使用河流中的水资源，一方面造成与河流不相邻的大片农田不能引水灌溉，工厂和城市得不到充足的水源；另一方面河流中的水资源又得不到充分的利用。随着经济和社会的发展，沿岸所有水权制度的缺陷越来越明显，于是出现了新的水权制度。

2. 优先占用权制度

优先占用水权制度源于19世纪中期美国西部地区开发中的用水实践，这是人类为了充分利用水资源而建立的一种排他性水权制度。与沿岸所有水权不同，优先占用水权的排他性不是与土地所有权联系在一起，而是体现在水资源使用的先后次序上。

优先占用权制度的排他性体现在水资源使用权的先后次序上，优先占用水权理论认为，河流中的水资源处于公共领域，没有所有者。因此，谁先开渠引水并对水资源进行有益使用，谁就占有了水资源的优先使用权。由于排定了经济主体的用水先后次序，使水资源的使用权具有了一定程度的排他性。在水资源短缺的情况下，凡是排在前边的经济主体的用水需要首先得到满足，而排在后面的经济主体的用水需要是否能得到满足取决于满足优先权后是否还有足够的水量。

虽然采用优先占用权制度界定水权克服了沿岸所有权制度下的用水局限性，使河流水资源的使用范围和地域大大拓展，但也存在一些缺陷：①后来者的水权受到很大限制，尤其是在干旱缺水比较严重的时期，后来者的用水难以得到满足，随着经济社会的发展用水矛盾难以避免；②由优先权界定的水权难以转让和交易，因为如果进行转让，用水的优先次序也要按转让日期重新排序，那么其权利会受到很大削弱。由于水权的转让和交易受到限制，就不能引导和激励水权主体将水资源投向最有效的用途。

3. 共有水权制度

随着对水资源价值、水权特性认识的不断深入，越来越多的国家开始采取共有水权的形式，澳大利亚就是其中之一。澳大利亚是联邦制国家，各州内的水资源由州政府管理。

现代意义上的公共水权理论及其法律制度源于苏联的水管理理论，我国目前实行的也是公共水权法律制度。公共水权理论包括3个基本原则：①所有权与使用权分离，即水资源属国家所有，但个人和单位可以拥有水资源的使用权；②水资源开发和利用必须服从国家的经济计划和发展规划；③水资源的配置和水量分配一般是通过行政手段进行的。

公共水权制度强调全流域的计划配水，但却存在着对私人和经济主体的水权，特别是水使用权、水使用量权、水使用顺序权难以清晰界定或忽视清晰界定水权问题和倾向。如果所在国处于干旱和半干旱地区，水资源严重短缺的话，水权界定不明确有可能导致严重的水纠纷，包括行业之间争水，如工业和农业争水，也包括全流域各个行政区之间争水。

4. 可交易水权制度

可交易水权制度也产生于美国西部的缺水地区，近几年来迅速扩展到世界的其他国家和地区。可交易水权制度是人类为了提高水资源配置效率而建立的一种与市场经济相适应的排他性水权制度，其排他性既不是指与水相邻的土地所有权，也不是指水资源的优先占用权，而是指在水资源使用权基础上进一步界定的配水量权。为了使水资源能够通过市场机制达到有效配置，水权就必须具有排他性和可分割性，二者是水资源市场形成的前提条件。在沿岸所有水权制度下，虽然土地具有排他性和可分割性，但与土地联系在一起的沿岸所有水权排斥了非沿岸土地所有者的用水权利，不利于水资源的充分利用。而优先占用水权虽然具有排他性，但在实践中难以分割和转让，因此也是不可取的。只有在水资源使用权基础上进一步界定的配水量权同时具有排他性和可分割性，当经济主体获得一定数量的水资源使用权时，这一配水数量就具有了排他性，由于水量是可以计量和测量的，配水量权也就具有了可分割性，从而为可交易水权制度的实施奠定了基础。因此，可以说水权交易制度代表了水资源管理的趋向。

二、水权管理体系的建立原则

（1）科学性原则。科学性主要是指研究及研究结论的实证性和逻辑性。科学是建立在系统的经验观察和正确的逻辑推理之上的。科学结论所依据的事实应当是全面的、具有内在逻辑联系的，而不应当是个别的或偶然的。在水权管理体系构建中，其组成部分是具有内在逻辑联系的子体系，是可以全面综合反映水权管理体系的完整的因素集合。

（2）系统性原则。水权管理体系是一个因素众多、极其复杂的体系，它可以从不同研究视角划分为各个子体系，即各个组成部分或构成要素。例如，从水权管理体系的内容构成来看，可以分为初始水权分配体系、适时水权运作体系、水权市场交易体系等；从空间维度来看，水权管理体系可以分为国家层面的水权管理、流域层面的水权管理、下属地州市县层面的水权管理等；从时间维度来看，水权管理可以分为历史水权、现在水权和未来水权；从水权使用类型来看，可以分为社会经济水权与生态环境水权。

（3）理论和实践相结合的原则。在水权管理体系的构建过程中，以产权理论、物权理论、制度经济学、可持续发展理论等为指导，构建合理的初始水权分配体系、适时水权运作体系、水权管理保障体系等，既从理论上探讨水权管理的价值，又从实践上完善流域的水权管理。

（4）可操作性原则。可操作性是指实际可具体运用的方便性。在水权管理体系的构建中，应尽量使设计的框架、制度、分配方法、保障机制等具有可操作性，以适应复杂多变的水权管理环境。

三、水权的转让

水权转让是指水权中的部分或全部权项在不同主体之间的流动，是在水资源总量一定而用水主体不断增加的条件下，对水资源进行的再分配，是水权制度的另一核心内容。通常意义下的水权转让指的是通过市场机制进行的水权交易等市场行为。

（一）建立水权转让制度的必要性

目前，在我国的法律法规中，并没有规定水权的转让制度。如果不同水权主体不能相互转让，这不利于优化配置水资源及提高用水效率。建立完善的水权转让制度，激励用水者采取措施节约用水，这将极大地促进节约用水，提高效益和效率。

1. 建立水权转让制度是市场经济水资源管理体制和运行机制的需要

我国经济体制改革的目标是建立社会主义市场经济，使市场在国家宏观调控下发挥配置资源的基础作用。要实现这一目标，就要建立水权和水市场制度，切实加强水资源的开发利用和保护工作，实行严格的水资源管理制度，推进水资源利用方式的根本转变，提高水资源的利用效率和效益。

2. 建立水权转让制度是提高水资源利用效益、建立节水型社会的需要

水权转让制度的建立，将实现水资源所有权和使用权的分离，明晰各个产权主体的权利关系。水市场在国家的宏观调控下优化配置水资源，通过市场机制更加客观真实地反映水的价值。

3. 建立水权转让制度是实施水资源有偿使用制度、缓解水资源供需矛盾的需要

在我国，由于水资源的开发重使用轻节约，使水资源使用不合理的状况加剧。不仅对有限水资源进行掠夺式的开发，而且不重视对水环境的保护，造成了对水资源的严重污染，更加剧了水资源的短缺。要扭转这种不利局面，就必须提倡节约水资源。节约水资源很重要的一条是实行水资源有偿使用制度。

（二）水权转让的作用

水权转让的最大作用是很大程度上提高了水权的灵活性和高效利用、配置水资源的能力，使得可转让的水权制度在水资源供需矛盾日益加剧的条件下在各国得以迅速发展。

1. 提高用水效率

可转让的水权赋予了水资源隐含的价值，即"机会成本"，从而使水权所有者在行使权力时会综合考虑各种成本和收益对比，激励用水者综合利用各种手段提高水资源的利用效率，将节约出来的水资源通过转让而获利。

2. 提供投资建设水利基础设施的激励

水权转让对投资建设水利设施的作用主要表现在：①用水者为获得更大的利益，会为了提高水资源利用效率而主动投资水利设施建设，如高效的农田灌溉设施、先进的供水和污水处理设施等；②当水权转让能让转换双方都收益时，双方均会有意愿使转让实现，进而促进了一些必需的量水、分水、输水等水利设施的建设。

3. 改进供水管理水平

实行水权交易后，新水权的获得需要付出成本。对供水部门（特别是城市和工业的供水部门）而言，他们再也不可能通过国家无偿占有农民的水权来得到水资源，因而他们会积极通过改进管理和服务水平来增进效益。

（三）水权转让的内容

1. 影响水权转让的主要因素

影响水权转让的因素很多，各因素之间还存在相互作用，共同对水权转让产生影响。

（1）对于水权的界定。合理的水权界定，不仅是水资源高效利用的基础和完善水市场

的前提，而且也是进行水权转让的前提，只有权利边界明晰才能顺利进行转让。这里的权利明晰包括对水权客体即一定水资源质量的规定、权利使用期限和权利可靠性等，需要借助于合理的水权界定来实现。

（2）水权转让的成本。在水权明确界定后，水权转让能否实现还取决于水权转让的成本。水权转让双方想要进行转让的目的是获得利益，但如果转让成本过高使双方或一方没有获利空间时，水权转让不可能发生。水权转让的成本包括信息搜集成本、合同执行成本，以及提供量水、分水及输水等水权转让的基础设施的成本等。

（3）对第三方的影响。水资源是与日常生活及社会经济发展有着重要关联的基础性资源，对水资源的开发利用会对社会产生较大影响，因而水权转让时不仅要考虑转让双方的利益，也要考虑第三方的利益。若出售水权的地区在水权转让后减少的水资源量不足支撑其地区的人民生活和经济发展，则会对当地人民和政府的利益造成损失。因此，水权转让常常需要进行公示，以便于公众参与。如果水权转让对第三方造成的负面影响过大，必然会受到公众和政府的阻碍。

（4）管理法律法规。水权的行使是需要通过法律等强制进行的，水权的特性也使得水权的行使必然在很大程度上受到政府管制，因此，水管理体制和相关法律法规是影响水权转让的又一重要因素。各国水资源现状、国家性质、政策目标、管理方式、法律规定不同，水权转让的范围、程序、方式等方面也不同。有些国家在水权制度建立的初期，甚至明文规定禁止水权转让。

2. 水权转让的基本原则

根据 2005 年 1 月 11 日发布的《水利部关于水权转让的若干意见》中指出，水权转让应遵循以下基本原则：

（1）水资源可持续利用的原则。水权转让既要尊重水的自然属性和客观规律，又要尊重水的商品属性和价值规律，适应经济社会发展对水的需求，统筹兼顾生活、生产、生态用水。

（2）政府调控和市场机制相结合的原则。水资源属国家所有，水资源所有权由国务院代表国家行使，国家对水资源实行统一管理和宏观调控，各级政府及其水行政主管部门依法对水资源实行管理。

（3）公平和效率相结合的原则。水权转让必须首先满足城乡居民生活用水，充分考虑生态系统的基本用水，水权由农业向其他行业转让必须保障农业用水的基本要求。

（4）产权明晰的原则。水权转让以明晰水资源使用权为前提，所转让的水权必须依法取得。

（5）公平、公正、公开的原则。要尊重水权转让双方的意愿，以自愿为前提进行民主协商，充分考虑各方利益，并及时向社会公开水权转让的相关事项。

（6）有偿转让和合理补偿的原则。水权转让双方主体平等，应遵循市场交易的基本原则，合理确定双方的经济利益。

3. 水权转让的范围

一般意义上的产权转让，应当是所有与财产有关的权项，由于水资源和水权具有特殊性，这就决定了水权转让受到很多因素的影响，不是所有的水权都可以自由转让，其转让的范围是有限制的。

水利部《关于水权转让的若干意见》中明确规定水权在以下情况下禁止转让：

（1）取用水总量超过本流域或本行政区域水资源可利用量的，除国家有特殊规定的，不得向本流域或本行政区域以外的用水户转让。

（2）在地下水限采区的地下水取水户不得将水权转让。

（3）为生态环境分配的水权不得转让。

（4）对公共利益、生态环境或第三者利益可能造成重大影响的不得转让。

（5）不得向国家限制发展的产业用水户转让。

4. 水权转让的形式

按照不同的分类标准，可以将水权转让分为不同的形式：

（1）按照转让区域是否变化可以分为流域（区域）内水权转让和跨流域（区域）水权转让，流域（区域）内水权转让影响面小，便于组织，但由于水资源地区分布极不平衡，随着社会经济的发展，跨流域（区域）水权的转让将逐渐成为焦点。

（2）按照转让权项是否完整可以分为部分水权转让和全部水权转让，最常见的部分水权转让就是保留所有权而只转让使用权和他项权利，或者对权利项下的水资源客体分离出一部分来进行转让。

（3）按照转让行业是否变化可以分为行业内水权转让和行业间水权转让，行业间水权转让通常是从低效益行业转向高效益行业，如农业灌溉用水权向城市和工业用水权转让。

（4）按照转让期限长短可以分为临时性水权转让和永久性水权转让，临时性水权转让指发生在 1 年内的权利流转，便于用来调节短期内的水资源供需平衡，且涉及利益面小，转让成本低，组织方便，因而是目前水权交易的主要形式；永久性水权转让则指部分或全部权项一次性完全转让，由于永久性水权转让的预期收益不稳定、转让成本高、牵涉利益方多，因而转让程序复杂，受到很强的政府管制，目前发展比较缓慢。在实际水权转让中，以上这些转让形式常常是混合、交织运用的。

第四节　国外的水权管理

水权是建立水市场、进行水资源优化配置的基础。水权的分配、获取和转让是依据一定的水权制度体系和相关的法律程序来进行的。不同国家和地区，由于自然条件和社会经济发展水平不同，其实施水权管理的制度体系也可能不一样。

一、国外水权管理的特点

对于地下水、地表水以及跨流域调水，尽管各国所采用的水权管理模式不尽相同，但不论哪一种管理模式，它们在水权分配、获取、转让以及水市场的规范管理方面大多都具有以下特点。

（一）按水权管理制度配置水资源

开展水权管理较早的国家，特别是一些市场化程度较高的国家，对水资源都建立了按水权管理的水资源管理制度体系，将水权制度作为水资源管理和水资源开发的基础。这些国家有的是各州针对自己的实际情况，制定出自己的水法，建立各自的水权管理制度，有关部门从各州获取水权,再逐级分解,将水权落实到各个用水户;有的则是一个国家建立一部总的水法,建立一套完整的水权管理制度,各级部门从国家获取水权,然后逐级层层分解,将水权落实到各个用水户。最终用水户都是根据自己所取得的水权进行用水,从而避免了水资源开发、管理以及水资源利用方面的矛盾冲突。

（二）按照优先用水原则进行水权分配

从各国的用水优先权来看,为确保人民的基本生活要求,几乎所有国家都规定家庭用水优先于农业和其他用水,但在时间上则根据申请时间的先后被授予相应的优先权。当水资源不能满足所有要求时,水权等级低的用水户必须服从于水权等级高的用水户用水需求。

（三）获取水权需要缴纳必要的费用

在以水权配置水资源的国家,获取水权需要按照一定的申请程序,并需要缴纳相关费用。如美国调水工程的受益者要取得调水,就需要支付资源水价;法国对于获取水权和污水排放也收取一定的费用,用于建设水源工程和污水处理工程,以达到"以水养水"目的;其他的一些国家也相应地制定了按章缴纳水资源费的规定。

（四）规范水权转让,培育水权交易市场

在许多国家,正在广泛运用水市场来作为改善水分配的重要手段。政府通过水权转让进行水的再分配,由于放弃水权的一方得到了经济补偿,促使水权从低价值使用向高价值使用的转让,提高了水的利用效率和使用价值,并保证了水资源长期稳定的供给。

如在美国,水权作为私有财产,其转让程序类似于不动产,水权的转让必须由州水机构或法院批准,且需要一个公告期。另外,美国西部还出现了水银行,水银行将每年的来水量按照水权分成若干份,以股份制形式对水权进行管理,从而方便了水权交易。此外,澳大利亚、加拿大和日本等国也在努力培育、发展水市场,积极开展水权交易,一些发展中国家也在尝试通过建立水市场进行水权的转让。

（五）因地制宜建立切合实际的水权管理体系

美国各州都拥有自己的水法和水权制度管理体系。如在美国东部,水资源比较丰富,用水户的用水在正常情况下一般都可以得到满足,很少因用水紧张而发生水事纠纷,所以这一地区的水权管理制度制定得比较宽松,采用的大都是沿岸所有权。而美国西部水资源紧缺,用水较为紧张,为了保护原用水户的利益不受侵害,则采用了优先占有权准则,对于水权,规定了"先占有者先拥有,拥有者可转让,不占有者不拥有"等一系列界定原则,还规定获得用水权的用户必须按申请的用途用水,不得将水挪作他用,也不得单独出卖水的使用权;如果要出卖这种使用权,则必须与被灌溉的土地作为一个整体同时出售。后来的用水户必须服从于原水权拥有者,不得损害原水权拥有者的利益。此外,为了促使水资源发挥最大的经济效益,鼓励水从一个地方转移到另一个地方,允许用某一地点的水取代另一地点水的使用,比如,下游的优先占用者可有权分流上游的水或者转移某些新水源以补偿下游占用者。

（六）水权管理必须有一定的法律体系做保障

无论在美国还是在其他国家,对水权的管理都有一系列的法律法规和水权制度,其最明显的法律是水法,这些法律对水权的界定、分配、转让或交易都作了明确的规定,如澳大利亚的《维多利亚州水法》对水体的所有权、使用权、水使用权类型、水权的分配、转让和转换作出了明确规定，而且，其地区范围内任何形式的水权分配、转让和转换都是基于该法律来进行的。美国的《俄勒冈州水法》内容更丰富，同时也更具体，对水资源管理机构、水资源的所有权和使用权以及水法制定的依据都作了详细的说明，对地表水和地下水的使用权的界定、分配、转让与转换、调整以及新水权的申请和申请费用都作了非常具体的规定。

二、先进水权体系示例

（一）澳大利亚

澳大利亚是水资源相对短缺国家，其最早的水权制度来源于沿岸所有权制度。20世纪初，联邦政府通过立法，将水权与土地所有权分离，明确水资源是公共资源，归州政府所有，由州政府调整和分配水权。跨州河流使用水，由联邦政府和各州达成分水协议。澳大利亚各州水权制度有很大的相似性，其中最为典型的是维多利亚州。该州的水所有权归州政府所有，水的使用权出让给具有灌溉和供水职能的管理机构、电力公司以及个人。水使用权出让过程中，由州政府委托自然资源和环境部组织调查组，调查研究即考虑对受让人申请的意见，决定批准或不予批准。近年来，澳大利亚昆士兰州开始实施流域性的总体水资源规划，用水许可证逐步改变为水分配办法，即水量分配，且水量分配与土地分离，并可在市场进行交易，多余水量归大坝所有者，水量分配通过签订合同确定下来。澳大利亚的水权交易始于20世纪80年代，在近30年的发展中，澳大利亚的许多州已形成了固定的水权交易市场，大大提高了水资源的配置效率。但是由于生态、环境目标、气候，以及过高的水价格和交易成本的因素，澳大利亚的水权交易市场呈现的特点是：短期水权市场发展较快，长期水权市场发展缓慢。

（二）美国

美国的水权制度通常由州法规进行界定。在美国东部、东南部和中西地区，多采用的沿岸所有权原则，规定沿岸土地都有取水用水权，且所有沿岸权所有者都拥有同等的权利，没有多少和先后之分。而美国西部则采用水权优先占用体系，规定边界内的水资源为公众或州所有。在州政府水资源所有权下，水权分配是对水资源的使用权的分配。美国的水权交易起步较早，但建立水权交易制度的也只是西部几个州。其中因缓解用水压力，美国加利福尼亚州推广的"水银行"措施，促进了水资源的合理配置。尽管美国西部的水权系统发展比较完备，但目前还没有建立起水市场。其中的原因是在水权交易中，买方承担的行政性交易成本以及由卖主承担的政策性交易成本过高，影响了水权的收益，从而影响了水权交易的活跃程度。

（三）智利

智利是水资源相对短缺的国家，其国家法律明确规定，水是公共使用的国家资源，但根据法律可向个人授予永久和可交易的水使用权。现有的水使用者可以免费获取地表和地下水的财产权利，新的和未分配的水权通过拍卖向公众出售。在智利，公众获取的水权必须在公共登记处注册。永久性的消费性水权是按照用水体积来划分的，当永久性水权不能满足所有水权拥有者时，将可利用水量按比例进行配置。获取非消费性水权（例如水力发电）必须征得水所有者的同意，非消费性用水必须保证水质并且所用水必须返回指定的地点。水权的监控、分配和实施由水管理协会负责。除了一些大坝以及和它们相连的主运河，智利所有的水利设施都由水使用者所有和运转。智利水权制度的改革得到广大用水户的支持。在智利水权不仅可以买卖，而且还可以作为抵押品和附属担保品，也就是说，不仅存在水权出让和转让市场，而且存在水权金融市场。用户个人拥有的水权，可作为抵押标的物进行抵押，从有关金融机构获得抵押贷款，用于水利建设。

三、对我国水权管理的启示

随着我国社会经济的进一步发展，水资源的需求将更加紧迫，在现有水资源可开发利用条件下，需要对水资源进行优化配置。而水资源的优化配置是以水权管理和市场经济为基础的，要建立完善的水权体系和成熟的水市场，就要从根本上对它们加以认识。

（一）明晰水权是水资源管理的根本

我国的水资源属于国家所有，在这个基本规定下，如何根据用水方式的不同，合理界定产权，使国家、地方、工程单位和用水户之间的责、权、利相互协调，并在此基础上，探索有效保护、开发利用水资源的产权结构和管理制度，是一个急需解决的问题。虽然在计划经济体制下，水资源国家所有的概念非常明确，但水的使用权、配置权和收益权极其模糊。随着市场经济体制的健全和完善以及水资源的日益短缺，就需要明晰水权，按水权理论对水资源的开发和利用进行管理。

（二）水资源配置需要政府来调控

国家作为水资源所有者，是水权分配的主体，中央政府授权各级权力机构分配水资源的使用权，中央政府始终保留水资源的最终处置权。但应特别指出的是，水市场是一个"准市场"，对它的培育和成长需要国家有关法律法规的支持和约束，需要政府的积极推动。国家政府作为水市场的管理者和调控者，在水资源配置方面，应行使水行政管理和水行政执法职能，加强对水权和水市场的管理。

（三）建立水市场需要完善资源水价征收体制

水资源费是水权在经济上的实现形式。根据水权理论，要在水资源稀缺的条件下取得水权，就必须向资源所有者付出相应的代价。目前，我国的水价体系还不完善，一般的价格构成中，还未纳入水资源费，这有悖于水权理论，不利于水市场的成长，同时也不利于水资源的优化配置。对此，国家需要根据市场经济的要求，不断完善水价构成和水资源费的管理体制，以促进水资源的可持续利用和发展。

（四）水市场是社会主义市场经济发展的必然

实现水资源的合理配置和可持续利用，就必须有效地推进水市场的建立，并使其不断完善。长期以来，我国的水资源配置一直采用计划经济的手段。因权属不明确，交易难以实现，市场也就没有形成。水资源开发利用主体在资源的使用上往往以"取水最大化"为目标，使资源浪费与短缺并存，人与环境争夺资源而带来严重的生态问题，造成上下游、左右岸之间在用水上的矛盾。要实现水资源的优化配置，就要在节水的基础上促进水资源从低效益用途向高效益用途转移，就必须培育和发展水市场，允许水权交易。随着社会主义市场经济体制的建立和完善，水市场必然要在水资源的配置中发挥基础作用。

（五）水权管理应有完善的水权制度体系做保障

水权的分配、取得和转让都是遵循一定程序的，是由一系列法律制度体系来做保障的。为了使水权的分配、取得和转让有章可循，必须建立一套包括水权界定、分配和转让在内的较为完善的水权制度体系。

（1）水权取得的前提条件是交纳一定数额的水资源费，而水资源费的征收、管理和使用是由国家来负责实施的，国家只有制定相应的政策，才能确保水资源费的合理征收、恰当管理和使用。

（2）水管理部门对用户水使用权申请的审批是根据相关法律、法规和制度来进行的，只有制定相应的法律、法规和制度，水管理部门才具有对用户水使用权进行审批的依据。

（3）水市场的建立需要有一定的法律和政策基础。在我国，水市场还是一个新生事物，正处于萌芽状态，需要进一步的培育和发展，而其发展离不开相应的法律、法规和政策的支持、约束和规范。在培育和开拓水市场时，只有制定了相应的法律、法规和政策，才能使水市场不断得到发展和完善。

（4）推行水权交易需要有立法做保障。水权转让是一种有序的水权交易活动，水权交易的根本依据是国家的法律、法规和水权交易制度。因此，只有制定相应的法律、法规和水权交易制度，才能促进水权交易活动的顺利开展，才能使水权交易双方的利益得以保障。

（5）水权的调整、续期和终止需要有一定的法律法规依据，没有相应的法律和法规规定，就不能对水权进行调整、续期或终止。

第五节 我国的水权制度

水权制度就是通过明晰水权，建立对水资源所有、使用、收益和处置的权利，形成一种与市场经济体制相适应的水资源权属管理制度。水权制度体系由水资源所有制度、水资源使用制度和水权转让制度组成。水资源所有制度主要实现国家对水资源的所有权。地方水权制度建设，主要是使用制度和转让制度建设。

自20世纪80年代我国开始试行水权制度以来。经过30多年的实践和探索，已形成了一套基于行政手段的共有水权制度。随着经济社会的快速发展和水资源供需条件的变化，现有制度产生的绩效日益降低，已不适应水市场发展的要求。新的形势和新的变化，要求我们必须正确认识我国现行水权制度存在的弊病，加快完善我国水权制度。

水利部水资源司认为："水权制度是落实最严格水资源管理制度的重要市场手段，是促进水资源节约和保护的重要激励机制。"水利部在2015年5月8日印发的《水利部深化水利改革领导小组2015年工作要点》中，明确了十大水利改革领域的42项改革任务，其中就包含有力求在水权制度建设改革方面取得重要成果。

一、水权制度现状

（一）水权的界定

我国水权界定的法律框架包括宪法、国家权力机关制定的法律、各级行政机关制定的行政法规和其他规范性文件，其中以2002年修订的《中华人民共和国水法》为核心。《中华人民共和国水法》规定："水资源属国家所有。水资源的所有权由国务院代表国家行使。"因此，我国目前选择实施的是共有水权形式，以国有水权为主，中央政府是法定的国有水权代表。共有水权的建立，有利于国家对水资源实行统一管理、协调和调配，促进节约用水，有利于水资源的高效利用。

在我国，水资源条件的地区差别很大，中央政府集中行使水权的成本非常高，因此《中华人民共和国水法》中做出了"国家对水资源实行流域管理与行政区域管理相结合的管理体制"的规定。这样，地方政府和流域组织也成了一级水权所有人代表。同一流域的水资源通常以直接的行政调配方式分到各个地区，再通过取水许可制度分配给不同用水者。

取水许可制度是我国实施水资源权属管理的重要手段，我国已初步形成了一套比较完整的取水许可管理机制。《取水许可制度实施办法》规定，利用水工程或者机械提水设施直接从江河、湖泊或者地下取水的一切取水单位和个人。都应当向水行政主管部门或者流域管理机构申请取水许可证，并缴纳水资源费，取得用水权。2012 年 1 月，国务院发布了《关于实行最严格水资源管理制度的意见》中强调了要严格实施取水许可，严格规范取水许可审批管理，对取用水总量已达到或超过控制指标的地区，暂停审批建设项目新增取水；对取用水总量接近控制指标的地区，限制审批建设项目新增取水。对不符合国家产业政策或列入国家产业结构调整指导目录中淘汰类的，产品不符合行业用水定额标准的，在城市公共供水管网能够满足用水需要却通过自备取水设施取用地下水的，以及地下水已严重超采的地区取用地下水的建设项目取水申请，审批机关不予批准。

尽管取水权表面上看是行政批准的权利，但由于长期以来我国政府行政主管部门具有水资源所有权人代表和管理者的双重身份，取水许可证实际上意味着国有水资源所有权人已经向许可证持有人转让了国有水资源使用权，因此，由取水许可证确定的取水权实际上是最重要的水资源使用权。

（二）水权的转让

我国实行的国有水权形式下的水权转让可以分为三个层次：第一层次是按照分级管理的原则，在政府内部进行水资源使用权的转让，包括从一级流域分水到流域内的各省（自治区、直辖市），以及从省分到地级市和县级市。第二层次是实行取水许可制度，水量分配从政府到企事业单位。各流域、省、地、县级水行政主管部门，将自己的水资源使用权重新分配，经过相关取水制度，给不同的用水户取水权。第三层次是实行计划用水和节约用水，水量分配从企事业单位到个人。通过对用水定额的累进制水价的基本手段实现计划用水和节约用水。凡用水量在标准定额内的，不加价；凡用水超过标准定额的，超额部分累进加价。2000 年以来，水利部积极探索开展水权转让试点。浙江义乌市和东阳市签订有偿转让横锦水库部分用水权的协议，开创了我国水权转让的先河。甘肃张掖市依托节水型社会建设，在农民间试行水票交易制度。宁夏和内蒙古，通过实施农业节水，向工业用户转让水权，已完成水权转让项目 38 个、涉及水量 3.2 亿 m³。

（三）水权的确权登记

确权登记，主要是对已经发证的取水许可进行规范，确认用水户的水资源使用权；对农村集体经济组织的水塘和水库中的水资源使用权进行确权登记。水利部水资源司管理处认为："水资源使用权登记的改革目标是将水资源使用、收益的权利落实到取用水户，为逐步建立归属清晰、权责明确、监管有效、流转顺畅的国家水权制度体系奠定基础。"

2014年5月，水利部发布的《水利部水权试点工作方案》中已将宁夏回族自治区、江西省、湖北省宜都市作为水资源使用权确权登记试点。

（四）水权的交易流转

水权的交易流转，因地制宜探索地区间、流域间、行业间、用水户间、流域上下游等多种形式的水权交易流转方式。不同形式的水权交易目标都是为了更好地发挥市场机制作用，激励用水户节约用水，促进水权合理流转，提高水资源利用效率和效益。目前我国的水权市场建设总体上还处于探索阶段，主要面临以下几个问题：①法律上不甚清晰；②初始水权尚未明确；③水权交易平台建设滞后。因此，为建立健全水权交易制度，水利部已将内蒙古自治区、河南省、甘肃省、广东省作为多种形式水权交易流转的试点。

二、水权制度存在的问题

虽然我国已经开始实施水权制度，但是仍处于摸索阶段，在实施过程中现行水权制度中的一些问题已经渐渐为人们所察觉，这些问题影响了我国水市场的成熟与稳定，不利于水资源的高效利用。

（一）所有权主体及其权利界限不明晰

（1）根据《中华人民共和国水法》的规定，水资源属国家所有。水资源的所有权由国务院代表国家行使。但是在我国若由中央政府集中行使水权其成本太高，因此，国家对水资源实行流域管理与行政区域管理相结合的管理体制，这意味着在实际水资源开发利用时，地方政府和流域组织成了事实上的水权所有者，这就造成了法定所有权主体与事实所有权主体不一致的现象。

（2）虽然法律规定了水资源所有权主体是国家，但没有具体说明国家应如何去行使所有权，而取水许可制度又使水资源的所有权和使用权相分离，这时就必须考虑如何保障国家的所有权人利益不被侵犯。实际的做法是通过征收水资源费来保障国家的权益，但由"水资源经济管理"章节讨论可知，我国现在征收的水资源费难以体现水权的真正价值。

（3）在目前的水权制度下，还存在水资源所有权与政府行政管理权的混淆，无论是中央政府还是地方政府，目前都承担着水权所有人和水资源管理者的双重身份。

（二）使用权、收益权内容不明晰

在我国目前的法律中，水权的概念和内涵是不完整的，除水资源所有权外的他项水权概念，如水资源使用权、收益权等，都没有具体的体现和界定。也就是说，在水资源使用权、收益权等的权利主体、权限范围、获取条件等方面缺乏可操作性的法律条文。共有水权形式下，水资源使用权的模糊使得水权排他性和行使效率降低，造成各地区、各部门在水资源开发利用方面的冲突，也不利于水资源保护和可持续利用。

（三）取水许可制度存在不确定性

（1）取水的优先次序存在不确定性。在实际操作中，近似地按照上游优先、生活用水优先的次序，但是并没有明确的法律对其进行规定，使得当水资源出现短缺时调节机制缺乏可预见性和灵活性，临时性的应急方案使得水资源使用权在水量、水质上都存在很大的不确定性，会引起不同用水者之间的矛盾，造成一些地区无序用水。

（2）取水许可的实施过多依赖行政手段，水行政主管部门承担着水资源分配、调度以及论证取水许可证合理性等诸多责任，而由于技术、资金等的限制，往往不能保证用水权在不同行业、不同地区的不同申请者之间进行高效配置。而且流域机构和省（自治区、直辖市）之间、省与省内地区之间在取水许可管理中的关系也并未理顺，使取水许可总量的控制存在困难。

（3）取水许可缺乏必要的监督管理手段，对于水权的获取、变更等没有登记公示，不利于公众的参与和监督。

（四）没有建立起正式的水权市场

长期以来，我国是通过行政手段配置和管理水资源，强调水资源的公共性，并以法律形式明确禁止了水权转让，极大地限制了我国水市场的发展。随着社会经济的发展和市场化改革的进行，水资源供需矛盾日益加剧，借助水权转让、以市场方式配置水资源的客观需求日趋强烈，但相应的调节、规制手段都尚未建立起来，从而给一些隐蔽的、变相的、非正式的水资源买卖、水权交易或水市场的发育提供了空间，极大地削弱了国家对水资源的所有权，也不利于政府对水资源开发利用进行宏观调控。

三、水权制度的完善

在我国，需以取水许可制度为中心，进一步完善我国的水权制度。利用许可证进行水权界定和分配，并通过许可证转让来提高水资源配置效率是比较常见的做法。我国在取水许可管理上已经积累了一些经验，但也存在不少问题，需要从以下几个方面加以改进和完善。

（一）明晰水权

明晰水权是完善我国水权制度最迫切的需要。我国的水资源属于国家所有，在这个基本规定下，如何根据用水方式的不同，使国家、地方、工程单位和用水户之间的责、权、利相互协调，并在此基础上，探索有效保护、开发利用水资源的产权结构和管理制度，是一个急需解决的问题。明晰水权的过程实际上就是一个不断提高水权排他性、提高水资源利用效率的过程。

（1）要在法律中确立完整的水权概念，即包括水资源所有权、使用权、收益权和转让权等多项权利的一组权利束，而不仅仅是水资源所有权。在我国现行的取水许可管理体制中，用水人基于取水许可而使用水资源并获取收益的权利已具有了水资源使用权、收益权的意义，因此，只需在法律中对此进行明确规定。

（2）要明晰水权主体。在我国，实行的是国有水权制度，即水资源所有权的主体是国家，但是水资源的使用权主体可以是企业法人、事业单位，也可以是自然人，这样就可以使水资源所有权与使用权相分离，便于水权的流转和水资源市场化配置。

（3）要明确流域组织、地方政府和水行政主管部门的权利，政府既是水权拥有者又是水权管理者的双重身份不利于保障水权制度的公平性，也容易造成地方政府削弱国家的权利。因此，他们只能作为管理者，对水权市场进行行政管理，如参与水权的界定、规制、统一协调管理等，而不能成为水权主体。

（二）建立可转让的水权体系，培育水市场

水资源转让权是完整的水权概念的重要组成部分。允许水权转让是提高水资源配置效率、解决水资源供需矛盾的有效手段。完善我国的水权制度，应在明晰水权的基础上建立起可转让的水权体系，培育水市场。

1. 我国可转让水权体系的基本模式

我国的水市场是一个"准市场",所谓"准市场"是指水权和水资源的转让不能完全通过市场机制来进行,还离不开政府行政分配和宏观调控。在"准市场"条件下,我国可转让水权体系可以分为3个层次。

(1) 按照国家和流域水资源综合规划,通过流域内各级地方政府间的协商,制定流域水资源分配方案,也就是在国有水权形式下对水资源使用权在地区间作进一步的界定。需要明确的是当使用权按区域进行界定后,其权利主体不是地方政府,而是区域内的全体人口,地方政府只能对流域内水资源管理权限进行划分。流域水资源分配方案应根据流域水资源总体规划和用水总量控制的要求以及地区发展现状和发展潜力而制定,并兼顾效率与公平,协调上下游、左右岸和生态环境需要。方案的制定要具备一定的灵活性,能根据流域水量状况进行调节,其调节方式应是确定的,有一定的可预见性。最终确定的方案应通过立法手段确立其权威性并保证其顺利实施。

(2) 通过发放取水许可证的形式进行水资源初始分配,其权利主体细化为企业法人、事业单位、自然人等。初始水权分配应以生活用水和生态用水优先:①用水人提出取水申请;②水行政主管部门对申请人资格、取水用途、对各方的影响等进行审核;③进行水权公示,即将申请人基本情况、用水目的、用水地点、引水量、结构设施以及审核结果等信息通知与此相关的各方,以促进公众参与,增加水权管理的透明度;④水权授予和许可证发放。

(3) 通过有条件的许可证转让,实现水资源高效配置。允许许可证持有人在不损害第三方合法权益和危害水环境状况的基础上,依法转让取水权。当然,并不是所有的用水权都可以进入市场进行转让,政府应在法律法规中明确规定转让范围。一般而言,竞争性经济用水是水权转让的主要内容,而基本生活用水、生态用水和其他公益性用水目前还不能进行转让。水权转让必须是有偿的,转让价格由市场决定。

2. 加强政府对水权市场的管理和监督

水资源的公益性和不可替代性使水权的转让关系到多方的利益而受到许多客观条件的限制,这时就需要政府加强对水权市场的管理和监督。通过建立水权转让的登记、审批、公示等制度来确定水权转让的范围、限定水权转让双方的资格、约束水权购买方的用水行为、保证水权市场的秩序和交易的公平,最大限度地防止水污染、减少或消除水权交易对国家和地区发展目标、环境目标的影响,并防止他人利益因此受到损害,进一步促进水资源的优化配置和可持续利用。

(三) 健全水权配置体系

2014年1月24日,水利部在《深化水利改革的指导意见》中明确提出了要健全水权配置体系。开展水资源使用权确权登记,形成归属清晰、权责明确、监管有效的水资源资产产权制度。抓紧完成省级以下区域用水总量控制指标分解,加快开展江河水量分配,确定区域取用水总量和权益。完善取水许可制度,对已经发证的取水许可进行规范,确认取用水户的水资源使用权。对农村集体经济组织的水塘和修建管理的水库中的水资源使用权进行确权登记。对工业、服务业新增取用水户,研究探索政府有偿出让水资源使用权。

（四）建立健全水权交易制度

2014 年 1 月 24 日，水利部在《深化水利改革的指导意见》中明确提出了要建立健全水权交易制度。开展水权交易试点，鼓励和引导地区间、用水户间的水权交易，探索多种形式的水权流转方式。积极培育水市场，逐步建立国家、流域、区域层面的水权交易平台。按照农业、工业、服务业、生活、生态等用水类型，完善水资源使用权用途管制制度，保障公益性用水的基本需求。

（五）完善其他相关的管理措施

水权制度的建立和完善是我国水资源管理体制改革的一个重要部分，需要各方面的协调配合，包括完善相关法律法规、理顺现有管理体制、建立各种用水指标、制定水资源规划等。运用好"行政"和"市场"两种手段是水资源配置体制改革的基本方向。目前我国的水资源配置以行政手段为主，但缺乏高效、统一的管理；虽然已开始使用价格手段，但由于传统习惯、经济发展水平等因素的影响，水价偏低是普遍现象，并且缺乏水权的有效流转，市场手段也没有用好。

总之，我国水权制度的完善是一个长期的过程，需要因地制宜，分流域、分地区逐步进行。

本 章 小 结

水资源权属管理在产权理论的基础上根据提出的水权理论进行管理，对水权进行界定，通过计划安排、组织实施、人员配置、领导监督、协调控制等管理职能，在科学的管理体系下对水权进行分配、行使、保护和转让等的管理，使水权得到更加有效的保护和实施。通过本章对国内外水权管理的实例研究，我国的水权管理还需进一步加强，在明晰水权、建立合理的水权制度、加强政府调控及完善相关管理措施方面都需要继续努力。水资源权属管理是社会与经济可持续发展的必备条件，它对于建立有序而高效的用水环境、节约和保护水资源起着重要作用，加强水资源权属管理是当今中国的重要任务（参考文献[3]对流域水权管理进行了系统研究，有兴趣的读者可参考）。

参 考 文 献

[1] 于万春，姜世强，贺如泓. 水资源管理概论 [M]. 北京：化学工业出版社，2007.
[2] 姜文来，唐曲，雷波，等. 水资源管理学导论 [M]. 北京：化学工业出版社，2005.
[3] 唐德善，邓铭江. 塔里木河流域水权管理研究 [M]. 北京：中国水利水电出版社，2010.
[4] 余文华. 国外水权制度的立法启示 [J]. 法制与社会，2007 (3)：510-511.
[5] 张平. 国外水权制度对我国水资源优化配置的启示 [J]. 人民长江，2005，36 (8)：13-14.
[6] 曹可亮. 论水资源财产权 [D]. 武汉：武汉大学，2009.
[7] 吕崧. 水权保护若干问题研究 [D]. 哈尔滨：东北农业大学，2011.
[8] 贾娜. 产权理论研究综述 [J]. 法制与社会，2010 (21)：18.
[9] 鲍淑君. 我国水权制度架构与配置关键技术研究 [D]. 北京：中国水利水电科学研究院，2013.
[10] 孙六平. 我国水权法律制度研究 [D]. 西安：西安理工大学，2006.

[11]　单平基. 我国水权转让规则的立法选择 [J]. 东南大学学报：哲学社会科学版，2014（6）：65-70.

[12]　刘萍. 水权转让法律制度研究 [D]. 长沙：湖南大学，2014.

[13]　黄顺星. 美国加州水权制度研究 [D]. 厦门：厦门大学，2014.

[14]　刘强，王波，陈广才. 我国水权制度建设与当前水资源管理制度的关系及问题分析 [J]. 中国水利，2014（20）：4-6.

[15]　吴艳林. 我国水权制度存在的问题及对策 [J]. 环境，2012（S1）：127.

[16]　刘书俊. 基于可持续发展的水权研究 [C]. 中国可持续发展论坛——中国可持续发展研究会学术年会，2005.

[17]　刘立明. 试论我国水权制度的构建与完善 [D]. 长春：吉林大学，2009.

[18]　唐轶军. 我国水权转让及其价格问题 [J]. 中国水利，2007（2）：42-43.

[19]　孙淑琴，孙海龙. 浅谈水权制度建设的重要性 [J]. 中小企业管理与科技，2009（1）：98.

[20]　张勇，常云昆. 国外水权管理制度综合比较研究 [J]. 水利经济，2006，24（4）：16-19.

[21]　张瑞美，陈献，龙庆国，等. 健全水权转让制度的思考 [J]. 水利经济，2014（2）：37-40.

[22]　张艳丽，完颜华，苏栋，等. 浅析我国水权制度的发展与现状 [J]. 黑河学刊，2011（8）：1.

[23]　李兰. 我国水权交易监管法律制度研究 [D]. 杭州：浙江财经大学，2014.

[24]　王春华. 美、澳水权制度对我国水权管理的启示 [J]. 水利天地，2014（3）：22-23.

[25]　孙晓玲. 水权交易市场法律制度研究 [D]. 蚌埠：安徽财经大学，2013.

思　考　题

1. 什么是水权？水权具有哪些属性？

2. 什么是水权界定？水权界定的形式有哪些？界定的基本原则是什么？水权界定的方法有哪些？

3. 水权管理体系的建立要遵循哪些原则？

4. 什么是水权转让？水权转让的内容有哪些？

5. 水权转让要遵循哪些原则？

6. 水权转让的形式有哪些？

7. 结合所学知识，查阅相关资料，谈谈对我国水权现状的认识。

8. 我国水权制度还存在着哪些问题？该如何解决这些问题？

实　践　训　练　题

1. 水权的内涵分析。

2. 水权的属性分析。

3. 水权界定研究。

4. 水权研究目的和意义。

5. 水权转让目的和意义。

6. 水权转让理论及应用。

7. 中国（流域、区域）水权现状分析。

8. 地区（流域）水权现状分析。

9. 水权管理内涵分析。

10. 水权管理措施分析。

11. 水权管理理论分析。

12. 水权制度分析。

13. 水权管理与水权制度对比分析。

第六章　水资源规划管理

水资源规划管理指的是通过水资源规划的编制和组织实施，对各项水事活动进行控制、对不同的水资源功能进行协调，实现政府的水资源管理目标。水资源规划作为水利部门的一项重点工作内容，其对水资源的开发利用起着指导性的作用。一个好的水资源规划，能够在系统考虑未来变化的基础上科学指导未来的水资源管理工作，并作为一条主线将各方面的工作联系成一个有机的整体。正因为如此，水资源规划管理在水资源管理体系中占有十分重要的位置，而这也正是我们研究水资源规划管理的原因。如图 6-1 所示，本章将介绍水资源规划管理的概念和特点，回顾我国水资源规划管理的发展历程，并对我国未来水资源规划管理进行展望，研究探讨水资源规划管理的工作流程和内容以及水资源规划的技术方法。

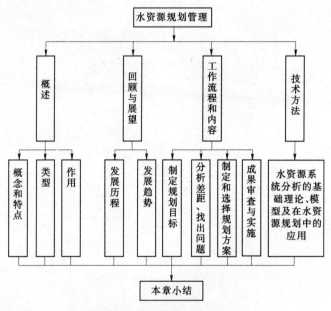

图 6-1　本章思路结构框架图

第一节　水资源规划管理概述

一、水资源规划管理的概念和特点

水资源规划的概念是人类在漫长的历史长河中通过防洪、抗旱、供水等一系列的水事活动逐步形成的理论成果，并且随着人类认识的提高和科技的进步而不断得以充实和发展。本章中提到的水资源规划是指对以水资源为核心的系统，未来的发展目标、实现目标的行动方案和保障措施预先进行的统筹安排和总体设计。因而水资源规划管理也就是指通过水资源规划的编制和组织实施，对各项水事活动进行控制、对不同的水资源功能进行协调，从而实现政府的水资源管理目标。水资源规划管理的主体通常是各级水行政主管部门，编制水资源规划并组织实施是水行政主管部门的主要职责之一。水资源规划管理的对象是以水资源为核心的系统，这个系统的内涵随着社会经济的发展、人们认识水平的提高在不断拓展和充实：在地理范围上从单独一条河流或一个湖泊扩大到了流域或区域内紧密联系的其他自然资源和经济资源；系统发展目标从传统的实现水量水能高效利用扩大到通过对水资源多功能的合理开发、利用、治理和保护，实现水资源、生态环境、社会经济和社会福利多方面的协调、持续发展；实现目标的措施也从单纯的工程措施扩大到工程措施和非工程措施的综合运用。如今，水资源规划管理的对象已是一个涉及多发展目标、多构成的影响因素、多约束条件的复杂系统，有时还要将这个系统纳入地区经济发展规划或国家社会经济发展总体规划等更大的系统范围中。

水资源规划管理是一种克服水事活动盲目性和主观随意性的科学管理活动，具有3个基本特点。

（1）导向性。这是水资源规划管理区别于其他水资源管理活动的最重要的特性。水资源规划管理的时间取向总是未来的某个时段，描述以水资源为中心的系统在未来时段的状态（制定发展目标），提供达到该状态（实现目标）所需的方案和保障措施，从而为未来的行动指明方向。

（2）权威性。水资源规划是指导各项水资源管理工作的基础，其编制、审批、执行、修改都有一定的程序，而且规划一经批准就具有了法律效力，必须严格执行。但目前规划管理的权威性在我国还没有得到普遍认知，随意修改规划内容、规划执行不力等情况时有发生，大大削弱了规划的权威性，甚至使规划沦为一纸空文，难以发挥应有的指导作用。

（3）综合性。水资源规划管理需要处理和协调水资源系统、社会经济系统和自然生态系统3个系统的关系，涉及众多与水有关的利益方和管理部门，需要多学科的支持，具有很强的综合性。

二、水资源规划的类型

按照不同的分类标准，可以将水资源规划划分为不同的类型。

按规划内容可以划分为综合规划和专项规划。综合规划是站在水资源-生态环境-社会经济整体系统的高度，统筹考虑规划区域内与水资源有关的各种问题而进行的多目标规划。专项规划则是针对某一专门水资源问题进行的水资源规划，如防洪规划、治涝规划、水力发电规划、水质保护规划、水利工程规划、航运规划、水土保持规划等。综合规划是专项规划的基础，专项规划是综合规划的深入和细化，二者相辅相成，不可或缺。

按规划范围可以划分为跨流域水资源规划、流域水资源规划和地区水资源规划。跨流域水资源规划范围最大，是以一个以上的流域为对象，以跨流域调水为目的的水资源规划，其规划考虑的问题要比单个流域规划更广泛、更深入，既需要探讨由于水资源的再分配可能对各个流域带来的社会经济影响、环境影响，又需要探讨水资源利用的可持续性以及对后代人的影响及相应对策。流域水资源规划是在水资源自然形成的基本单元——江河流域范围内进行的水资源规划，按照流域大小又可分为大型江河流域规划和中小型江河流域规划，不同的流域水资源规划，其复杂性和规划重点也各不相同。地区水资源规划通常是在行政区或经济区范围内进行的水资源规划，在做地区水资源规划时，既要把重点放在本地区，同时又要兼顾流域或更大范围的水资源规划要求。

按规划期可以划分为长期规划和近期规划。对全国水资源规划、大型江河流域水资源规划等范围较大的水资源规划而言，长期规划的规划期通常为 20～30 年或更远一些，即与国家战略规划、国土规划等的规划期一致，以利于水资源长期规划的实施，近期规划则为 10～15 年。对小范围的水资源规划，规划期则根据不同情况略短一些。

三、水资源规划管理的作用

水资源规划管理是一个预先筹划的过程，是一切管理活动的起点和基础，其作用突出体现在以下 3 个方面。

1. 减少不确定性带来的损失

气候变化等自然因素和社会经济发展、用水量增加、用水方式变化等人为因素都会导致人类所面临的水资源条件发生变化，并使其变化过程和方向充满不确定性，增加了各种水事活动的风险和成本。但这些不确定性并非是完全不可控的。水资源规划管理通过科学地、系统地、审慎地预测未来变化，发现潜在冲突与问题并掌握有利的机会，从而有目的地对各种与水资源有关的人类活动进行控制、预定行动方案，能够有效地降低不确定性带来的损失，做到趋利避害。当然，未来的变化是复杂的，不确定性也总是存在，不可能作出精确的预测，因此，水资源规划管理应当是一个连续的过程，规划的编制要求具有一定的弹性，能够根据实际情况的变化不断进行调整。

2. 使政府宏观调控意图更明确、更规范

尽管市场已经成为资源配置的主要手段，但对水资源等基础性、公益性资源而言，单凭市场的作用难以实现可持续利用，适当的政府调控仍然必不可少。规划是除法律以外最重要的规范政府宏观调控工作的文本，而且与法律相比，规划更为具体和明确，针对性更强。水资源规划中设定的目标是衡量和评价政府管理水资源工作的标准；规划中给出的实现目标的措施、方案又为政府管理水资源的工作提供了可操作的、更实际的规定和安排，使政府能够直接地对各种水事活动和各利益相关方的矛盾进行调节；规划目标和规划方案还会进一步影响到政府的组织结构和领导方式。

3. 促进各方的理解和合作

在编制水资源规划的过程中，需要搜集各方面的信息，了解政府、企业、居民和社会团体等各利益相关方的要求和意向，协调其矛盾和冲突。这个过程为各方创造了相互沟通、交流的机会，能够促进彼此的理解。完成后经过审批的水资源规划，则为各方提供了共同的行动目标和实现目标的合作方案，使其能够明确在以水资源为核心的系统整体中各自的角色、作用和任务，从而有效地避免分散决策和行动带来的冲突、重复和低效率。

第二节　我国水资源规划管理的回顾与展望

一、我国水资源规划管理的发展历程

我国水资源规划管理的历史可以追溯到春秋战国时期。邗沟、鸿沟、都江堰等重要水

利工程的兴建体现了早期人们根据需要，利用工程措施统一规划、调度水资源的思想。秦代"决通川防，夷去险阻"，统一整治黄河下游各段堤防，体现了全面规划原则，是规划思想上的重大进展。随着各种用水、治水、管水实践的深入展开，水资源规划管理的范围、内容也不断扩大，逐渐向全面性、综合性发展。但总的说来，早期的水资源规划管理还是不系统的，规划资料不完备，规划理论、方法也远未成熟。与世界上其他国家一样，我国的水资源规划管理也是直到20世纪30年代，在数学等其他基础科学取得长足发展的基础上才进入了有科学理论指导、有先进技术支撑的新时期。

新中国成立以来，我国水资源规划管理不但在规划理论和规划技术方法上取得了很大的进展，许多规划实践也逐步展开，可以归纳为4个阶段。

（一）1949年到20世纪50年代末

我国各大江河都进行广泛充足的规划前期准备工作，整编了过去的水文资料，开展了水文测验、增设了测站，进行了流域水文的初步分析，并进行了一些地形测量、地质勘探、土壤调查和流域内某些区域、某些河段的勘察工作。在此基础上，开展了第一轮较为全面的流域水资源规划，并取得了一批重要的规划成果。黄河规划委员会于1954年提出《黄河综合利用规划技术经济报告》；原治淮委员会于1956年提出《淮河流域规划报告》、1957年提出《沂沭泗河流域规划报告》；长江流域规划办公室于1956年提出《汉江流域规划要点报告》、1958年提出《长江流域综合利用规划要点报告》；原北京勘测设计院于1957年提出《海河流域规划报告》、1958年提出《滦河流域规划报告》；原沈阳勘测设计院于1958年提出《辽河流域规划要点报告》；原珠江水利委员会于1959年提出《珠江流域开发与治理方案研究报告》；原哈尔滨勘测设计院于1959年提出《松花江流域规划报告（草案）》。同时对重要的中小河流也进行了大量的规划工作。这一阶段的水资源规划目标主要以江河治理、防治灾害为主。

（二）20世纪60年代初到70年代末

在前一阶段编制的流域综合规划的基础上，本阶段转入了进行近期方案和其中某些项目的工程规划，并进一步进行了某些支流、某些河段或某些专业的补充规划。如海河在1963年发生特大洪水后，及时对原规划做了补充修订，提出了《海河流域防洪规划报告》；淮河于20世纪60年代末也对原规划做了补充修订，于70年代初提出《治淮规划报告》。这一时期，由于对工业和农业改造的加快，水资源开发利用程度大大提高，相应地，水资源规划的目标、思路和内容也在防治灾害为主的基础上加强了水资源综合利用的内容，以开发利用结合兴利除害，强调水资源为经济社会的发展服务。但在这一阶段，由于受到外界因素的影响，一些地方规划力量有所削弱，基本资料的积累和研究分析不够，规划成果不同程度地存在着脱离实际、急于求成、盲目追求新建工程、不讲究经济效果以及规划缺乏法定约束力等弊端。

（三）20世纪80年代初到80年代末

这是我国经济体制转变的重要时期。随着经济的发展，水资源紧缺和水污染问题日渐突出，水利的服务对象则从以农业为主逐步向为国民经济全方位服务转变。《中华人民共和国水法》（1988年）、《河道管理条例》（1988年）、《水污染防治法》（1984年）等一系列法律、法规的出台，使水资源管理工作逐步走上了法制轨道。为适应新的形势，各流域在这一时期开展了第二轮较为系统的水资源规划。在规划思路和规划方法上也有了重大进展，强调把提高经济效益放在首位，同时也注意社会、环境的目标要求，加强水资源规划的综合性和与国土整治之间的协调。这一时期进行了一项重要的工作，即展开了第一次全国水资源评价和水资源利用规划的编制。

（四）20世纪90年代初至今

随着社会经济高速发展和人民生活水平的提高，水资源短缺和水环境恶化的问题日益严峻，甚至成为我国经济社会发展的严重制约。而"可持续发展"思想的深入人心，使人们对江河防洪保安、水资源开发和综合利用、生态环境保护的要求也越来越高。水资源规划变得更为复杂，逐步从过去的工程规划为主向资源规划转变，规划工作中同时强调水利工程建设与管理制度创新，规划内容包括水资源的开发、利用、治理、配置、节约、保护和管理等各个方面，更加重视经济社会的可持续发展和生态环境的保护与改善。2002年，新一轮的全国水资源综合规划工作全面启动，对摸清我国水资源家底、准确评价我国水资源条件和特点、解决水资源问题、科学管理水资源具有重要意义。南水北调工程总体规划也于2002年完成，是指导南水北调这项浩大工程科学、顺利展开的基础。

二、我国水资源规划管理的发展趋势

用水部门的不断增加，水质、水量问题的日趋严峻，水资源系统在外延和内涵上的拓展，尤其是可持续发展思想在理论和实践中的日益深入，都对水资源规划管理提出了新的挑战。针对这些新的变化和目前存在的问题，我国水资源规划管理的发展趋势表现在以下几个方面。

1. 规划立足点从短期经济利益向可持续战略转变

过去以大量消耗水资源来追求经济效益最大的水资源规划，带来了水资源紧缺、水生态环境恶化等问题。可持续发展思想的提出和深入发展极大地促进了水资源规划立足点的改变，进而使规划目标、原则、评价标准等各方面都发生了变化。

2. 整合现有规划，加强综合规划的编制

应对现有层次、数量众多的规划进行系统整合，建立以全国水资源综合规划-大江、大河流域规划-地区规划-专项规划为基础的规划体系，尽量避免规划的重复性和不同规划之间的矛盾。尤其要加强综合规划的编制，在规划中考虑水质和水量、地表水和地下水、城市用水和农村用水、流域上下游和左右岸用水、水资源和其他自然资源的协调统一，以及工程措施和非工程措施的共同使用，将与水资源有关的各方面视为整体来研究，为各种专项规划的编制奠定基础。

3. 重视公众参与规划管理工作

改变过去只由领导、专家做规划的局面，促进公众参与水资源规划管理工作，尤其应给予社会弱势群体发言的机会。公众参与不仅有助于提高全社会普遍的水资源保护意识，有助于在一定程度上避免规划决策中的片面和不公平现象，还有助于规划的顺利实施。

4. 加强基础学科的研究和新技术的应用

对流域或区域水文条件、自然环境等的分析、预测是水资源规划管理的基础，因此应加强水文学、生态学等基础学科的研究。"3S"技术、决策支持系统等新技术的发展，为提高水资源规划管理的科学性和管理效率提供了更好的技术支撑，应加快其在水资源领域的推广应用。

第三节　水资源规划管理的工作流程和内容

尽管按照不同的标准可以将水资源规划划分为不同的类型，但各种水资源规划管理的工作流程是基本一致的。水资源规划管理的工作过程通常可以分为4个阶段，即制定规划目标、分析现实与目标之间的差距、制定和选择规划方案、成果审查与实施。具体工作流程如图6-2所示。

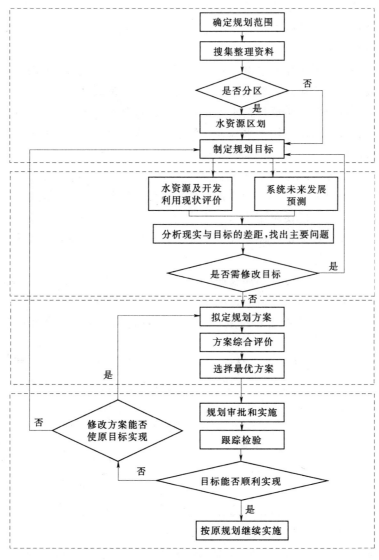

图6-2　水资源规划管理的工作流程

按照上述规划管理的工作流程，现以流域综合规划为例对水资源规划的内容做详细的探讨。

一、制定规划目标阶段

制定规划目标是水资源规划管理的两大核心任务之一，是展开后续工作的基础和依据，这一阶段还包括搜集整理资料和水资源区划等前期工作。

1. 搜集整理资料

搜集整理资料是进行水资源规划管理必不可少的、重要的前期工作，对规划成果的可靠程度影响很大。

（1）流域水资源综合规划所需基础资料。流域水资源综合规划需要搜集三大类基础资料，即流域自然环境资料、社会经济资料、水资源水环境资料。

流域自然环境资料：主要包括流域地理位置、地形地貌、气候与气象、土壤特征与水土流失状况、植被情况、野生动植物、水生生物、自然保护区、流域水系状况等。

社会经济资料：主要包括流域行政区划分、人口、经济总体发展情况、产业结构及各产业发展状况、城镇发展规模和速度、各部门用水定额和用水量、农药化肥施用情况、工业生活污水排放情况、流域景观和文物、人体健康等方面的基础资料。

水资源和水环境资料：主要包括水文资料、水资源量及其分布、重要水利水电工程及其运行方式、取水口、城市饮用水水源地、污染源、入河排污口、流域水质、河流底质状况、水污染事故和纠纷等。

基础资料可以通过实地勘查和查阅文献两种途径获得。文献资料主要有相关法律法规、各级政府发布的有关文件、已有的各种规划、统计年鉴和有关数据库资料等。多数资料需要有一个时间序列，以便对流域的历史演变、现状和未来发展有一个较好的把握。时间序列的长度和具体的数据精度、详细程度要根据规划工作所采用的方法和规划目标要求而定。

（2）整理资料。流域综合规划涉及面广，所需资料多样且来源不一，因此需要对搜集到的资料进行系统整理。整理资料的过程实际上就是一个资料辨析的过程，主要是对资料进行分类归并，了解资料的数量和质量情况，即对资料的适用性、全面性和真实性进行辨析。

1）适用性是指资料能够完整、深刻、正确地反映描述对象的特征、状态和问题。

2）全面性是指搜集到的资料是否覆盖了与流域规划有关的各个方面，是否有所遗漏。资料越全面，越有助于规划的深入进行。在规划过程中，若发现资料不足，应及时做补充调研和搜集；对缺失的数据应通过统计方法、替代方法等进行合理插补。

3）真实性是指资料要客观、准确，资料来源可靠。对失实、存疑的资料要进行复查核实，不真实的资料不宜作为规划依据。

2. 进行水资源区划

流域规划往往涉及较大范围，各局部地区的水资源条件、社会经济发展水平、主要问题和矛盾等不尽相同，需要在流域范围内再做进一步的区域划分，以避免规划区域过大而掩盖一些重要细节。因此，区划工作在流域水资源综合规划中也是一项很重要的前期工作，便于制定规划目标和方案时更具体，更有针对性。

在进行水资源区划时，一般考虑以下因素：

（1）地形地貌。地形地貌的差异会带来水资源条件的差异，也会影响经济结构和发展模式。如山区和平原之间就有明显差别，山区的特点是产流多，而平原的特点是利用多。

（2）现有行政区划框架。水资源区划应具有实用性，并能够得到普遍接受，因此在分区中应适当兼顾现有行政区的完整性。各个行政区有自己的发展目标和发展战略，而流域内许多具体的水资源管理事务仍是按行政区进行，将行政区作为一个整体有利于规划的顺利展开。

（3）河流水系。不同的河流水系应该分开，同时要参照供水系统，尽可能不要把完整的供水系统一分为二。

（4）水体功能。水资源具有多功能性，在进行水资源区划时应尽量保证同一区域内水资源主导功能的一致，使区划工作能够对水资源不同功能的发挥、不同地区间的用水关系的协调起到指导作用。

3. 制定规划目标

流域水资源综合规划的最终目标是以水资源的可持续利用支撑社会经济的可持续发展。但这种目标是总体性的，描述方式太过笼统，不利于操作，需要进一步细化和分解，形成一个多层次、多指标的目标体系。通常流域水资源综合规划的目标体系应从 3 个方面构建：①经济目标，通过水资源的开发利用促进和支持流域经济的发展和物质财富的增加；②社会目标，水资源的分配和使用不能仅追求经济效益的最大化，还应考虑到社会公平与稳定，包括保障基本生活用水需要、帮助落后地区发展、减少和防止自然灾害等；③生态环境目标，即在开发利用水资源的同时还要注意节约和保护，包括水污染的防治、流域生态环境的改善、景观的维护等。三大目标还应进一步细化为具体的能够进行评价的指标，并根据规划期制定长远目标、近期目标乃至年度目标，根据水资源区划的结果制定流域整体目标和分区域的目标。所制定的目标应具备若干条件，即目标应能根据一定的价值准则进行定性或定量的评价、目标在相应约束条件下是合理的且在规划期内可以实现、能够确定实现各目标的责任范围等。

二、分析差距、找出问题阶段

1. 水资源评价

进行水资源评价是为了较详细地掌握规划流域水资源基础条件，评价工作要遵循 4 项技术原则：地表水与地下水统一评价；水量水质并重；水资源可持续利用与社会经济发展和生态环境保护相协调；全面评价与重点区域评价相结合。

水资源评价分为水资源数量评价和质量评价两方面。水资源数量评价的内容主要是水汽输送量、降水量、蒸发量、地表水资源量、地下水资源量和总水资源量的计算、分析和评价。水资源质量评价内容则包括河流泥沙分析、天然水化学特征分析和水资源污染状况评价等。无论是数量评价还是质量评价，都应将地表水和地下水作为一个整体进行分析。

2. 水资源开发利用现状分析

进行水资源开发利用现状分析是为了掌握规划流域人类活动对水资源系统的影响方式和影响程度，主要包括以下内容：供水基础设施及供水能力调查统计分析；供用水现状调查统计分析；现状供用水效率分析；现状供用水存在的问题分析；分析水资源开发利用现状对环境造成的不利影响等。

3. 水资源供求预测和评价

在掌握了水资源数量、质量和开发利用现状后，还需要结合流域社会经济发展规划，预测未来水资源供求状况。

供水预测：预计不同规划水平年地表、地下和其他水源工程状况的变化，既包括现有工程更新改造、续建配套和规划工程实施后新增的供水量，又要估计工程老化、水库淤积等对工程供水能力的影响，科学预测各类工程可提供的水量。

需水预测：需水预测分生活、生产和生态环境三大类。生活和生产需水统称为经济社会需水，其中生活需水按城镇居民和农村居民生活需水分别进行预测，生产需水按第一产业、第二产业和第三产业需水分别预测。生态环境需水是指为生态环境美化、修复与建设或维持现状生态环境质量不至于下降所需要的最小需水量。随着可持续理念的深入人心，对生态需水的重视日益提高，科学预测"三生"需水量是规划的主要指标。

4. 水资源承载力研究

水资源承载力是指在一定区域或流域范围内，在一定的发展模式和生产条件下，当地水资源在满足既定生态环境目标的前提下，能够持续供养的具有一定生活质量的人口数量，或能够支持的社会经济发展规模。水资源承载力的主体是水资源，客体是人口数量和社会经济发展规模，同时维持生态系统良性循环是基本前提。通过计算和评估流域水资源承载力，可以对无规划状态下流域社会经济系统与生态环境系统、水资源系统的协调程度进行判别，进一步明确流域可持续发展面临的主要问题和障碍，从而为调整规划目标、制定规划方案和措施提供理论支持。

三、制定和选择规划方案阶段

制定和选择规划方案是水资源规划的又一核心任务，是寻找解决问题的具体措施以实现目标的关键环节，具体包括方案制定、方案综合评价和确定最终方案等工作。

1. 方案制定

所谓规划方案就是在既定条件下能够解决问题、实现规划目标的一系列措施的组合。流域水资源综合规划中可选择的措施多种多样。同时，流域水资源综合规划的目标也不是单一的，涉及经济、社会和生态环境三个方面，并能进一步细分为多个具体目标，这些目标间常常不一定能共存，或彼此存在一定的矛盾，甚至有的目标不能量化。同一目标可以对应不同的实现措施，但各措施的实施成本、作用效果有所不同；同一措施也会对不同目标的实现均有所贡献，但贡献率各不相同，这就使得措施组合与目标组合之间作用关系十分复杂。因此，在流域水资源规划中常常需要制定多个可能的规划方案，通过综合分析和比较来确定最终方案。

2. 方案综合评价

对已制定的不同方案，要采用一定的技术方法进行计算和综合评价，全面衡量各方案的利弊，为选择最终方案提供参考。评价内容主要包括以下方面：

（1）目标满足程度。根据规划开始时制定的规划目标，对每一非劣方案进行目标改善性判断。由于流域综合规划的多目标性，期望某一方案在实现所有目标方面都达到最优是不现实的。因此，首先要对各方案产生的各种单项效益标准化，并对有利的和不利的程度做出估量，然后加以综合判断。各规划方案的净效益由该方案对所有规划目标的满足情况综合确定。综合评价时应区分"潜在效益"（可能达到的效益）与"实际效益"，这些效益在规划方案的反复筛选和逼近过程中，可能使某些"潜在效益"变成"实际效益"或变成无效益。

（2）效益指标评价。对各规划方案的所有重要影响都应进行评价，以便确定各方案在促进国家经济发展，改善环境质量，加速地区发展与提高社会福利方面所起的作用。比较分析应包括对各规划方案的货币指标、其他定量指标和定性资料的分析对比。分析对比应逐个方案进行，并将分析结果加以汇总，以便清楚地反映出入选方案与其他方案之间的利弊。

（3）合理性检验。规划作为宏观决策的一种，必须接受决策合理性检验。对宏观决策而言必须有一定标准可对决策方案的正确性进行预评估，这个标准一般包括方案的可接受性、可靠性、完备性、有效性、经济性、适应性、可调性、可逆程度和应变能力等。

3. 确定最终方案

经过综合分析和评价，在充分比较各待选方案利弊的基础上确定最终规划方案。由于流域综合规划的多目标性，各方案之间的优劣不能简单判别。确定最终方案的过程是一个带有一定主观性的综合决策过程，定量化计算评价的结果只能作为筛选方案的依据之一，决策者的价值取向、对问题的特定看法、政治上的权衡等都会对结果产生很大的影响。

四、成果审查与实施阶段

这是水资源规划管理的最后一个阶段，直接关系到整个规划管理工作的实际成效，包括规划成果审查、安排详细的实施计划、提供保障条件以及跟踪检验等工作。

编制完成的规划，应按照一定的程序递交管理部门进行审查。经过审查批准的规划才具备法律效力，能够真正指导实际工作；如果审查中发现了问题，提出了意见，就要做进一步的修改。规划的顺利实施需要一定的外部保障条件，包括健全相关的法律、法规和配套规章制度、加强政府的组织指导和协调工作、明晰各部门的责任、保证资金投入、加强宣传教育、鼓励公众参与等。在实施过程中，还应进行跟踪检验，其目的：①检验原规划目标的实现情况，识别障碍因素；②评估规划实施对各方面产生的影响，掌握系统和环境的变化情况，发现新的问题，及时对原规划进行修改和完善。

第四节　水资源规划的技术方法

水资源本质上具有多种功能和多种用途。随着社会经济的发展和人们认识的深入，水资源规划管理的目标、任务逐渐由单一性向多样化和系统性转变。相应地，对规划技术方法也提出了更高的要求，客观上促进了系统科学在水资源研究领域的应用；而水资源系统分析的发展和完善，又反过来推动了水资源多目标规划的发展，为其提供了良好的技术支持。因此，这一节将主要介绍水资源系统分析的基础理论、模型、技术及在水资源规划中的应用。

一、水资源系统分析的基础理论

系统分析通常也可以称为系统工程，是组织管理某种"系统"的一些规划、研究、设计和使用的科学方法，是一种对所有系统都适用的具有普遍意义的方法，是系统科学最基本、最普遍的应用形式。系统分析具有多学科综合、从整体观念上解决问题、大量运用数学模型作为分析工具等特点，解决问题的思路可以归纳为：明确系统问题，确定系统目的和目标；建立数学模型对系统特征量进行定量分析；模型求解和验证；对可行方案进行分析和评价；综合决策，选择最终方案。

系统分析的特点、研究思路、方法非常适应现代水资源规划管理对技术工具的要求。1953年美国陆军工程兵团首次用计算机模拟了密苏里河上6个水库的联合调度。此后，在许多国家和地区的流域或区域水资源规划管理方面得到推广和应用，逐步形成了水资源系统分析这一分支。所谓水资源系统分析，就是用系统的概念和系统分析的方法来解决水资源系统中的各种问题。

水资源系统是一个涉及多发展目标、多构成影响因素、多约束条件的复杂巨系统。从系统结构上看，水资源系统是由多种要素、多层次子系统构成的。组成水资源系统的子系统既有自然系统又有人工系统，因此水资源系统同时具有自然和社会的双重属性。流域（或区域）水资源系统通常都包含了许多更小的流域（或区域）水资源子系统，在更大的范围内又是国民经济大系统中资源系统的一个分系统。水资源是这个系统中最主要的组成要素，水资源内部可以分为地表水、地下水、大气水等不同形式，存在水量与水质两大问题。此外，水资源系统还包括与水资源紧密相关的土地资源和其他自然资源、各种人工设施、众多的用水户和管理部门等。各层次、各要素之间的联系方式十分复杂，具有非线性、不确定性、模糊性、动态性等特点。水资源本质上的多用途特性和复杂的系统结构使得水资源系统的功能也呈现出多样性，可以概括为兴利和除害两大功能，其中兴利功能包括供水、灌溉、发电、旅游、航运、养殖等多种形式；除害功能也包括防洪、除涝、改良盐碱地、改善环境、保护生态等多种形式。水资源规划管理正是通过调整、改变水资源系统的结构，使系统整体功能得以优化。

二、水资源系统分析的数学模型

数学模型的建立和求解是水资源系统分析中最重要的技术环节，属于系统科学体系中技术科学层次的运筹学范畴，是采用数学语言来抽象描述真实的水资源系统，以便对系统的目标、结构、功能等特征量进行定量分析。按照不同的分类标准，数学模型可以分为多种类型；如按所用的方法可分为模拟模型和最优化模型；按时间因素是否作为变量考虑可分为静态模型和动态模型；按未来水文情况是已知或作为未知随机因素可分为确定性模型和随机模型等。最常用的还是分为模拟模型和最优化模型两大类。

1. 模拟模型和最优化模型

模拟模型就是模仿系统的真实情况而建立的模型，主要帮助解决"如果这样，将会怎样"一类的问题。在水资源系统分析研究中可以仿造水资源系统的实际情况，利用计算机模型（或称模拟程序）模仿水资源系统的各种活动，如水文循环过程、洪水过程、水资源分配、利用途径等，为决策提供依据。

尽管模拟模型适应性广，但对于方案寻优决策而言，要靠枚举进行方案比选，效率较低。因此，对于给定规划目标，寻找实现目标的最优途径的水资源规划管理更常用的是最优化模型。最优化模型是用来解决"期望这样，应该怎样"一类问题的有效方法。在水资源规划管理中，最优化模型可以帮助人们定量选择或确定水资源系统开发方案、管理策略。

2. 常用最优化模型简介

水资源规划中常用的最优化模型有线性规划模型、非线性规划模型、动态规划模型、多目标规划模型等。这里将对这几种模型作简单介绍。

（1）线性规划模型。线性规划模型包括目标函数和约束条件两大部分，作用是在满足给定的约束条件下使决策目标达到最优。其一般形式为

$$目标函数：\qquad \max(\min)z = \sum_{i=1}^{n} c_i x_i \qquad\qquad (6-1)$$

$$约束条件：\qquad a_{ij}x_i = b_j \quad i=1,2,\cdots,n; j=1,2,\cdots,m; x_i \geq 0 \qquad (6-2)$$

式中：x_i 为决策变量，表示规划中需要控制的主要因素，决策变量的多少取决于研究问题的精度；目标函数是所制定规划目标的数学表达式，其中 c_i 为目标函数的系数，是已知常数；约束条件是实现目标的限制条件，如水资源数量、质量、技术水平、政策法规等，其中 a_{ij} 和 b_j 也是已知常数。

线性规划模型最重要的特点就是目标函数和约束条件的方程必须是线性的，如果其中任何一个方程不是线性的，则该模型就不是线性规划模型，而属于运筹学的另一分支，即非线性规划。线性规划的理论已十分成熟，具有统一且简单的求解方法，即单纯形法，使线性规划模型易于推广和使用。但线性规划模型的目标函数是单一的，只能解决简单的单目标问题，如果实际问题过于复杂，存在多目标甚至目标间相互矛盾，则运用线性规划模型存在一定的局限。

（2）非线性规划模型。非线性规划模型也是由目标函数和约束条件两大部分组成，但其目标函数和（或）约束条件的方程中含有非线性函数。与线性规划相比，非线性规划模型的优势在于能够更准确地反映真实系统的性质和特点。如前所述，水资源系统是多要素、多层次的复杂巨系统，要素间、层次间的关系通常都不是简单的线性关系，而是非线性的，甚至模糊的、不确定的。因此，非线性规划模型在水资源系统分析中得到了越来越广泛的应用。但非线性规划模型比线性规划模型要复杂得多，既没有统一的数学形式，也没有通用的求解方法。一般来说，对于简单一些的非线性规划模型，如二次规划模型，可以采用与单纯形法相类似的方法求解。对于更复杂的非线性规划模型，目前已发展了一些求解方法，但各方法都有特定的适用范围，都有一定的局限性。对非线性规划模型，还需要进行更深入的理论研究。

（3）动态规划模型。动态规划模型是解决多阶段决策过程最优化问题的一种方法。其基本思路是将一个复杂的系统分析问题分解为一个多阶段的决策过程，并按一定顺序或时序从第一阶段开始，逐次求出每阶段的最优决策，经历各阶段而求得整个系统的最优策略。动态规划模型的基本原理是 R. Bellman 于 20 世纪 50 年代提出的最优化原理——作为整个过程的最优策略具有这样的性质：不管该最优策略上某状态以前的状态和决策如何，对该状态而言，余下的诸决策必定构成最优子策略。即最优策略的任一后部子策略都是最优的。

动态规划模型对目标函数和约束条件的函数形式限制较宽，并且能够通过分级处理使一个多变量复杂的高维问题化为求解多个单变量问题或较简单的低维问题。因此，它在水

资源系统分析中应用十分广泛。但动态规划模型也存在一定的局限性，它只是解决问题的一种方法，不像线性规划那样有一套标准的算法，对于不同的问题，需要建立不同的递推方程和算法，在使用中带来了很多不便。

（4）多目标规划模型。前面介绍的几种模型基本上都是针对单目标问题的。随着水资源规划尤其是流域综合规划内容的不断丰富，规划目标逐渐多样化，形成了一个涉及经济目标、社会目标和生态环境目标3方面、多层次、多指标的目标体系。在技术方法上，多目标规划模型应运而生。多目标规划模型也由决策变量、目标函数和约束条件构成，最大的特点是其目标函数包含两个或两个以上相互独立的目标。多目标规划模型的一般数学形式为

目标函数：
$$\max Z(X) = [Z_1(X), Z_2(X), \cdots, Z_p(X)] \qquad (6-3)$$

约束条件：
$$g_i(X) \leqslant G_i \quad i = 1, 2, \cdots, m \qquad (6-4)$$

$$X_j \geqslant 0 \quad j = 1, 2, \cdots, n \qquad (6-5)$$

这种形式可以称为向量最优化形式，其中 X 是 n 维的决策向量，代表 n 个决策变量，即 $X = [X_1, X_2, \cdots, X_n]$；$Z(X)$ 为 P 维目标函数，代表 p 个独立的目标，这些目标函数的形式可以是线性的、非线性的、整数的等各种形式，$g_i(X)$ 是 m 个约束条件。

在水资源规划中，不同的规划目标可能不可共存，或有的目标难以量化，甚至目标间可能存在矛盾，因此，多目标规划模型不能得到传统模型中的明确的最优解，而只能求得若干"非劣解"，组成非劣解集。所谓非劣解是指没有一个目标能够变得更好，除非使其他目标已达到的水平降低，也就是实现经济学上所说的"帕累托最优"状态。关于多目标规划模型的求解方法的研究，近20多年来发展很快，迄今为止已有30种不同的求解方法，可以归纳为三大类：第一类是 TC 曲线（转换曲线）生成技术，包括权重法、约束法、多准则（或多目标）单纯形法及理论生成法、自适应寻查法、协调规划法；第二类是依赖于事先排定优先顺序的方法，包括目标规划、效用函数估价和最优权重法、消转法、替换价值交换法；第三类是优先性逐步排定的方法，有分步法、序贯多目标问题解法及其他各种对话式方法。

尽管多目标规划模型还处于发展阶段，远未成熟，但由于其能将众多独立目标纳入规划决策中，具有不确定的最优解以及广泛的可能求解途径，与水资源规划实际问题的复杂多样性十分吻合，因而在水资源规划领域取得了飞速的发展和广泛的应用。

三、多目标规划法在水资源优化配置中的应用

制定水资源配置方案是流域水资源综合规划的中心内容。一方面，水资源优化配置是水资源规划目标（水资源可持续利用）的具体体现；另一方面，通过水资源的优化配置，可以间接调控社会经济的发展规模和速度，保护生态环境，因而又是实现水资源规划目标的重要手段。

1. 水资源优化配置的概念

水资源优化配置是指：依据可持续发展的需要，通过工程和非工程措施，调节水资源的天然时空分布；开源与节流并重，开发利用与保护治理并重，兼顾当前利益和长远利益，利用系统方法、决策理论和计算机技术，统一地调配当地地表水、地下水、处理后可回用的污水（回用水）、从区域外调入的水（外调水）及微咸水；注重兴利与除弊的结合，协调好各地区及各用水部门间的利益矛盾，尽可能地提高区域整体的用水效率，促进水资

源的可持续利用和区域的可持续发展。简单地讲，水资源优化配置就是将流域或区域水资源在不同子区域、不同用水部门、不同时期间进行优化分配。而什么样的分配方案才算是优化的呢？这就涉及分配目标的确定。与水资源规划目标一样，水资源优化配置的最终目标也是水资源的可持续利用和社会经济的可持续发展，同样可分为经济目标、社会目标和生态环境目标 3 个大的方面。因此，水资源优化配置也是一个多目标问题，可以用多目标规划法进行量化。从概念上看，水资源优化配置是从两个方面进行的：一方面控制需求（节流），如通过调整产业结构和生产力布局、提高用水效率等将需水量控制在可供水量允许范围内，通过改进工艺、加强治理等将排污量控制在水环境自净范围内等，从而减少人类活动对水资源的压力；另一方面是调节供给（开源），如通过工程措施或非工程措施增加水资源供给或改变水资源的天然时空分布，以最大可能地满足社会经济可持续发展的需要。这个概念还反映出水资源优化配置的手段是多种多样的，既有工程手段，也有非工程手段；既有经济手段，也有行政手段、法律手段；既有市场手段，也有政府行为。采用这些手段开源节流，实现水资源优化配置。

2. 水资源优化配置的意义

水资源优化配置的最终目的是实现水资源可持续利用，这也正是其重要意义所在。具体地讲，则是通过水资源的优化配置来协调各种用水竞争，促进水资源合理高效利用，保证社会、经济、资源和环境的协调发展。但实际上，水资源优化配置的意义和作用在解决现有水资源问题上尚未得到显著体现。这有 3 方面的原因：①水资源优化配置受到重视程度不够，或者在水资源规划中没能得到体现，或者制定的配置方案得不到有力的贯彻执行；②由于实际水资源问题的复杂性，目前的优化配置技术方法和模型远不够完善；③当经济目标、社会目标、生态环境目标间出现矛盾时，如何进行选择在很大程度上依赖于决策者的主观价值取向，而决策者如果过于偏好短期经济利益，势必造成生态环境用水被挤占，影响水资源的可持续利用。

3. 水资源优化配置的原则

在进行水资源优化配置时，应遵循以下 4 项原则：

（1）可承载原则。

（2）效率原则。

（3）公平原则。

（4）有偿原则。

4. 利用多目标规划法建立水资源优化配置模型

水资源优化配置方案，是在分析规划流域（或区域）水资源条件、了解经济发展现状、预测未来发展趋势的基础上，通过建立水资源优化配置模型而制定的。如前所述，水资源优化配置具有多种目标和多个约束条件，因此可以用多目标规划法来建立模型。

（1）划分区域、确定水源和用水部门。设研究区包含 K 个子区，$k=1,2\cdots,K$；k 子区有 $i(k)$ 个独立水源、$j(k)$ 个用水部门，研究区内有 c 个公共水源，$c=1,2,\cdots,M$。以 $Wikj$ 和 $Wckj$ 为决策变量，分别表示独立水源 i 和公共水源 c 分配给 k 子区 j 用户的水量，万 m^3。

（2）建立目标函数。对水资源优化配置的 3 大目标，即经济目标、社会目标和生态环境目标，在模型中分别建立目标函数，最后加以集成。

1）经济目标。经济目标通常比较容易量化，可以直接用各用水部门创造的经济效益表示，目标函数如下：

$$\max f_1(x) = \max\left\{ \sum_{k=1}^{K} \sum_{j=1}^{j(k)} \left[\sum_{i=1}^{i(k)} (Bikj - Cikj)WikjAikj + \sum_{c=1}^{M} (Bckj - Cckj)WckjAckj \right] \right\}$$

$$(6-6)$$

式中：$Bikj$、$Bckj$ 分别为独立水源 i、公共水源 c 向 k 子区 j 用户的单位供水量效益系数，元/m^3；$Cikj$、$Cckj$ 分别为独立水源 i、公共水源 c 向 k 子区 j 用户的单位供水量费用系数，元/m^3；$Aikj$、$Ackj$ 分别为独立水源 i、公共水源 c 向 k 子区 j 用户供水效益修正系数，与供水次序、用户类型及子区影响程度有关。

2）社会目标。社会目标的量化不像经济目标那样明确和统一。笼统地说社会目标不太好操作，在实际中常常是建立一些更具体的指标来表示。指标的选取与决策者有关，如有人用区域就业率最大化来作为社会目标，也有人用粮食产量来衡量社会效益。本书中采用区域总缺水量最小作为社会目标，因为它能很好地体现水资源配置中的公平原则，有助于维持社会安定。建立目标函数如下：

$$\max f_2(x) = -\min\left\{ \sum_{k=1}^{K} \sum_{j=1}^{j(k)} \left[Dkj - \left(\sum_{i=1}^{i(k)} Wikj + \sum_{c=1}^{M} Wckj \right) \right] \right\} \quad (6-7)$$

式中：Dkj 为 k 子区 j 用户需水量，万 m^3。

3）生态环境目标。关于生态环境目标，可以用保证生态需水和尽量减少污染物排放来表示。生态需水可以作为约束条件之一进入模型，在目标函数中则建立废污水排放量最小方程：

$$\max f_3(x) = -\min\left\{ \sum_{k=1}^{K} \sum_{j=1}^{j(k)} 0.01EkjPkj\left[\sum_{i=1}^{i(k)} Wikj + \sum_{c=1}^{M} Wckj \right] \right\} \quad (6-8)$$

式中：Ekj 为 k 子区 j 用户单位废污水排放量中重要污染物的含量，mg/L，一般可用化学需氧量（COD）、生化需氧量（BOD）等水质指标表示；Pkj 为 k 子区 j 用户污水排放系数。

4）目标集成。集成的目标函数如下：

$$\max Z(X) = [f_1(X), f_2(X), f_3(X)] \quad (6-9)$$

（3）建立约束条件。

1）供水能力约束。

$$\sum_{j=1}^{j(k)} Wckj \leqslant Wck \quad (6-10)$$

公共水源：

$$\sum_{k=1}^{K} Wck \leqslant Wc \quad (6-11)$$

式中：Wck 是公共水源 c 分配给 k 子区的水量；Wc 是公共水源 c 的可供水量上限。

独立水源：

$$\sum_{j=1}^{j(k)} Wikj \leqslant Wik \quad (6-12)$$

式中：Wik 为 k 子区独立水源 i 的可供水量上限。

公共水源节点水量平衡约束：

$$Uck + Qck = Wck + Lck \qquad (6-13)$$

式中：Uck、Qck、Lck 分别为 k 子区公共水源 c 的上游来水量、下泄流量和旁侧入流量。

2）输水能力约束。

公共水源：

$$Wck \leqslant Pck \qquad (6-14)$$

式中：Pck 为公共水源 c 向 k 子区供水的输水能力上限。

独立水源：

$$Wikj \leqslant Pikj \qquad (6-15)$$

式中：$Pikj$ 为 k 子区独立水源 i 向用户 j 供水的输水能力上限。

3）用水系统供需变化约束。

$$Lkj \leqslant \sum_{i=1}^{i(k)} Wikj + \sum_{c=1}^{M} Wckj \leqslant Hkj \qquad (6-16)$$

式中：Lkj、Hkj 分别为 k 子区 j 用户需水量变化的下、上限。

4）排水系统的水质约束。

达标排放：

$$Ckjr \leqslant Cr \qquad (6-17)$$

式中：$Ckjr$ 为 k 子区 j 用户排放的污染物 r 的浓度；Cr 为污染物 r 达标排放的规定浓度。

总量控制：

$$\sum_{k=1}^{K} \sum_{j=1}^{j(k)} 0.01 Ekj Pkj \left(\sum_{i=1}^{i(k)} Wikj + \sum_{c=1}^{M} Wckj \right) \leqslant W \qquad (6-18)$$

式中：W 为允许的污染物排放总量。

5）非负约束。

$$Wikj, Wckj \geqslant 0 \qquad (6-19)$$

6）其他约束，针对具体情况，增加相应的约束条件。

以上目标函数和约束条件构成了一个基本的水资源优化配置多目标模型，求解方法有权重法、约束法、目标规划法等多种，更详细的介绍可参阅运筹学的相关书籍。

多目标规划法只是构建水资源优化配置模型的一种形式，也可以采用其他优化技术或模拟技术进行水资源配置的研究。

本 章 小 结

水资源规划管理是一种克服水事活动盲目性和主观随意性的科学管理活动，在水资源管理体系中占有十分重要的位置。它具有导向性、权威性和综合性的特点。本章通过对我国水资源规划管理发展历程的回顾，展望了我国未来水资源规划管理的发展方向，并就水资源规划管理的工作流程和内容以及水资源规划的技术方法进行了研究和探讨。水资源规划管理是一个预先筹划的过程，是一切管理活动的起点和基础，它能减少不确定性带来的损失，使政府宏观调控意图更明确、更规范，还能促进各方的理解和合作。因此，搞好水资源规划管理的重要性也就不言而喻了。

参 考 文 献

［1］ 于万春，姜世强，贺如泓 . 水资源管理概论［M］. 北京：化学工业出版社，2007.

［2］ 姜文来，唐曲，雷波，等 . 水资源管理学导论［M］. 北京：化学工业出版社，2005.

［3］ 尉红星，周岩松 . 水资源规划管理的原因［J］. 建筑与预算，2012（1）：48-49.

［4］ 张爱军 . 水资源规划管理现状与进展［J］. 黑龙江科技信息，2014（16）：226-227.

［5］ 赵轶男 . 区域水资源规划管理的初步探讨［J］. 黑龙江科技信息，2014（17）：173.

［6］ 龙训建 . 基于时间尺度的区域水资源优化配置研究［D］. 兰州：兰州大学，2008.

［7］ 热合曼·依朱提 . 水资源规划与管理的方法［J］. 科技创新导报，2014，11（5）：176.

［8］ 邓有灿 . 区域水资源规划管理研究［J］. 科技资讯，2009（30）：121-122.

［9］ S·哈吉科威茨，车友宜 . 水资源规划管理多准则分析评价［J］. 水利水电快报，2008，29（1）：8-12.

［10］ 郝万军，楚志东 . 水文站网不足对水资源规划管理的影响［J］. 能源与节能，2013（9）：79-80.

［11］ 唐德善，王锋，段力平 . 水资源综合规划［M］. 南昌：江西高校出版社，2001.

思 考 题

1. 水资源规划管理具有什么特点？有哪些类型？
2. 水资源规划管理的作用是什么？
3. 请简述我国水资源规划管理的发展历程。
4. 我国水资源规划管理的发展趋势表现在哪几个方面？
5. 请简述水资源规划管理的工作流程。
6. 水资源评价包含哪两部分内容？
7. 水资源规划的技术方法有哪些？
8. 什么是水资源优化配置？水资源优化配置要遵循哪些原则？

实 践 训 练 题

1. 水资源规划目的及内涵分析。
2. 水资源规划管理目标分析。
3. 水资源规划管理措施分析。
4. 水资源规划管理作用分析。
5. 中国水资源规划发展历程分析。
6. 水资源规划管理的过程分析。
7. 制定水资源规划的过程分析。
8. 水资源规划的技术方法分析。
9. 水资源规划管理效果分析。
10. 水资源规划管理流程分析。

第七章　水资源投资管理

　　水资源投资是维护水资源可持续利用的重要保障。水资源投资管理是指从人类的基本利益出发，为了保护、维持并在一定程度上控制水资源，而将投入水资源相关行业的资金进行管理的相关行为。我国是人口大国，正不断面临着资金短缺、水环境恶化等情况，所以提高水资源投资效益是非常重要的，水资源投资管理是水资源管理学不可分割的一部分。对水资源进行良好的投资管理能对水资源产生有效而积极的保障作用，并对国民经济产生深远的影响。

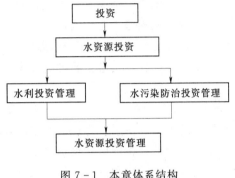

图 7-1　本章体系结构

　　本章在介绍水资源投资基本知识的基础上，重点探讨了水资源投资管理的内涵、水利投资资金的来源及其构成、水污染防治投资的资金来源、BOT 投资模式、PPP 投资模式等内容。本章体系结构如图 7-1 所示。

第一节　水资源投资管理概述

　　本节将从投资的有关概念出发，主要对水资源投资管理进行概念性的解释，并了解其基本框架。

一、有关投资的相关概念

　　投资是一种十分常见的经济活动。任何一个社会或国家都要从社会总产品的积累基金和补偿基金中拿出一定的份额来从事建立、恢复和发展生产力的活动，以实现生产资料和生活资料的简单再生产和扩大再生产，这种经济活动就称为投资。简言之，投资就是货币转化为资本的过程。

　　对于投资的具体定义，目前还存在多种观点和看法，国内外对投资的定义也有所不同。从技术上来说，投资意味着"将某物品放入其他地方的行动"，从金融学角度来讲，相较于投机而言，投资的时间段更长一些，更趋向于为了在未来一定时间段内获得某种比较持续稳定的现金流收益，是未来收益的累积。但从投资的内涵来看，它主要包括以下内容。

　　（一）投资目的

　　投资的目的就是获得预期的净收益。收益不仅指单纯的经济效益，也包括较难以货币衡量的社会及环境效益。

（二）投资主体

我国在经济体制改革以前，投资基本上属于国家。随着经济体制改革的不断深化，投资主体呈多元化趋势，主要包括具有相对独立投资权力的政府机构、经济实体和个人。不同的投资主体担负不同的投资任务，采取不同的投资方式。它们既是独立的，又是相互联系的，既可单独投资，又可以不同投资主体联合投资，由此构成了我国有机的多元化的多层次的投资体系。

（三）投资手段

投资手段就是资金投入的形式，根据相关法律规定，包括有形资产和无形资产投资两类。无形资产是相当于有形资产，指看不见，摸不着，没有实体且不具有流动性，为特定主体所有，并在将来给企业带来额外经济利益的一种资产。对于水资源投资而言，有形资产即货币资金的投入是最主要的投资手段。无形资产投入是指各类水处理系统的专利权的资金投入。

（四）投资过程

资金的筹措、使用、管理、回收以及增殖构成了一次完整的投资过程。

根据不同的分类依据，投资可以分为不同的种类。此外，经济学中还运用投资规模、投资结构、投资系数和投资效果系数等一系列概念来评估、衡量投资。

二、水资源投资的相关概念

（一）水资源投资特征

目前，水资源概念没有科学、统一的定义。简单地说，水资源投资是指一切与水资源有关的投资活动。借用投资的概念，水资源投资可以这样定义：从人类的基本利益出发，为了保护、维持并在一定程度上控制水资源，而将资金投入水资源相关行业的经济活动。和投资主体相似，水资源投资主体主要包括各级政府、事业单位、企业和个人等私营部门。但水资源投资目的与一般投资目的却略有不同，其目的并不把经济效益放在主要位置，而更多在于保护、维持并在一定程度上控制水资源，确保人类能够持续使用达到相应利用标准的水资源。当然，水资源投资同样包括资金筹措、资金利用、资金管理、资金回收以及增（保）值等过程。

水资源投资具有以下特点：①投资与水资源紧密相关，或是以水资源为主要载体，或直接以水资源作为产品，如航运、发电、供水等；②投资主体多元化，政府机构、经济实体和个人以及国外资金都可以构成水资源投资的投资主体；③投资效益主要是社会效益和环境效益，经济效益的获取更多是为了吸引多种来源的资金，并确保社会效益和环境效益能够得以持续；④投资主体一般无法获取所有的效益，因而政府也就自然成为主要的投资主体；⑤水资源投资的效益一般难以全部用货币计量，尤其是在核算宏观效益和远期效益时。

水资源投资对于社会、经济、环境的各个方面都具有非常重要的作用：①水资源投资是水资源保护工作中不可缺少的因素，在此基础上，人类对于水资源的各类基本需求以及其他方面如娱乐等的需求才有可能满足；②从生态角度看，水资源投资对于水生态系统乃至整个生态系统的平衡、协调发展非常重要；③单纯从经济角度看，投资的乘数作用以及行业的带动作用使得水资源投资将对国民收入以及整个国民经济尤其是上下游行业产生积极的作用。

（二）水资源投资类型

按照不同的分类标准，可以将水资源投资分为不同的类型。从人类需求的角度出发，可以把水资源投资分为三类：①为了满足人类的各种用水需求而进行的水资源投资，主要有农村水利灌溉设施的建立、城市自来水厂建立、污染防治投资等；②为了保证人类的其他需求而进行的水资源投资，如为保证航运的正常运行，需要在河道疏浚、清淤等方面进行投资，又如为满足发电的要求，需要兴建水库、水电站等水利设施；③为了保证人类的利益不受损害而进行的水资源投资，主要指防洪、防涝等水利设施的投资建设。当然，这些类别之间并没有严格的界限，因为很多水利设施的用途不是单一的。

显然，我们可以根据水资源的两大基本属性（水质和水量），将水资源投资分为水利投资和水污染防治投资两大类。水利投资主要是指与水量调节、利用有关的投资活动，水污染防治投资则主要是指与水质保护、控制有关的投资活动。这样分类虽然没有明确的界限，但从管理部门的不同角度就能较好地接受——水利投资由水利部门管理，而水污染防治投资归环境保护部门管理。

1. 水利投资

水利是国民经济发展的基础产业，抓好水利建设是保障我国现代化事业顺利发展的一个刻不容缓的问题。水利投资即用于水利设施建设的投资。水利事业又可分为两类：一类是非营利性质，包括防洪、灌溉、航运等。另一类带有营利性质，用于经营性事业，包括发电、工业供水等。显然，是否营利也不是绝对的，随着时间、地域的不同也会发生变化。

相同的，水利投资也分为营利和非营利，一般来说，非营利性质事业的投资主体往往只是各级政府，而营利性质事业的投资主体则具有多样性，政府投资所占比例较小。

2014年，水利部颁布的《深化水利改革的指导意见》中指出，水利投入是加快水利基础设施建设的重要保障。必须坚持政府主导，健全公共财政水利投入稳定增长机制；必须进一步发挥市场作用，鼓励和吸引社会资本更多投入水利。

2. 水污染防治投资

水污染防治是国家重点环保项目，相关方面的投资属于环境保护投资。环保投资是指投资主体拿出一定资金用于防治环境污染、维护生态平衡及与其相关联的经济活动。

2014年，环境保护部计划全面实施《水污染防治行动计划》，计划将投入2万亿元全面治理水污染，对比实施大气污染治理行动计划投资的1.7万亿元，可见水污染治理投入的资金更多，治理力度更大，可见我国对于水污染防治工作是极其重视的。

广义的水污染防治投资除了用于治理水污染、改善水生态环境的投资以外，还包括其他基础性工作的投资，比如用于开展水环境监测、水环境保护科研等方面的投资。由于我们的关注重点是水资源，而且用于基础性工作的投资很难按环境介质进行准确区分，因此本章只研究狭义的水污染防治投资，即直接用于治理各类水环境污染的投资。

三、水资源投资管理的内涵

由于水资源投资对于水资源有效利用具有积极的保障作用，而且水资源投资的规模及结构的变化也会对国民经济产生一定的影响，因而有必要对水资源投资实施有效的管理。

前文已经提到，本章所讨论的管理主体主要是政府；企事业单位和个人对其所投入资金的管理具有较强的独立性和特殊性，可以认为是单纯的经济活动，因此不在本书研究。

水资源投资管理就是各级政府对于水资源投资活动所实施的一切管理行为的总和，即各级政府为了水资源投资资金的顺利筹措及高效使用，在其权限内针对各类投资主体的水资源投资活动所进行的一切管理行为的总和，包括差别性的政策、计划、制度、措施的制定及实施。显然，政府想要通过管理来提高资金的利用率从而提高水资源的良性循环继而更好地为本国经济的快速发展提供契机。

水资源投资管理活动也可以按照不同的分类标准划分为不同的类型。

按照投资主体的不同可分为针对政府自身投资活动所实施的管理和针对各类市场投资主体进行的管理。对于政府自身的投资活动，此时政府既是投资者又是监管者，既是管理主体又是管理对象。在这种情况下，政府应对投资的整个过程实施全方位的管理，不仅要筹措到相应的投资资金，更要制定相应的管理体制，来提高资金的使用效率并确保所承建项目能够持续发挥效益。对于其他投资主体的投资活动，政府更多起到引导、服务的作用，通过制定相关制度和政策等措施，提供一定的盈利空间以吸引他们将资金投入水资源的相关行业。但这并不是零风险项目，政府不会参加到项目的建设和运营中，所以投资者还是应该有比较周全的计划和方案。

对于像中国这样的发展中国家，面对经济建设的压力，筹集到足够的水资源投资资金具有重大的现实意义，也将极大地影响这些国家未来的水资源安全形势；此外，随着中国经济体制的日趋完善，投资渠道也必然相应变化以适应新的需要。对于这两类投资主体，他们所追求的效益形式有所不同：政府关注的一般是社会效益和环境效益，而企事业单位及个人等投资主体则更注重现金回报。

目前，在社会主义市场经济体制下，不管是何种类型的水资源投资管理，作为管理主体的各级政府应起到怎样的作用，政府应怎样实施管理，从而推动水资源投资的健康有序发展，这是我们关注的最主要的问题。

第二节　水利投资及其管理

水利工程是水利工作的载体，水利工作的好坏，要通过水利工程能否发挥效益、发挥多大效益、如何发挥效益来实现。但是水文情况在不同年份差别很大，从而导致水利工程的效益、水利投资的多少有很大的随机性。

从历史和现实看，对水利工程投资能够产生显著的社会、经济和环境效益，主要有：①提高江河的防洪能力；②扩大农业灌溉面积；③提供水电；④改善水运；⑤提供城乡水源；⑥水利工程综合经营产生的效益等。

正因为有如上效益，各国政府都非常重视水利建设和水利投资。一般来说，水利基础设施大约占到了政府开支的15%。另据测算，发展中国家水利基础设施总体投资水平约为每年650亿美元，其中，水电150亿美元，供水和环境卫生250亿美元，灌溉和排水250亿美元。前水利部部长汪恕诚就曾提出过以水资源的可持续利用来保障我国社会经济的可持续发展。要想完成这么艰巨的任务，必须加强水利工程的投资和管理。

2011 年以来，财政水利资金投入稳定增长机制逐步建立。2011—2013 年，全国财政水利资金累计投入 13261 亿元，年均增长 19％。主要包括一般公共预算和政府性基金预算两个渠道。2011—2013 年，全国一般公共预算安排水利投入 9423 亿元，占财政水利总投入的 71％；全国政府性基金预算安排水利投入 3838 亿元，占财政水利总投入的 29％。

一、水利投资资金的来源及其构成

根据我国水利投资的经验，水利事业的投资方式，大体可分为以下五种：①全部由国家投资；②国家投资一部分，受益的社会团体和个人也投一部分资金；③国家不投资，投资完全由社会团体、企事业单位或个人等私营部门承担；④由金融机构提供长期低息贷款；⑤由国家或团体用发行公债或股票及其他方式筹措资金。

实际上，与前 3 种方式相比，后两种方式的投资主体多没有发生变化，只是融资形式有所不同而已。按投资主体的类型来考察，水利投资资金的来源只有三种：①各级政府投资；②私营部门投资；③政府与私营部门联合投资。

各国采取的投资方式与各自的社会经济制度和投资政策有关，但也并不绝对，多数国家采取国家、地方与受益者分摊的方式，实质上是属于各级政府与私营部门的联合投资。例如，印度的防洪工程及大型灌溉工程均由国家投资，属于政府完全投资，而小型灌溉工程则要由受益者承担 50％～75％的投资，其余由国家资助。日本的防洪工程投资，中央政府承担 3/4，地方政府承担 1/4；对灌溉工程，则根据不同的实施部门采取不同的分摊比例，如国家建设的工程，国家投资 58％～60％，所在县投资 20％～21％，受益农民投资 20％～21％；由县建设的工程，国家、所在县及受益农民分摊投资的比例分别为 50％、25％、25％。美国对水利工程投资也是采取由联邦、州、地方及受益者分摊的方式，但分摊方式视具体情况而有所不同。联邦水务局在西部 17 个州兴建的水利工程，基本上由联邦政府投资。美国加州的北水南调工程是由州建设的，通过发行债券筹集大部分资金，联邦只承担少量防洪部分资金，工程运行后，通过售水、售电等收入逐步偿还投资。美国的地方水利工程则基本上由具有经营实体性质的"水管区"筹资建设和经营管理，筹资方式有经过批准的发行债券以及从税收中提取部分资金，像这种情况其实就可以视作政府与私营部门的联合投资，政府以财政（税收）出资，具有一定私营性质的"水管区"则通过多种方式筹得投资资金。

目前，从总的发展趋势看，政府投资在水利投资中的比重里有下降趋势，来自私营部门的投资则逐年递增。在欧洲的一些国家，私营部门独立投资于水利建设特别是供水行业已日益普遍，这一点在英国表现得最为明显。到 19 世纪早期，一家私营的水务公司已经向伦敦提供了 200 多年的供水服务。不过英国供水机构的全面私有化始于 1989 年，根据当年《水法》的规定，英格兰和威尔士的 10 家供水机构的资产和负债全面移交给了私营公司，这些公司的股票并在同一年上市交易。这意味着从此相关地区供水行业的投资完全由私营部门负责。

如果按照水利事业的性质来考察投资来源，可以发现，私营部门独立投资或参与投资的水利事业一般属于盈利性事业或半公益事业，如供水、发电、灌溉等。以灌溉为例，最初各国的灌溉系统基本都是政府投资，但随着情况的变化，在澳大利亚、美国等很多国家，私营部门如农民已经开始投资于农灌项目。不过，在防洪、防涝等纯公益事业中则几乎看不到私营部门的身影，即使有，大多也是在捆绑其他水利建设项目比如发电站的情况下进行的，此时私营部门能够用其他收益来补偿纯公益事业的建设成本。

近年来，随着对公共投资效率问题的探讨，以及在市场化程度深化条件下对政府职责权限边界的思考，人们对政府投资特别是公共基础行业的政府投资提出了一定的质疑，要求政府投资退出某些行业的呼声日益高涨。伴随于此，政府投资在水利行业尤其是带有一定盈利性质的水利行业中所占的比重呈下降趋势，同时政府部门还制定了很多政策措施鼓励市场资金进入水利行业。正是由于政府的扶持以及人们在实践中的探索，水利行业中出现了多种新的投资模式，有些模式还大胆借用了金融市场的已有经验，采用了证券、保险、基金等多种形式。目前，这些旨在吸引私营部门资金的新投资模式在水利行业已得到了较为普遍的应用，这一点在供水行业中表现得最为突出。

市场经济发达程度不同的国家，其水利投资资金来源也存在一定的区别。在发达国家，得益于宽松的投资政策，水利投资并不局限于国内资金。而且，与政府投资相比，私营部门的投资比重也越来越大。而在发展中国家，尽管近年来一些大型水务集团已经开展了有关业务，但总的来看，发展中国家大约90％的水利投资来源于本国国内，而且投资主要来源于政府部门。

二、水利投资资金的使用、回收与增值

不同的水利投资主体所追求的目标不同，因而他们在使用投资资金以及在回收资金时所关注的重点以及所采取的方式也存在差别。

（一）各级政府的投资

对各级政府的水利投资活动而言，主要存在以下两种情况：

（1）投资之后并没有形成经营性的资产，如防洪坝、溢流闸等。这类投资所形成的效益一般具有很大的外部性，受益者范围很广，且很难用货币计量。政府的此类投资并不要求回收资金，基本上，世界各国的防洪工程投资都是不偿还的。不过对于投资修建的水利设施，还涉及维护的问题，一般来说相应的政府会担负该职责，但有时则是受益者承担维护管理费用。如美国密西西比河的堤管站，就是在批准后通过征税和从地方税中提成的方式筹集堤防维护费用。

（2）水利投资形成了经营性资产，能够带来长期稳定的可收取的货币收益，如各类供水设施、水电站等，不过通常政府并不以资金回收为目的来确定相关的收费标准。

尽管政府的水利投资特别是纯公益性投资并不把投资的现金回报放在首位，但是从公共财政的角度出发，同样需要应用一些指标来评估水利投资资金的使用与回收，以提高公共资金的使用效率。在衡量水利工程的效益时，一般用以下三类指标：①水利效能指标，即水利工程兴利除害能力的指标，如可能削减的洪峰流量和拦蓄的洪水量、增加的灌溉面积、改善的航道里程等；②实物效益指标，是指水利工程给社会增加的实物量，如农产品产量、发电量等；③货币效益指标，即用货币值来计量效益，如减少洪涝灾害经济损失的货币值等。而对具体的水利投资、水利建设项目，应当运用一系列经济指标和财务指标，从不同层次进行分析评价。经济指标包括经济效益费用比、净收益、经济内部回收率和投资回收年限等。财务指标主要包括财务净现值、贷款偿还年限、财务内部回收率、财务费用效益比、财务投资回收年限和财务投资利润率等。此外，还需要对水利投资、建设项目进行不确定性分析，包括盈亏平衡分析、敏感性分析和概率分析。

在政府的水利投资中存在一个很重要的问题，就是投资所形成的经营性资产究竟应采取什么样的经营管理方式。只有选择了合理的经营方式，才能取得尽可能大的社会、经济、环境效益。实质上，这就转化成了如何处理国有资本特别是基础行业的国有资本，应该施行何种企业制度的问题。这是当前理论和实际工作中的一个热点问题。一般认为，有以下三种路径可供选择。

1. 国有资本经营管理方式

由国有企业或国家下属的部门、经济实体负责经营性资产的运营管理，由一定的机构或部门代表政府行使出资人权利。这条管理路径又可细分为两种情况：①国有企业在很大程度上具有事业性质，即并不自负盈亏，其亏损仍需要政府进行补偿，这种情况在很多国家的供水行业尤其是农业灌溉工程的经营管理中很普遍，工程征收的税根本不能偿还其建设投资及运行管理费用，有的仅能偿还运行管理费用，有的甚至不能偿还其运行管理费用，因而都需要政府给予不同程度的补贴；②国有企业自扭亏空，自负盈亏，这也是中国大多数供水企业的改革方向之一，但考虑到水资源行业的特殊性，有时候很难完全达到。

2. 行为委托经营管理方式

行为委托经营管理方式是指经营性完全交由私营部门进行经营管理，政府并不介入。

3. 全面私有化经营管理方式

全面私有化经营管理方式是指经营性资产完全交给私营部门进行经营管理，政府只拥有一定的监督和管理权，比如供水行业，政府监督私营企业的水价和服务质量。资产转移给私营部门的方式包括无偿赠送、竞拍等。

通过以上路径，政府水利投资所形成的经营性资产在某种程度上转移到了国有企业、经营实体、私营部门手中，政府离开了自己并不擅长的经营领域，将关注资金的使用、回收、增值以及发挥投资效益的责任交给了更热衷于此的企业等经济实体。

（二）私企部门的投资

对于私营部门的水利投资来说，资金的使用、回收和增值更多是一个内部管理的问题。私营部门投资的水利事业一般都具有稳定的收益预期，比如各类供水设施的兴建、水电站的建设等。水和电作为特殊的商品，同质性较强，在产品定价上与市场竞争关系不太大，企业在此方面的影响力有限。企业从投资的角度出发，一般无需考虑产品销路问题，最关心的还是内部成本的控制。当然，前面提到的评价指标也同样适用于私营企业的投资经营过程，所不同的是，企业应用更多的将是财务指标而不是从整个国民经济出发的经济指标。

（三）政府和企业联合投资

政府与私营部门联合作为投资主体时，有关其投资资金使用、回收与增值的分析与政府和私营部门单独作为投资主体时基本相同。

对于投资形成的非经营性资产，参与投资的私营部门通常情况下都是该项投资的受益者，只是他们所获得的经济效益不具备货币形式，因此他们与政府一样，并不要求资金的回收与增值。而在维护管理费用方面，或是政府独立承担，或是私营部门独立负担，有时双方也会根据投资比例、受益情况等因素分摊费用。

对于投资形成的经营性资产，仍然是一个选择合适的经营管理方式的问题，此时情况与政府单独作为投资主体时并无太大差别。一种选择是政府与私营部门联合拥有产权，政府选择某个下属机构或部门行使出资人权利，经营管理权则交由企业经营，该企业可以是原投资企业，也可以是其他企业，但政府并不负责弥补亏损。这方面的例子有很多，比如泰国的东部水务公司，该公司股票已上市交易，目前44％的股份属于泰国的水利部门，5％属于泰国工业资产权威机构，其他51％则居于私有投资者（王金南等，2003）。另一种选择是政府投资转化为债权，退出其后的经营管理过程，企业用经营性资产的收益进行偿还，不过这种做法并不多见。还有一种做法则是政府完全退出，生产权无偿或有偿转让给原合作私营部门或其他企业，只保留其职责内的监管权。比如农业灌溉，在一些发达国家，政府与农民合作兴建的灌溉设施，目前不少都成为农民单独拥有、管理的服务机构，他们自行负担运行、维护和更新改造费用，并进行新的投资。

三、水利投资管理

政府作为水利投资的管理主体，其管理目标非常明确，主要包括以下两个方面：①确保所有合理的水利建设项目都顺利落实到所需资金；②水利投资得到高效使用，即宏观上投资结构合理，微观上资金利用效率高。政府针对水利投资所实施的所有管理行为，都是为了促进这两个目标的顺利实现。

政府部门在管理过程中，应根据管理对象的不同而采取不同的管理行为。实践证明，不同的管理对象对同一管理行为的反应不尽相同，可能差别很大，从而影响到政府的管理效果和效率。因此，在研究政府的水利投资管理之前，我们首先应研究不同管理对象，即政府投资主体和各类市场投资主体之间的差别，最大的差别自然是二者追求的目标不同。政府投资从整个社会出发，更注重社会效益、环境效益，市场投资则从自身考虑，多关心货币收益，因而政府的水利投资项目一般是社会效益要大于经济效益。而对于长期效益和短期效益，政府官员有可能因为任期问题更关心短期效益，而市场投资主体则会在贴现的基础上，对长期效益和短期效益一视同仁。另外，在风险承受能力上，政府投资一般高于各类市场投资。还有一个区别则是投资效率，根据经验，与政府投资相比，市场投资的效率要高出很多，而且能提供更高的服务水准，这是因为市场投资能在很大程度上减少人力、资源上的浪费，也能一定程度地消除腐败。以上因素也导致了在水利行业中，政府投资的重心与市场投资有很大不同：①纯公益事业基本上来自政府投资，比如防洪、除涝工程；②半公益事业既有政府投资也有市场投资，也包括政府和市场联合投资，如灌溉、生活供水、航运等工程；③经营性事业，既有政府投资，又有市场投资，但以政府投资为主，如水力发电等工程。

总之，正是由于政府投资和市场投资存在以上差别，在进行水利投资管理时需要分别对待，有针对性地实施管理。

（一）政府投资管理

对于政府自身进行的水利投资活动，在水利投资管理过程中，政府作为管理部门应努力做好如下几点。

1. 全面统筹规划，确保资金足够

为保证水利工程顺利实施，达到预期的社会环境效益，政府作为投资主体，应统筹规划各级政府的水利投资渠道，在各级政府预算中安排足够的水利投资资金。这意味着首先应当界定各级政府在水利投资方面的责任、义务、权限，其次是理清政府内部的水利投资体制。另外，水利投资资金的多少也取决于水利部门与其他部门的博弈。

2. 明确政府责任，保证投资重点

在进行水利投资时，合理划定政府和市场的实权，是明确责任，保证投资重点的重要措施。政府的水利投资应"有所为，有所不为"，政府在预算时应对以下项目给以资金支持：①政府有责任、有义务兴建"市场投资不感兴趣但社会经济发展必需的"水利项目；②根据国家的总体规划、战略，需要政府投资的水利项目，比如重大的调水工程；③具有一定风险但对于地区或国家能产生很大社会效益、环境效益、经济效益的水利项目，政府可在能力范围内给以考虑。另外，对于市场投资感兴趣的具备一定效益的水利项目，政府投资应有计划地退出，从而确保其他方面的资金需求。

3. 加大管理力度，提高使用效率

加大对政府公共投资的管理力度，提高水利投资资金的使用效率，是政府对水利投资搞好管理的关键。水利投资在国民经济建设预算中占用较大比重（俗称"水大头"），如果失误会造成巨大的损失。因此政府从投资决策，到资金的运用以及回收过程，都需要采取相应措施，进行严格监督。

4. 理清产权管理，实现政企分开

对于国家所有的经营性水利资产，应理清产权关系，尽可能将政府与企业分开。除了指定的出资人代表外，政府只作为服务、监管者与企业发生联系。

（二）企事业单位、个人等市场投资管理

对于各类市场投资主体，政府更多应起到引导、服务、监管的作用。在对其管理过程中，应注意以下方面。

1. 健全水利产业市场，吸引各类市场投资

在划分政府与市场事权的基础上，健全水利产业市场，吸引市场投资。对那些市场投资更具效率的水利产业，政府应从多方面入手，鼓励私营部门进入。政府部门应采取的措施包括：①立法上的支持，从宪法、水利行业的专门法到其他部门的相关法律法规，应该修改原有的一些限制性规定，体现出政府对于私营部门进行水利投资的扶持；②政策上的倾斜，由于水利行业具有一定的风险，且收益有时并不稳定，政府在制定政策时应考虑到这一点，譬如在税收、信贷上给予优惠，在审批手续上予以简化，对水利投资提供投资联结保险等；③设计某种制度及模式以提供较明朗的盈利前景，清晰界定各类产权，以尽可能消除水利行业所具有的外部性，从而使市场投资的效益能够体现为实际收益。要说明的是，吸引市场投资进入水利行业并不意味着政府可以免除其相应责任。某些水利服务改市场主体提供，只是因为这会比政府亲力亲为具有更高的效率，这实质上是政府职责的"外包"，财务出现问题时，最终还是归咎于政府工作不力，因此，政府仍然有必要进行高效的服务、监督，以保证自身职责的顺利执行。

2. 维护合理的盈利模式，促进私有水利良性运转

市场投资在经济利益的驱使下进入水利行业，自然非常注重资金使用的效率，但这并不意味着仅凭其自身努力就可以实现长久获利。随着社会、经济条件的变化，其运转有可

能会遇到各种各样的问题，对于那些具有公益性质的企业，政府有责任提供合理的帮助以维护社会整体利益。

以城市供水行业为例，自来水厂作为半公益事业，具有天然垄断性，为了保护公众利益，私营的自来水厂并不能自行变动水价。但是，假设原材料价格大幅上涨，此时为了维持自来水厂的良好运营，政府有必要根据实际情况调整水价，否则最终受损的仍将是公众利益。

3. 监督企业产品价格，提高企业产品质量

对于私营的水利企业，政府最重要的职责应为监督其产品价格和服务质量。政府需要调整管理框架，加强自身能力建设，提高监管水平。仍以供水行业为例，政府应定期监测自来水厂的出水水质，以保证公众的饮用水合乎卫生标准；政府还应督促自来水厂扩大服务区域，确保更多人享受高质量的供水服务。对于政府而言，确定其监管职能并完美执行还需要做出更多的努力。

（三）政府与市场联合投资

政府及市场联合投资的管理，基本上可以参照以上两种情况。需要补充的是，对于基本不具备盈利性质而且需要多方投入的水利建设项目，比如地方性的防洪工程，政府应制定指导性规范，根据各方的实际能力、受益情况等合理确定投资及今后维护管理费用的分摊比例，以推动水利建设的顺利进行，否则很容易进入一个多方博弈过程，进而影响水利投资资金的落实。

要说明的是，虽然要根据管理对象及投资主体的不同实行不同的管理行为，但是从总体上，政府在管理水利投资时还应注意调整资金的产业流向、优化投资结构，从而促使水利投资发挥更大的效益。

而对于进一步完善水利投入稳定增长机制这一问题，2014 年在水利部发布的《深化水利改革的指导意见》中也提出了以下几点建议：

（1）完善公共财政水利投入政策。积极争取各级财政加大对水利的投入，进一步落实好土地出让收益计提农田水利建设资金的政策，鼓励地方采取按土地出让总收入一定比例计提的方式。积极拓宽水利建设基金来源渠道，推动完善政府性水利基金政策。各地要尽快划定有重点防洪（潮）任务的城市和水资源严重短缺城市名录，落实从城市建设维护税中划出不少于 15％的资金用于城市防洪排涝和水源工程建设的政策。

（2）落实水利金融支持相关政策。推动建立水利政策性金融工具，争取中央和地方财政贴息政策，为水利工程建设提供中长期、低成本的贷款。积极协调金融监管机构，进一步拓宽水利建设项目的抵（质）押物范围和还款来源，允许以水利、水电、供排水资产及其相关收益权等作为还款来源和合法抵押担保物。探索建立洪涝干旱灾害保险制度。

（3）鼓励和吸引社会资本投入水利建设。在鼓励和引导民间资本投入农田水利和水土保持的基础上，进一步研究把引调水工程、水源工程建设等作为吸引社会资本的重要领域。积极发展 BOT（建设-经营-转交）、TOT（转让经营权）、BT（建设-转交）、PPP（公私合作）等新型水利项目融资模式。对于准公益性水利工程，制定政府补贴机制，鼓励和引导企业、个人等符合条件的投资主体，以合资、独资、特许经营等方式投入水利工程建设。

（4）改进水利投资监督管理。适应财政转移支付政策调整，改进小型水利项目投资管理，对农田水利、水土保持等面广量大的小型水利项目，将责任、权利、资金、任务落实到省，地方对项目审批、建设实施负总责，中央有关部门加强行业指导和行政监督。创新水利扶贫工作机制。加强水利投资使用监管，完善水利项目稽查、后评价和绩效评价制度，对投资项目进行全过程监管，提高投资管理水平和投资效益。

第三节 水污染防治投资及其管理

环保是我国的基本国策，环境保护投资是执行基本国策和实施可持续发展战略的保证。我国从 20 世纪 70 年代后期就充分注意到环保投资对改善环境质量和促进经济发展的突出效果并一直致力其中。

一、我国环保投资机制

环保投资是治理环境污染和改善生态环境的重要因素，自 21 世纪以来我国对环保的投资不断扩大，当然也取得了显著的成效。环保投资包括以下三个方面：①新建项目防治污染的投资；②老企业工业污染治理的投资；③城市环境基础设施建设的投资。

据统计，2014 年环保行业营业收入约 3.98 万亿元，国家规划要求节能环保产业产值年均增速在 15％以上，到 2015 年，总产值达到 4.5 万亿元，成为国民经济新的支柱产业。

二、水污染防治投资资金来源

水污染防治投资的来源多种多样，有财政拨款、银行信贷、债券融资等。从投资主体的类型看有各级政府投资、私营部门投资以及联合投资。而按照水污染防治类型的不同，又可分为工业水污染防治投资，生活污水治理投资，农业污染防治投资。水污染防治投资的模式有：

（1）设立投资基金。其包括各类环境保护投资基金、风险投资基金。其中，环境保护投资基金包括各种以治理污染、改善环境为目标的投资基金；而风险投资基金则是一种主要对未上市公司直接提供资本支持，并从事资本经营与监督的集合投资制度，即直接投资的范畴。它集中社会闲散资金用于具有较大发展潜力的新兴企业进行股权投资，并对受资企业提供一系列增值服务，通过股权交易获得较高的投资收益。作为一种金融创新工具，投资基金使得市场资金获得污水处理厂的股权，从而参与到污水处理厂的经营管理中。在这种模式中，各类市场投资成为真正意义上的投资主体。

（2）资产证券化融资。资产证券化融资是指以项目所拥有的资产为基础，以该项目未来的收益为保证，通过在国际市场上发行简档债券来筹集资金的一种证券融资方式。20世纪 80 年代以来，资产证券化融资方式在美国迅速兴起。从实施情况看，采用资产证券化融资具有以下优点：①融资风险较低，资产证券化融资证券的发行依据不是项目公司全部的法定资产，而是以被证券化的资产为限，资产证券的购买者与持有人在证券到期时获得本金和利息的偿付，证券偿付资金来源于担保资产所创造的现金流量，如果担保资产违约拒付，资产证券的清偿也仅限于被证券化资产本身；②融资成本较低，资产证券化融资方式运作涉及的主体少，不需政府的许可、授权及外汇担保，可以最大限度地减少酬金、价差等中间费用，降低融资成本；③"有限追索权"决定了使用资产证券化融资方式融资的前提条件是必须有可靠的可预期的未来现金流收入。从以上叙述来看，污水处理厂建设及运营的特点非常适合运用资产证券化融资方式，但是通过这种方式所吸引的投资更多具有债务的性质，并不成为真正的投资主体。此时，污水处理厂的投资主体就是原项目公司的发起者。

（3）发行债券融资。债券是一直带有利息的负债凭证。发行者确定在未来的某个时间，偿还规定金额的本金和一定的利息。

各级政府或企业发行各种类型的市政建设债券，是污水处理厂建设的一种重要融资手段。在美国，依靠发行市政债券所募集的建设资金占到了污水处理厂建设总投资的 5％～16％，而且由于与其他融资手段相比，市政债券发行程序简单，发行条件容易满足，因此近年来得到了更为普遍的应用。不过这种融资方式只是利用市场资金并不会改变污水处理厂投资主体的类型。

（4）银行信贷融资。银行贷款作为一种间接融资形式，也可以帮助投资者解决污水处理厂建设资金短缺的问题。目前，国内外很多银行已经开始把环境保护项目作为贷款优先考虑的重点，而污水处理更是热点产业。

信贷融资中一种特殊的形式是买方信贷方式，即由卖方银行向买方提供贷款。在污水处理厂的建设中，由污水处理设施的卖方向银行提供限制性担保，由银行向买方提供银行贷款用于购买污水处理设施。类似于债券融资，信贷融资也不会改变污水处理厂投资主体的类型。

（5）通过信托租赁。污水处理厂可以向上游生产企业直接租赁污水处理设备或设施，或者通过信托部门进行租赁。这种模式的出现只是为了应对建设资金的短缺，提供设备或设施的企业、部门并没有参与到污水处理厂的投资中来。

（6）BOT（Build-Operate-Transfer）投资模式。采用 BOT 方式进行融资，是指通过政府或所属机构为投资者提供特许协议，准许投资方开发建设某一项目，项目建成后在一定期限内独立经营获得利润，协议期满后将项目无偿转交给政府或所属机构。典型的BOT 项目包括项目的确立、招标、中标、开发、建设、运营、移交阶段。目前，在不少国家，尤其是缺乏建设资金的发展中国家，私营部门已经开始运用 BOT 方式进入污水处理厂等公共基础设施的建设以及运营领域。除此之外，BOT 投资模式还有一些衍生方式如 BOO（build-operate-own）、BOOT（build-operate-own-transfer）、BLT（build-lease-transfer）、BTO（build-transfer-operate）等。在生活污水治理领域采用 BOT 方式需要解决一个问题，就是投资的回收问题。由于投资回收期长，且具备一定的风险，投资者一般需要政府以特许协议的形式保证其具备稳定的盈利前景。从这个角度看，再加上项目的最终所有权仍要归还政府，该模式包含政府作为投资主体以债务融资形式来建设污水处理厂的意义。不过在本质上，BOT 方式实现了以私营部门作为投资主体，毕竟污水处理厂的利润是来自居民而不是政府，而且投资者也获得了污水处理厂一定年限内的经营权、获益权等权利，成为实际意义上的所有者。

（7）PPP（Public-Private-Partnership）投资模式。广义 PPP，即公私合作模式，是公共基础设施中的一种项目融资模式。在该模式下，鼓励私营企业、民营资本与政府进行合作，参与公共基础设施的建设。与 BOT 相比，狭义 PPP 的主要特点是，政府对项目中后期建设管理运营过程参与更深，企业对项目前期科研、立项等阶段参与更深。政府和企业都是全程参与，双方合作的时间更长，信息也更对称。PPP 具有伙伴关系、利益共享、风险共担三大特征。从广义的层面讲，PPP 应用范围很广，从简单的，短期管理合同到长期合同，包括资金、规划、建设、营运、维修和资产剥离。PPP 广义范畴内的运作模式主要包括：建造、营运、移交（BOT）；民间主动融资（PFI）；建造、拥有、运营、移交（BOOT）；建造、移交（BT）；重构、运营、移交（ROT）等运作模式。

PPP 是我国公共服务供给机制和投入方式的改革创新，它优势明显，有一举多赢之效，我国正处于国家建设大发展时期，应积极运用并推广 BOT、PPP 等投资模式，随着我国经济建设步伐不断加快，体制不断健全，BOT、PPP 等投资模式一定有广阔的发展空间。

三、水污染防治投贷资金的使用、回收与增值

水污染防治投贷资金的使用和回收等问题主要有：

1. 工业水污染防治投资

根据我国工业水污染"谁污染谁治理"的原则，工业水污染投资多由企业自行投资，而企业此项投资的目的一般首先是为了满足国家的各类相关环境标准而不是追求投资回报。企业投资建成水处理设施，通过其日常运转削减水污染物排放以满足国家标准。而企业作为经济实体，天然就会寻求最小投资成本的水污染治理方案，从而提高资金的使用效益。

当然，如果分解企业内部各生产环节，将它们看作独立的经济实体，分别进行经济核算，工业水污染防治投资资金的使用及回收情况可以在一定程度上得到体现。或者，将水污染治理任务外包给污水处理厂，污水处理厂就会通过自身的经营管理来实现投资的回收与增值，前面提到的排污企业联合投资兴建污水处理设施，未来势必会发展成为独立核算的法人实体。

2. 农业等各方面源污染以及其他方面的治理投资

与水利资金的使用过程相似，对于政府所进行的此类水污染防治投资，可以运用各类指标分析评价资金的使用效益，包括社会效益、经济效益和环境效益。对于投资形成的连续性资产，政府也应安排必需的维护管理费用以确保最初的投资发挥效益。

对于私营部门进行的此类投资，由于不涉及具体的经济效益，为衡量资金的使用效率，私营部门可以考察投资使用后是否满足了国家的相应规范、标准，或者为达到这些规范、标准，投资是否达到了最小化等。

3. 生活污水治理投资

生活污水可以由政府直接出资进行投资，生活污水直接影响到居民的生产生活条件和生态环境，这类投资对提高居民生活质量、推进城乡建设起到了积极作用。所以，必须严格按照国家各项指标来进行，投资的效果必须在经检验后各项指标都达到国家排放标准。

生活污水治理投资也可以由政府向各企业进行招投标，让有实力的企业进行投资。一般情况下，这类投资需要投资人具备非常严格的条件，在具有良好的商业信誉、良好的财务状况和与本项目投资相适应的足够投、融资能力之外，企业应同时具有国家建设部门颁发的环保工程专业承包三级及以上资质和环保部门颁发的环境污染防治工程资质。

第四节　中国的水资源投资管理

21世纪初我国水利投资总原则是：坚持以政府投资为主导，多渠道、多方式筹集水利资金，并完善相应的政策法规体系，保障水利投资的稳步增加，从而促进国民经济发展和社会进步。

一、中国水利投资

中国水利投资包括：①国家各级财政拨款；②地方、集体自筹和群众劳动积累；③其他专项资金及外资。

对于水利建设而言，有时国家还会因为战略等方面的考虑，拒绝市场资金的进入。比如正在运作的南水北调工程，最终只选择了中央预算内拨款、南水北调基金（属于地方政府投资）和银行贷款3种筹资方式。在已经开工的项目中，中、东线主体工程，中央财政投资占30%，南水北调工程建设基金占25%，银行贷款占45%（王金南等，2003）。

总之，占主要地位的政府投资加上部分市场投资，构成了目前中国水利投资的主要资金来源。而水利投资所建成的水利设施及企业，目前也主要由政府负责维护管理及经营，只有少部分具一定盈利性的水电、供水企业由私营部门负责运行。

但是在投资过程中还是存在一定的问题，主要有：①国家对水利投资投入不足，缺乏稳定的投入保障机制；②缺乏具有激励性的市场机制，市场化资金参与水利投资的规模小；③补偿机制很不健全，水利自我发展能力较差。上述的一些缺点都极大地妨碍了水利事业的发展。

二、中国水污染防治投资

环境保护投资是治理环境污染和改善生态环境的决定性因素。同样，水污染投资对于治理水环境和改善水生态系统意义非凡。继《大气污染防治行动计划》（简称"大气十条"）之后，我国又一项重大污染防治计划——《水污染防治行动计划》也在全面实施中，这项计划总投资预计已超过2万亿元。

"水十条"中指出要促进多元融资。引导社会资本投入。积极推动设立融资担保基金，推进环保设备融资租赁业务发展。推广股权、项目收益权、特许经营权、排污权等质押融资担保。采取环境绩效合同服务、授予开发经营权益等方式，鼓励社会资本加大水环境保护投入。人民银行、国家发展和改革委员会、财政部牵头，环境保护部、住房和城乡建设部、银监会、证监会、保监会等参与。

增加政府资金投入。中央财政加大对属于中央事权的水环境保护项目支持力度，合理承担部分属于中央和地方共同事权的水环境保护项目，向欠发达地区和重点地区倾斜；研究采取专项转移支付等方式，实施"以奖代补"。地方各级人民政府要重点支持污水处理、污泥处理处置、河道整治、饮用水水源保护、畜禽养殖污染防治、水生态修复、应急清污等项目和工作。对环境监管能力建设及运行费用分级予以必要保障。财政部牵头，国家发展和改革委员会、环境保护部等参与。

从投资主体来看，我国的水污染防治投资一直以企业自身投资和政府投资为主，随着社会主义市场经济体制日趋完善，原先政府投资占主导地位的领域，现在出现了来自私营部门的各类投资者，而且其所占比重呈上升趋势，为我国的生活污水处理提供了新的思路。

从治理水环境污染，改善水生态系统的需要看，当前中国的水污染防治投资还存在许多不足：①对水污染投资不足；②水污染防治资金筹措很困难；③水污染治理投资市场机制不够成熟；④投资利用状况不合理以及投资效率低。

总之，要提高中国水资源投资管理的水平，首要的是理顺管理体制，明确负责投资管理的主要职能部门。虽然水资源投资管理涉及水利部、环境保护部、财政部、中国人民银行、国家发展和改革委员会、住房和城乡建设部等多个部门，但从职责上看，水利部门和环境保护部门是水资源投资的主要管理主体。国家应对各部门在水资源投资管理方面的职责、权利等以法律法规形式做进一步的明确，并建立部门间沟通、协调的机制和平台。在明确了水资源投资管理的主要职能部门之后，各级政府再结合水资源投资中存在的一些问题采取合理的政策措施并进行改进。

本 章 小 结

水资源投资管理是各级政府为了水资源投资资金的顺利筹措及高效使用，在其权限内针对各类投资主体的水资源投资活动所进行的管理行为。本章首先根据水资源的两大基本属性，将水资源投资分为水利投资和水污染防治投资两大类，并对它们各自投资资金的来源及其构成、使用、回收与增值进行研究。我国的水资源投资管理水平还有待提高，在理顺管理体制、明确投资管理的主要职能部门、实施合理政策措施方面还需进一步完善。水资源投资管理有利于提高水资源的利用效率，同时对其带来的生态、社会、经济三方面效益产生促进作用。"水十条"的贯彻落实，对加强水资源投资管理具有重要的意义。对广大读者而言，重在积极筹措水资源投资，合理使用水资源投资，确保其发挥较大的综合效益。

参 考 文 献

[1] 于万春，姜世强，贺如泓. 水资源管理概论 [M]. 北京：化学工业出版社，2007.

[2] 姜文来，唐曲，雷波，等. 水资源管理学导论 [M]. 北京：化学工业出版社，2005.

[3] 吴丽萍，陈宝峰，张旺. 中国水利投资的发展路径分析 [J]. 中国水利，2011 (16)：27-30.

[4] 曾志雄，谢旭洋，漆文邦. 水利投资与国民经济增长关系的实证研究 [J]. 水利经济，2012，30 (5)：18-21.

[5] 李磊. 我国水利投资经济效益的实证分析 [J]. 农村经济与科技，2011，22 (5)：29-31.

[6] 王海锋，庞靖鹏，张旺，等. 我国水利投资供求状况分析 [J]. Water Resaurces Development Research，2011，11 (5)：15-19.

[7] 邱浩. 水利投资的发展路径分析 [J]. 现代经济信息，2014 (15)：412.

[8] 石英华，程瑜. 流域水污染防治专项投入与绩效评估 [J]. 地方财政研究，2011 (3)：29-33.

[9] 王金南，王东，李云生，等. 国家"十一五"重点流域水污染防治战略规划 [J]. 水利水电技术，

2008，39（1）：18-21.

[10] 任进．水利投资效益评价的理论分析［J］．水利科技与经济，2004，10（6）：321-323.

[11] 徐波，李伟．水利投资对经济增长的促进作用分析［J］．水利发展研究，2012，12（3）：11-15.

[12] 方国华，庄钧惠，谈为雄．江苏省"十一五"期间水利投资合理性分析［J］．水电能源科学，2012，30（8）：119-121.

[13] 刘津辰．我国地方政府水利投资的问题研究［D］．大连：东北财经大学，2013.

[14] 刘雪．水利投资的战略管理研究［J］．水利经济，2006，24（3）：65-67.

[15] 庚莉萍．我国水利投资回顾及展望［J］．珠江水运，2007（6）：49-52.

[16] 杜荣江．我国水利投资状况与国民经济关系分析［J］．水利水电科技进展，2008，28（6）：76-78.

[17] 汤正春．我国水利投资及其改革的对策研究［D］．合肥：安徽大学，2006.

[18] 苏明中．水利投资与宏观经济发展关系研究［J］．理论月刊，2007（1）：86-88.

[19] 朱建华，逯元堂．基于协整分析的我国"十二五"水污染防治投资预测，［J］．中国人口资源与环境，2014（S1）：319-322.

[20] 张明宇．基于城乡一体化的水污染防治规划评价［D］．郑州：河南农业大学，2012.

思 考 题

1. 水资源投资的特征有哪些？类型有哪些？
2. 请简述水资源投机管理的内涵。
3. 水利投资的资金来源有哪些？
4. 请简述水利投资管理的内容。
5. 水污染防治投资的资金来源有哪些？
6. 水污染防治投资的模式有哪些？
7. 请简述我国的水资源投资管理模式。

实 践 训 练 题

1. 水资源投资目的及特性研究。
2. 水资源投资类型研究。
3. 水资源投资来源分析。
4. 水资源投资管理目标分析。
5. 水资源投资管理措施分析。
6. 水资源投资管理效果分析。
7. 水资源投资管理模式分析。
8. 新形势对水资源投资管理的要求。

第八章 水资源法律管理

水资源法律管理是以立法的形式，通过水资源法规体系的建立，为水资源的开发、利用、治理、配置、节约和保护提供法律依据，调整与水资源有关的人与人的关系，并间接调整人与自然的关系，从而达到人与人、人与自然、人与社会、人与水资源的和谐。水资源问题事关重大，它不仅是资源环境安全问题，而且是关系到国家经济、社会可持续发展和长治久安的重大战略问题。运用法律管理的手段管理水资源，由政府对水资源的使用和保护进行指导与干预，对于建立有序的水市场，对水资源进行合理、高效的规划，保护水权所有者及政府的利益，对水资源进行更好的保护等多方面均具有十分重要的现实意义和深远的历史意义。法律管理是实现水资源价值和可持续利用的有效手段，在水资源综合管理中具有基础性地位。完善的法律制度，是依法治水、依法管水的前提。如何尽快完善水资源法律制度，消除不同部门在不同时期颁布的相互冲突和矛盾的法律规定或行政规章，是摆在我们面前的一项紧迫的工作。

本章分析了水资源法律管理演变历程、水资源法律管理的作用、性质和特点并就水资源立法的主要内容进行了阐述，根据我国水法规体系的现状及存在的问题提出了完善我国水资源法规途径。水资源法律管理体系构架如图8-1所示。

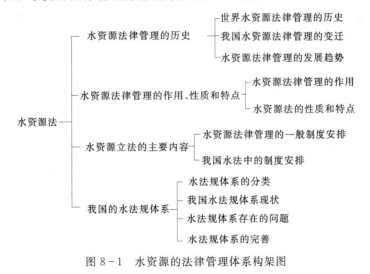

图8-1 水资源的法律管理体系构架图

第一节 水资源法律管理的历史沿革

水资源是地球万物的生命之源，是人类赖以生存和发展的基本条件，是自然环境和社会环境中极为重要而活跃的因素，是维系地球生态系统功能和支撑社会经济系统发展不可替代的基础性的自然资源和战略资源。因而，对水资源的管理，尤其是利用代表国家意志、具有强制性的法律进行管理，是人类生存和水资源可持续利用的需要。

一、世界水资源法律管理的历史沿革

对水资源的管理，尤其是利用代表国家意志、具有强制性的法律进行管理，伴随着人类文明的整个演进过程，并随着人类活动的扩张和水事关系的日益复杂而不断发展演化。世界水资源法律管理，大致经历了以下几个阶段。

（一）习惯法阶段

在人类社会的早期阶段，人们依靠一些不成文的习惯法对水资源进行管理。这些习惯法包括历史惯例、乡规民约以及宗教国家的经典、教规和教义中体现的共同准则等。在当时，水资源是一种由全社会共同所有的公共资源，其分配和使用受到严格的控制，并根据不同季节可得水量的不同进行调整，供水系统由使用者建造并进行维护，通过选举产生的管理者代表公众进行水资源的管理。在当时水资源的主要用途是人畜日常用水和少量的生产发展用水，如农业灌溉、城市供水和排污等，这些用水都是免费的，但要受到严格的控制。当时的习惯法内容中已体现了一些现代水资源法律管理的一些主要内容，如水权、水费制度、水利工程的管理模式等。当时的人们出于对自然的敬畏，使得这些规则充分体现了与自然法则的和谐统一，这也正是如今人们在立法中希望重新建立和遵循的基本原则。

（二）传统的成文法典阶段

在进行水资源管理的实践中，人们创造了许多成功的管理经验，但在早期阶段这些习惯法均无文字记载。随着时间的推移，为防止习惯法的规则失传人们将其编制成文，从而形成了最初的成文法典。

在成文法典中，水法规则最早体现于罗马法系，在罗马法系中，共分为三级水权：私有权，附属于土地所有者，随土地的出卖、获得或转让而转移；共有权，无需任何许可，任何人处于任何目的都可以不受限制地使用水；公有权，水体属于国家，其使用受国家控制。罗马法系对水资源管理模式的安排，是通过设置强有力的集权水行政主管部门来管理城市水供给和污水排放、航行、洪水控制和相关的水利工程及建筑，但在灌溉及其他方面还在很大程度上依赖习惯法的约束。

罗马法系几乎影响了所有现代国家的立法。在传统的成文法典阶段，水权制度是水资源法律管理中最核心的制度安排。

（三）现代水法形成和发展阶段

进入 20 世纪，随着各国法律体系的不断发展和完善，水资源法律管理也进入了新的阶段。各国不但在宪法、民法等法律中纳入水资源管理的条款，而且开始制定专门的水法规。随着水资源的广泛开发利用带来了水量分配、污染防治、投资分摊、组织体制等一系列问题，各国开始修订原有法律，或制定新的法律，通过一个包含若干法律法规的水法体系来管理水资源，解决各种不同的问题。

综观世界各国水法，大致归纳为两种类型：一类以英国、法国等欧洲一些国家为代表，制定一个基本水法，内容包括水资源开发、管理、保护等方面的基本政策，此外还制定有专项法规，如英国 1973 年制定的《水法》，规定了水务局的设置、职能及水管理任务等；另一类以美国、日本等国为代表，根据水资源利用和管理的需要制定针对各种目的的法规，但似乎没有一个基本水法。如美国水工程的规划、拨款、建议和管理几乎都通过立法确定。自 1824 年国会批准第二个有关水的法规《河道和港口法》至 1983 年里根政府批准的《水土资源开发利用研究的经济与环境原理和指南》，其间共制定有关水的法规数十个。

这一时期的法律管理，其内容得到不断地丰富，几乎涵盖了水资源开发利用的各个方面的问题，体现了法律管理在水资源综合管理中的基础地位。并且随着管理内容的不断增加，水法规不仅体现于其他法律之中，专门的水资源法律法规也开始不断颁布以解决水资源开发过程中的各项问题，协调各方面的利益，水资源法律体系逐渐形成并不断完善。

二、我国水资源法律管理的变迁

（一）我国古代水资源法律管理的历史

我国古代的水资源法律管理，与其他国家一样，同样也经历了从习惯法到传统成文法的发展历程。

我国水法制定大体始于西周，公元前 11 世纪，西周时期周文王颁布了《伐崇令》，是中国古代较早的保护水源、森林和动物方面的法令，而且惩罚极为严厉，意在凭借国家力量，保护居民饮用水资源。在春秋战国时期法家、儒家的经典中，也可以找到法规的概念。

秦代在丞相李斯的主持下，"明法度、定律令"，对水资源保护利用的法规集中体现在《田律》中，这是世界上的第一条关于环保方面的法律。《水令》则是历史上首次制定了灌溉用水制度，规定对水资源合理分配使用，成为我国入史的第一部水利法规。

唐代是我国水利事业发展的重要阶段。盛唐经济的空前繁荣，有赖于作为农业命脉的水利发挥巨大作用。唐代在总结我国历代水利管理经验的基础上，形成了比较完备的水法规，在《唐律疏议》《唐六典》中，有调整各种水事社会关系的法律规定。尤为值得一提的是制定了我国历史上第一部比较完善的水利法典——《水部式》，由唐代中央政府正式颁布。是我国古代比较系统的水行政管理的专门法典，也是现存见于文字记载的、最早的一部水事专门法典。

宋代水事方面的法规进一步发展，颁布的《宋建隆详定刑统》是历史上第一部刊印颁行的法典，具体规定了水利管理方面的相关内容。金代的《河防令》是关于黄河及海河水系诸河的河防修守方面的法规，也是我国现存最早的一部防治洪水的法规。

各朝各代都十分注重用法律来调节各种水事关系。从所有权上看，由于"普天之下，莫非王土"，水资源理所当然地也属于统治者所有。水资源法律管理的内容，主要是根据统治者的需要，制定法律条文以解决水资源利用方面的各种实际问题，如农田灌溉、水利工程、防洪以及水事纠纷的协调等。这时的水法规多是分散在其他法典条文中，但针对具体问题也出现了一些专门的法律。

值得一提的是，我国封建社会的法制在世界上自成体系，称为中华法系，具有显著的特点和独立性。在水法上，表现为强化官府权力，忽视保护民事权利；注重农业生产，强调水事活动不误农时；并且行政司法不分，民刑不分，注重刑罚等特点。

（二）我国近代水资源法律管理

近代中国是经济、社会、思想剧烈变化的时期，西方法学的传入使传统的中华法系受到巨大的冲击。尤其是中华民国建立后，以法治国、依法治水，将中国建成民主共和的法治国家得到社会各界的广泛响应。1941年，国民政府行政院水利委员会成立，为全国最高水利机关。

在水资源立法方面，当时国民政府主管水利的建设委员会以各国水利法规为鉴，历时14年，于1942年明令公布《中华民国水利法》。这是西方近代法学理论与中国水利实践相结合的第一部水利法，以此法为核心构建了一套比较完善的水利法制体系，是中国法律近代化的一个重要组成部分。民国水法体系首先吸收了西方近代水利法法制的先进因素，引入水权理论并以成文法的形式确立下来。

《中华民国水利法》可以概括为5个要点：①确定水利行政的系统，即管理体制；②确定水利事业的界限，即水利的内涵和外延；③确定水系，即流域水资源管理；④确定水权；⑤消除水利纠纷。现在看来，民国时期的水利法在水利建设、用水管理、机构设置等方面都做出了比较全面、实用的制度安排，但它是以水量为管理核心的，对水资源保护、经济管理等方面的规定则略显不足。在水利法颁布之前，1930年国民政府行政院还颁布过河川法，相当于现行的《河道管理条例》；1944年国民政府所颁布的民法也包括一些民事性质的水事法律条文。

（三）我国现代水资源法律管理

新中国成立后，党和国家十分重视水资源的立法，在水资源方面颁布了大量具有行政法规效力的规范性文件，如1961年中央转批农业部、水利电力部《关于加强水利管理工作的十条意见》，1965年国务院批准水利电力部制定的《水利工程水费征收使用和管理试行办法》，1982年颁布的《水土保持工作条例》等。1985年水利电力部政策研究室编印的《水利电力法规汇编》中已编列水利方面的法规54件。但这一时期的水资源法律管理仍然没有摆脱传统的工程水利思想束缚，重建设轻管理，在立法内容上主要围绕水资源开发、利用、治理展开，忽视了水资源的优化配置、节约和保护。

在1988年第六届全国人大常委会第二十四次会议上通过了《中华人民共和国水法》，标志着我国水资源法律管理进入了新的阶段。《中华人民共和国水法》是我国第一部水的根本大法，其内容涉及水资源综合开发利用和保护、用水管理、江河治理、防治水害等多个方面，明确了水资源的国家所有权，并规定了水资源管理的多项原则和基本制度，是调整各种水事关系的基本法。《中华人民共和国水法》颁布后又相继颁布了《中华人民共和国水污染防治法》《中华人民共和国环境保护法》《中华人民共和国水土保持法》和《中华人民共和国防洪法》等法律。此外，国务院和有关部门还颁布了相关配套法规和规章，各省（自治区、直辖市）也出台了大量地方性法规、规章。这些法律法规和规章共同组成了一个比较科学和完整的水资源法律体系。

但是，随着经济社会的发展和自然条件的变化，不管是经济活动和社会活动，还是水资源稀缺程度，都出现了一些新问题。针对形势的变化和一些新问题的出现，我国于2002年对1988年《中华人民共和国水法》进行了修订。修订后的《中华人民共和国水法》吸收了10多年来国内外水资源管理的新经验、新理念，对原水法在实施实践中存在的问题做了重大修改。修订后的《中华人民共和国水法》明确了新时期水资源的发展战略，即以水资源的可持续利用支撑社会经济的可持续发展；强化水资源统一管理，注重水资源的合理配置和有效保护，将节约用水放在突出的位置；对水事纠纷和违法行为的处罚有了明确条款，对规范水事活动具有重要作用。修订后的《中华人民共和国水法》的颁布实施标志着我国水资源法律管理正在向可持续发展方向转变，是新时期依法治水的一个新起点。

三、水资源法律管理的发展趋势

由于水资源具有稀有性与不可替代性，与其他管理方式相比，水资源法律管理更具权威性，也更需要保持相对稳定。但随着社会经济的飞速发展、水资源供求矛盾的演变以及人们对水资源认识的逐渐深入，水资源立法同样要做适时的调整。从目前的趋势来看，水资源受可持续发展理论的巨大影响，水资源法律管理正从以下几个方面发生深刻变化。

（一）立法目标

由于人类早期技术发展较落后，对于水资源的开发利用程度很低，只处于小规模开发状态，因而相应的，在水资源立法时主要以促进水资源的开发利用，以从中获取经济利益为目标。如我国 1988 年制定水法的目标就是"合理开发利用和保护水资源，防治水害，充分发挥水资源的综合效益，适应国民经济和人民生活的需要"。在这一立法目标中，尽管也提到了水资源保护，但它是从属于经济发展目标的。

当社会不断进步，人类的活动范围不断扩大，对于水资源的需求也随之扩大，而水资源的有限性使得水资源的供求矛盾加深，随之也带来了各种各样的生态环境问题，水资源和水环境保护日益受到重视。因此在立法时出现了同时追求经济效益和生态效益的二元化的立法目标，以弥补以往立法目标的缺陷。自我国于 2002 年修订《中华人民共和国水法》后，与原《中华人民共和国水法》相比，修订后的《中华人民共和国水法》明确提出了水资源的可持续利用，强调了经济、资源和环境的协调发展。

虽然这种二元化的立法目标的出发点是很好的，但在现今将其置于同一部法律中难以得到真正的实现。若以生态环境为第一目的，则必将限制经济发展的规模和速度；若以经济发展为第一目的，则对生态环境的保护就很难做到最好。因此，要实现水资源可持续利用，需要对现行法律制度进行更深刻的变革，首先在立法目标上生态目标应居于首位，只有在符合生态安全底线的前提下，才可以后续进行以经济效益为中心的水资源开发利用。由于各国发展阶段不同，这样的变革需要一个长期的过程。

（二）立法模式

法学界长期以来将资源法和环境法作为两个不同的学科，认为资源法是规范自然资源开发利用的行为准则，环境法则是防治与防止污染的行为准则，将资源法与环境法相分立。我国在水资源立法时也是将资源利用与防治污染相分立的，但是实际上，水资源的生态价值、经济价值等等各种价值都是寓于同一客体中的，水资源的开发利用、保护、防治污染之间的关系密切，水污染的治理和保护不可能脱离水资源的开发利用来进行，水资源的开发利用也不可能完全不顾及水资源的保护。因此，将水资源与水环境立法进行整合是水资源可持续发展的需要，也是今后水资源立法的必然趋势。

（三）管理机制

立法目标的实现和立法模式的变化，最终还要体现到管理机制的安排上。随着水资源的统一性、完整性、系统性逐渐为人们所认识，在管理机制上越来越多的国家趋向于建立水资源的统一管理，如水质和水量的统一管理，地表水、地下水和大气水的综合管理，区域与流域相结合的管理，以及兴利与除害相结合的管理等，并通过法律的形式予以落实和保障，以期实现水资源的优化配置、高效使用乃至可持续发展。

第二节　水资源法律管理的作用、性质和特点

法律有广义和狭义之分，狭义的法律专指拥有立法权的国家机关依照法定程序制定和颁布的规范性文件；而广义的法律则指法的整体，即国家制定或认可并由国家强制力保证实施的各种行为总和。为了同狭义的法律相区别，通常把广义的法律称为法。法律具有规范性、强制性、普遍性等特点，在调整和保护社会关系、社会秩序上具有重要作用。同样的，各种水资源法律在调整和保护与水资源有关的人与人的关系、人与自然的关系方面也具有重要的作用，并且由于调整对象和调整关系的特殊性，水资源法律管理还具有其特殊的性质和特点。

一、水资源法律管理的作用

虽然地球上的水资源丰富但可被人类利用的却极其有限，而不合理的人类活动又在使这少量的可利用水资源不断减少，同时随着人口增长和经济发展，需水量又在不断增加，水资源供需矛盾的加剧必然带来水资源开发利用中人与人之间、人与自然之间的冲突不断，这就是水资源法律管理的必要性所在。概括地说，水资源法律管理的作用是借助国家强制力，对水资源开发、利用、保护、管理等各种行为进行规范，解决与水资源有关的各种矛盾和问题，实现国家的管理目标。具体表现在以下几个方面。

（一）规范、引导用水部门的行为，促进水资源可持续利用

水资源法律法规规定了不同主体在水资源开发利用中的各项权利和义务，并规定了违反这些规定后应承担的法律责任，使人们明确什么样的行为是允许的，什么样的行为是被禁止的，从而对人们在对水资源进行开发利用时的行为产生规范和引导作用，使其符合国家的管理目标。由于法律的明确规定，使人们可以预测到各种可能的行为及其相应的法律后果，有助于不同用水部门和主体间在水资源开发利用上进行合作博弈，促进水资源可持续利用。

（二）加强政府对水资源的管理和控制，同时对行政管理行为产生约束

水资源是人类生存和社会经济发展必不可少的基础性资源，是国家领土主权和资源主权的客体，因此需要政府对水资源进行公共管理。几乎各国水法都规定了水资源管理的行政机构，不同机构的权力、职责等，为政府进行统一的水资源规划、调度、分配，投资修建公共水利工程，保护水质，防洪抗旱等奠定了法律基础，保障了政府水资源管理的权威性，使政府的管理思路、政策得以顺利推行。同时，依法行政的要求又体现了法律对政府管理行为的限制和约束，政府的管理范围不能超出法律的规定，管理方式、程序都必须合法，以防止行政权力的随意扩张。

（三）明确的水事法律责任规定，为解决各种水事冲突提供了依据

各国水资源法律法规中都基本明确规定了水事法律责任，并可以利用国家强制力保证其执行，对各种违法行为进行制裁和处罚，从而为解决各种水事冲突提供了依据。而且，

明确的水事法律责任规定，使各行为主体能够预期自己行为的法律后果，从而在一定程度上避免了某些事故、争端的发生，或能够减少其不利影响。

（四）有助于提高人们保护水资源和生态环境的意识

通过对各种水资源法律法规的宣传，对违法水事活动的惩处等，能够有效地推动节约用水、保护水资源和生态环境等理念在不同群体、不同个人心中的确立，这也是提高水资源管理效率，实现水资源可持续利用的根本。

二、水资源法的性质和特点

（一）水资源法的性质

对于法的性质，马克思主义法学认为，法是统治阶级意志的体现，是统治阶级意志的一种形态，而统治阶级意志的内容是由统治阶级的物质生活条件来决定的，指出了法的阶级性和社会性。

水资源法是环境资源法的一个分支。随着各国资源环境危机的产生和日益严重，环境资源法由此而产生。环境资源法作为法律总体系中的一个重要组成部分，它具有一般法律的共性，也具有阶级性和社会性。环境资源法应由国家机关依法制定或认可，依靠国家强制力保证执行，这一过程体现了统治阶级意志，但环境资源法并不是因为阶级矛盾产生的，而是因为人与自然矛盾的加剧产生的。现代环境资源法的目的是实现可持续发展，带有很强的公益性；而且，环境资源法的制定不但受到统治阶级意志和社会规律的制约，更要受到客观自然规律的制约。因此，环境资源法的社会性显得更为突出。

（二）水资源法的特点

除了规范性、强制性、普遍性等共同的特点外，水资源法还有其独有的一些特点。

1. 调整对象的特殊性

水资源法通过相关制度的安排，规范人们的水事活动，明确人们在水资源开发利用中的权利和义务，通过调节不同使用者之间的利益关系来调节人与人之间的关系。但不同于其他法律的是，水资源法的最终目的是通过调整人与人的关系来调整人与自然的关系，促进人类社会与水资源、生态环境之间关系的协调。人与自然的关系是水资源法调整的最终对象，它依赖于法律对人与人关系的调整，依赖于人们对自然规律、对社会经济-资源环境系统关系的认识的深入。

2. 科学技术性

水资源法调整的对象包括了人与水资源、人与生态环境之间的关系，而水文循环、水资源系统的演变具有其自身固有的客观规律，只有遵循这些自然规律才能顺利实现水资源法律管理的目标。这就使得水资源法具有了很强的科学技术性。众多的技术性规范构成了水资源法律管理的基础。

3. 公益性

水资源具有公利、公害双重特性。水资源法的内容不仅包括规范水资源开发利用行为、促进水资源的高效利用和优化配置，也包括了防治水污染、防洪抗旱等内容，包含了经济、社会、生态等各方面，但其根本都是为了人类社会的持续发展，因此，水资源具有明显的公益性。

第三节 水资源立法的主要内容

水资源立法内容是指与水资源有关的各种法律制度安排。"制度是一个社会中的游戏规则，更规范地说，它们是为决定人们相互关系而设定的一些制约。"在所有正式、非正式的制度中，法律制度以其规范性、强制性、普遍性等特点而居于主导地位。现代水资源法律管理的宗旨就是从可持续发展的要求出发，为实现水资源可持续利用而提供合理的法律制度安排。

一、水资源法律管理的一般制度安排

（一）水权制度安排

水权制度安排界定了各行为主体在水事活动中的活动范围，明晰了其地位、权利以及义务，是各种水事法律制度中最基础、最重要的一项。水权明晰，可以让各行为主体预期所能保证的收益，并保证了这种收益的稳定性，对行为主体产生激励效果，同时，也界定了其权利界限，给出了其不能作为的范畴，对其行为产生约束，最终实现水资源的合理使用和高效配置。水权制度安排应包括水权形式的选择；不同权利的配置方式；水权行使的时间、空间、数量等条件限制；水权丧失、终止的条件和程序；水权转让的条件、程度与手段，以及对侵权的处罚原则、办法等。

（二）水行政管理制度安排

行政活动与立法活动、司法活动共同构成了国家管理社会公共事务的主要方式。一方面，水资源立法的一个重要任务就是建立高效的水行政管理体制，以法律来保障行政管理的权威性，同时也使行政管理的方式方法有法可循；另一方面，科学高效的水行政管理制度又可以保证水资源的相关法律法规能够得到执行，保护国家对水资源的所有权，保证各行为主体在水事活动中的权益不受侵犯，从而使水资源的高效开发利用和保护得以实现。水行政管理制度安排具体包括水行政管理机构的组织设置、不同机构的管理范围、权限职责、利益及相互关系等。

（三）与用水有关的制度安排

与用水有关的制度安排是水资源立法内容中最丰富的部分，也是最直接的对公众、企业等用水户行为进行规范的制度安排。概括而言，各国水资源立法中与用水有关的制度安排主要有以下几种。

1. 用水许可制度

这是大部分国家都采用的一种制度安排，是国家为维护经济秩序、社会秩序和公共利益，保护资源和生态环境，保障公民权利等而设立的具有多方面功能的法律制度。从各国的法律规定来看，用水实行较为严格的登记许可制度，除法律规定以外的各种用水活动都必须登记，并按许可证规定的方式用水。用水许可制度除了规定用水范围、方式、条件外，还规定了许可证申请、审批、发放的法定程序。

2. 水资源开发利用规划和计划制度

各国都很重视水资源开发利用规划计划制度的安排，它可以克服水事活动中的盲目性和主观随意性，从而保证水资源的开发利用过程是合理、有序、系统的。有的国家还制定了规划方面的专门法律，如早在 1965 年美国国会就通过了《水资源规划法》，并在此基础上成立了由政府多个部门联合组成的美国国家水资源委员会，开始加强水资源综合管理和研究。

3. 水工程管理制度

水工程包括河流、渠道、堤坝、水库、排灌工程、供排水道等，是进行水资源开发利用、兴利除害的物质基础。许多国家在水资源立法时都对水工程的建设、施工、管理、使用等做出了明确的规定。

4. 水质保护制度

水质和水量是水资源的两个基本属性，只有达到一定水质标准的水才能为人类所利用。而人类不合理的用水活动极易导致水质恶化，进而减少可利用水量。保持水源清洁与卫生，防治水污染是水资源法律管理的重要内容。为此，各国水资源立法中都安排了相应的水质保护制度，包括对排污口位置的限制；制定水环境质量标准和排放污染物种类、数量、浓度的标准；开展排污收费或排污权交易；对生产工艺、污染治理设备的配备、使用状况的规定；设立水资源保护区；以及建设项目环境影响评价等。

5. 用水管理制度

主要包括通过征收水资源费（税）、鼓励使用节水设备等制度促进水资源的节约高效利用；通过水资源分配制度、水功能区划等协调不同地区、用水部门的用水竞争等。

（四）防洪抗旱制度

防洪抗旱是各国水法中不可缺少的内容，特别防治洪涝灾害是防治水害的重要制度安排。主要内容有河堤、大坝管理规则，蓄水调节措施、防洪投入的合理负担等。

（五）水事法律责任

为保证水资源法律管理的顺利进行，确保各项水事法律制度的实施，各国水资源立法内容都包括了水事法律责任制度。水事法律责任制度主要是对各种违法行为应承担的责任形式、诉讼程序等方面的详细规定。

二、我国水法中的制度安排

我国的水事法律制度体现在以《中华人民共和国水法》为核心的一系列法律、法规和规范性文件中，其中《中华人民共和国水法》是我国水的基本法，是制定有关水的法律法规的依据之一。

1988 年《中华人民共和国水法》的颁布实施，标志着我国进入了依法治水的轨道。2002 年我国对《中华人民共和国水法》进行了修改，颁布了修订后的《中华人民共和国水法》。修订后的《中华人民共和国水法》包括总则、水资源规划、水资源开发利用、水资源、水域和水工程的保护、水资源配置和节约使用、水事纠纷处理与执法监督检查、法律责任、附则共 8 章内容。主要制度如下。

（一）水权制度

修订后的《中华人民共和国水法》规定，水资源属于国家所有，由国务院代表国家行使；农村集体经济组织水塘和由农村集体经济组织修建管理的水库中的水，归各农村集体经济组织使用，并通过取水许可制度规定了取水权的获得。但目前《中华人民共和国水法》对水资源使用权、收益权等更细的权项划分、配置方式等没有作具体的规定。

（二）水行政管理制度

我国对水资源实行流域管理与行政区域管理相结合的管理体制。国务院水行政主管部门负责全国水资源的统一管理和监督工作。国务院水行政主管部门在国家确定的重要江河、湖泊设立的流域管理机构，在所管辖的范围内行使法律、行政法规规定的和国务院水行政主部门授予的水资源管理和监督职责。县级以上地方人民政府水行政主管部门按照规定的权限，负责本行政区域内水资源的统一管理和监督工作。国务院、县级以上地方人民政府的关部门按照职责分工，负责水资源开发、利用、节约和保护的有关工作。

（三）与用水有关的制度

1. 取水许可制度和有偿使用制度

除家庭生活和零星散养、圈养畜禽饮用等少量取水外，直接从江河、湖泊或地下取用水资源的单位和个人，应当按照国家取水许可制度和水源有偿使用制度的规定，向水行政主管部门或者流域管理机构申请领取取水许可证，并缴纳水资源费，取得取水权。实施取水许可制度和征收管理水资源费的具体办法，由国务院规定，国务院水行政主管部门负责全国取水许可制度和水资源有偿使用制度的具体实施。并通过核定行业用水定额，对取水实行总量控制。用水实行计量收费和超定额累进加价制度。

2. 水资源规划的相关制度

修订后的《中华人民共和国水法》大大扩充了水资源规划的内容，按照不同的范围、内容对水资源规划进行了分类，规定了各类水资源规划之间从属关系；明确了编制水资源规划的基础条件；规定了各级水资源规划编制主体、审批程序、执行和修改要求；以及建设水工程必须符合水资源规划的要求。

3. 水工程管理制度

修订后的《中华人民共和国水法》规定了国务院水行政主管部门、流域管理机构、地方人民政府管理和保护水工程的职责、范围；规定了单位和个人保护水工程的义务，不得侵占、毁坏堤防、护岸、防汛、水文监测、水文地质监测等工程设施；在水工程保护范围内，禁止从事影响水工程运行和危害水工程安全的爆破、打井、采石、取土等活动。

4. 水质和水生态保护制度

国家保护水资源，采取有效措施，保护植被，植树种草，涵养水源，防治水土流失和水体污染，改善生态环境。包括对各级管理机构在保护水质和水生态环境中的职责、对用水主体排污行为的禁止和要求、水功能区划、排污总量控制、建立饮用水水源保护区制度等方面的规定。

5. 用水管理制度

制定了水资源在不同用水部门间进行分配的原则，即生活用水优先，兼顾农业、工业、生态环境用水及航运等的需要，但在干旱和半干旱地区应充分考虑生态环境用水需要；对跨流域调水，提出了全面规划、科学论证、统筹兼顾调出和调入流域的用水需要，防止对生态环境造成破坏的要求；对水资源开发提出了地表水与地下水统一调度开发、开源与节流相结合、节流优先和污水处理再利用的原则；对水能、水运资源开发作出相关规定；对水资源合理配置和节约用水亦作出相关规定。

（四）防洪制度

《中华人民共和国防洪法》中，对防洪的防洪规划、治理与防护、防洪区和防洪工程设施的管理、防汛抗洪、保障措施和法律责任等都有具体而详细的规定。在重新修改的《中华人民共和国防汛条例》中，对防汛组织、防汛准备、防汛与抢险、善后工作、防汛经费、奖励与处罚等也进行了详尽说明。

（五）水事法律责任

水事法律责任包括对水事纠纷处理和执法监督检查的详细规定；对各种违法行为应承担法律责任的详细规定等。《中华人民共和国水法》中规定的水事法律责任包括民事责任、行政责任和刑事责任。

第四节 我国的水法规体系

法规体系，亦即法理学上所说的立法体系，是指国家制定并以国家强制力保障实施的规范性文件系统，是法的外在表现形式所构成的整体。水法规体系就是一国现行的有关调整各种水事关系的所有法律、法规和规范性文件组成的有机整体，不包括与水资源有关的国际公约和协定。水法规体系的建立和完善是水资源法律管理有效实施的关键环节。

一、水法规体系的分类

水法规体系包括了一系列法律、法规和规范性文件，按照不同的分类标准可以分为不同的类型。

（一）从立法体制和效力不同分类

从立法体制、效力等级、效力范围的不同，水法规分为以下五种：水法律（全国人大常委会制定）、水行政法规（国务院制定）、地方性水法规（省、自治区、直辖市及省级人民政府所在地、经国务院批准的市人大及其常委会制定）、部门水行政规章（水利部及水利部与国务院有关部门联合制定）、政府水行政规章（省、自治区、直辖市及省级人民政府所在地的市、经国务院批准的较大的市人民政府制定）。按立法体制和效力不同的水法规体系分类如图8-2所示。

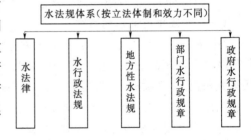

图8-2 按立法体制和效力不同划分的水法规体系

（二）从水法规的内容和功能不同分类

从水资源法律、法规的内容、功能不同，水法规体系主要包括综合性水事法律和单项水事法律、法规两大部分。综合性水事法律是有关水的基本法，是从全局出发，对水资源规划、开发、利用、保护、管理中有关重大问题的原则性规定。单项水事法律、法规则是为解决与水资源有关的某一方面的问题而进行的较具体的法律规定。按内容和功能不同的水法规体系分类如图8-3所示。

目前我国单项水事法律、法规的立法主要从两个方面进行，分别是与水资源开发、利用有关的法律、法规和与水污染防治、水环境保护有关的法律、法规。

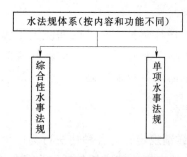

图 8 - 3 按内容和功能不同划分
的水法规体系

（三）水法规的其他几种分类方法

除以上两种分类方法外，水法规体系还可以分为实体法和程序法；专门性的水资源法律法规和与水资源有关的民事、刑事、行政法律法规；奖励性的水法律法规和制裁性的水法律法规等。对一些单项法律、法规还可以根据所属关系或调整范围的大小分为一级法（基干法）、二级法、三级法、四级法等。

二、我国水法规体系现状

自 20 世纪 80 年代以来，我国先后制定、颁布了一系列与水有关的法律、法规，如《中华人民共和国水污染防治法》（1984 年颁布，1996 年修订）、《中华人民共和国水法》（1988 年颁布，2002 年修订）、《中华人民共和国水土保持法》（1991 年）、《中华人民共和国防洪法》（1997 年）等。一个多层次的水法规体系已初步形成。自《水法规体系总体规划》（1988 年制定，1994 年、2006 年修订）颁布实施以来，水利立法紧紧围绕水利中心工作，坚持加快立法进度与提高立法质量相结合，以水利改革发展立法需求最为迫切的领域为重点，统筹推进水法规体系建设，修订出台了《中华人民共和国水土保持法》《中华人民共和国水污染防治法》等多部法律。党的十八大对大力推进生态文明建设作出全面部署，突出强调加强生态文明建设，依靠制度保护生态环境。中央水利工作会议强调要尽快构建适应我国国情和水情的水法规体系。《中共中央　国务院关于加快水利改革发展的决定》要求"建立健全水法规体系，抓紧完善水资源配置、节约保护、防汛防旱、农村水利、水土保持、流域管理等领域的法律法规"。《国务院关于实行最严格水资源管理制度的意见》要求"抓紧完善水资源配置、节约、保护和管理方面的政策法规体系"。经国务院批准的《水利发展规划（2011—2015 年)》也对建立健全水法规体系提出了具体要求。

（一）宪法中有关水的规定

《中华人民共和国宪法》是国家的根本大法、总章程，具有最高的法律效力，是制定其他法律、法规的法律根据。宪法中有关水的规定也是制定水资源法律、法规的基础。宪法第九条第 1、2 款分别规定："水流属于国家所有，即全民所有"，"国家保障自然资源的合理利用"。这是关于水权的基本规定以及合理开发利用、有效保护水资源的基本准则。对于国家在环境保护方面的基本职责和总政策，宪法第二十六条做了原则性的规定，"国家保护和改善生活环境和生态环境，防治污染和其他公害。"

（二）由全国人大或人大常委会制定的法律

1. 与水资源环境有关的综合性法律

水资源与土地、森林、矿产等其他自然资源共同构成了人类社会生存发展的自然基础，水资源开发、利用、保护与其他自然资源是密切相关的。但目前我国尚没有综合性资源环境法律。1989 年颁布的《中华人民共和国环境保护法》可以认为是环境保护方面的综合性法律。《中华人民共和国环境保护法》中没有单独的关于水资源管理的部分，但它从环境法的任务、环境保护的对象、环境监督管理、保护和改善环境以及损害赔偿、法律责任等多方面对各种资源的保护与管理做了全面的规定；而且，它规定了中国环境保护的一些基本原则和制度，如"三同时"制度、排污收费制度等。

1988 年颁布实施的《中华人民共和国水法》是我国第一部有关水的综合性法律。但由于当时认识上的局限以及资源法与环境法分别立法的传统，《中华人民共和国水法》偏重于水资源的开发、利用，而关于水污染防治、水生态环境保护方面的内容较少。2002 年，在《中华人民共和国水法》的基础上经过修订，颁布了修订后的《中华人民共和国水法》，拓宽了所调整的水事法律关系的范畴，内容也更为丰富，是制定其他有关水的法律、法规的依据之一。

2. 有关水的单项法律

针对我国水多、水少、水脏等主要问题，专门制定了有关的单项法律，即《中华人民共和国水土保持法》(1991 年)、《中华人民共和国水污染防治法》(1996 年) 和《中华人民共和国防洪法》(1997 年)。

(三) 由国务院制定的行政法规和法规性文件

从 1985 年《水利工程水费核定、计收和管理办法》到 2001 年《长江三峡工程建设移民条例》，期间由国务院制定的与水有关的行政法规和法规性文件达 20 多件，内容涉及水利工程的建设和管理、水污染防治、水量调度分配、防汛、水利经济、流域规划等众多方面。如《中华人民共和国河道管理条例》(1988 年)、《中华人民共和国防汛条例》(1991 年)、《国务院关于加强水土保持工作的通知》(1993 年) 和《中华人民共和国水土保持法实施条例》(1993 年)、《取水许可制度实施办法》(1993 年)、《淮河流域水污染防治暂行条例》(1995 年)、《关于实行最严格水资源管理制度的意见》(2012 年) 等，与各种综合、单项法律相比，这些行政法规和法规性文件的规定更为具体、详细。

(四) 由国务院及所属部委制定的相关部门行政规章

由于我国水资源管理在很长一段时间实行的是分散管理的模式，因此，不同部门从各自管理范围、职责出发，制定了许多与水有关的行政规章，以环境保护部门和水利部门分别形成的两套规章系统为代表。

1. 水利管理部门制定的与水有关的行政规章

水利部门所制定的行政规章，主要侧重于水资源的规划、开发、利用方面，近些年来出台的相关规章主要如下：

(1) 水资源管理方面。涉及水资源管理方面的，如《取水许可申请审批程序规定》(1994 年)、《取水许可水质管理办法》(1995 年)、《取水许可监督管理办法》(1996 年)、《重大水污染事件报告暂行办法》(2000 年)、《水功能区管理办法》(2003 年)、《水土保持生态环境监测网络管理办法》(2005 年) 等。

(2) 水利工程建设方面。涉及水利工程建设方面的，如《水利工程建设项目施工招标投标管理规定》(1995 年)、《水利工程建设项目管理规定》(1995 年)、《水利工程质量监督管理规定》(1997 年)、《水利工程质量管理规定》(1997 年)、《水利工程建设项目档案管理规定》(2005 年)、《水利工程建设安全生产管理规定》(2005 年) 等。

(3) 工程和河道管理方面。涉及水利工程管理、河道管理方面的，如《河道管理范围内建设项目管理的有关规定》(1992 年)、《关于黄河水利委员会审查河道管理范围内建设项目权限的通知》(1993 年)、《水库大坝安全鉴定办法》(1995 年)、《关于海河流域河道管理范围内建设面目审查权限的通知》（1997 年）、《关于加强淮河流域 2001—2010 年防洪建设的若干意见》（2001 年）等。

（4）水文工作管理方面。涉及水文和移民方面的，如《水利部水文设备管理规定》（1993 年）、《水文管理暂行办法》（1991 年）、《水文水资源调查评价资质和建设项目水资源论证资质管理办法（试行）》（2003 年）等。

（5）水利经济方面。涉及水利经济方面的，如《关于进一步加强水利国有资产产权管理的通知》（1996 年）、《水利旅游区管理办法（试行）》（1999 年）、《水利工程供水价格管理办法》（2004 年）等。

（6）水政管理方面。涉及水政管理工作方面的，如《水政监察组织暨工作章程》（1990 年）、《水行政处罚实施办法》（1997 年）、《水政监察工作章程》（2000 年）等。

2. 环境保护部门制定的与水有关的行政规章

环境保护部门所制定和颁布的法规和规范性文件，与水资源有关的侧重于水质、水污染防治方面，主要是对排放系统的管理。近些年出台的相关规章主要如下：

（1）环境标准和环境监测方面。涉及管理环境标准和环境监测方面的，如《环境保护标准管理办法》（1983 年）、《全国环境监测管理条例》（1983 年）、《建设项目环境保护管理办法》（1986 年）、《关于加强环境监测工作的决定》（1990 年）、《环境标准管理办法》（1999 年）、《全国环境监测报告制度》（1991 年）、《全国环境监测网络管理规定》（1993 年）、《环境监测质量保证管理规定》（1991 年）、《地方环境质量标准和污染物排放标准备案管理办法》（2004 年）、《污染源自动监控管理办法》（2005 年）等。

（2）行政处罚方面。涉及行政处罚方面的，如《报告环境污染与破坏事故的暂行办法》（1987 年）、《环境保护行政处罚办法》（1999 年）等。

（3）关于资金方面。涉及资金方面的，如《关于环境保护资金渠道的规定的通知》（1984 年）、《污染源治理专项资金有偿使用暂行办法》（1988 年）、《关于加强环境保护补助资金管理的若干规定》（1989 年）、《排污费资金收缴使用管理办法》（2003 年）、《排污费征收标准管理办法》（2003 年）等。

（4）排污管理方面。涉及排污管理方面的，如《征收排污费暂行办法》（1982 年）、《水污染物排放许可证管理暂行办法》（1988 年）、《污水处理设施环境保护监督管理办法》（1988 年）、《排放污染物申报登记管理规定》（1992 年）、《关于增设"排污费"收支预算科目的通知》、《征收超标准排污费财务管理和会计核算办法》等。

（五）地方制定的法规和行政规章

水资源时空分布往往存在很大差异，不同地区的水资源条件、面临的主要资源问题以及地区经济实力等都各不相同，因此，水资源法律管理需要因地制宜展开。目前，我国已颁布的与水有关的地方性法规、省级政府规章及规范性文件有近 800 件。

（六）其他部门法中相关的法律规范

由于水资源问题涉及社会关系的复杂性、综合性，除了以上直接与水有关的综合性法律、单项法律、行政法规和部门规章外，其他部门法如《中华人民共和国民法通则》《中华人民共和国刑法》《中华人民共和国农业法》中的有关规定也适用于水资源法律管理。

（七）依法制定的其他各种相关标准

为将水资源管理工作搞好，确保水资源的可持续利用和人类生存，必须制定与水有关具体标准，如《生活饮用水卫生标准》（1985 年）、《渔业水质标准》（1989 年）、《农田灌溉水质标准》（1991 年）、《饮用天然矿泉水标准》（1995 年）、《污水综合排放标准》（1996 年）、《生活饮用水水质标准》（1999 年）、《地表水环境质量标准》（2002 年）、《生活饮用水水质标准》（2005 年）等。

（八）立法机关、司法机关的相关法律解释

这是指由立法机关、司法机关对以上各种法律、法规、规章、规范性文件做出的说明性文字，或是对实际执行过程中出现问题的解释、答复，大多与程序、权限、数量等问题相关。如《全国人大常委会法制委员会关于排污费的种类及其适用条件的答复》《关于〈特大防汛抗旱补助费使用管理办法〉修订的说明》（1999 年）等。

三、我国水法规体系存在的主要问题

目前我国已初步形成了一个多层次的水法规体系，水法制建设取得了很大的成效，全民水法律意识也得到提高，但现行水法规体系仍存在一些不容忽视的问题。我国水法规体系现状如图 8-4 所示。

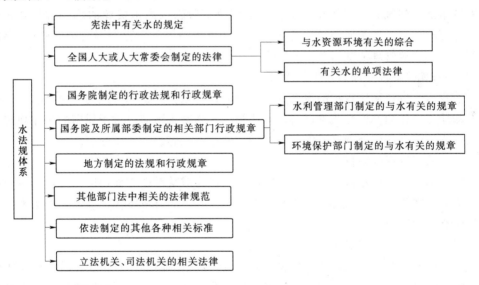

图 8-4　我国水法规体系现状图

（一）法律覆盖范围不全面

尽管我国与水有关的法律、法规和规范性文件数量比较多，已经大大超过了其他自然资源立法，但与先进国家相比，我国现有法律覆盖范围仍不全面，尚不能调整所有水事关系。

1.综合性的相关法律法规仍然缺乏

虽然我国已颁布了很多有关资源环境的法律，但是一直没有一部综合性的有关资源环境方面的基本法，因而在协调和解决包括水资源在内的各种资源环境的问题时需要用多个法律法规进行管理。如我国在所有法律法规中均缺乏对公众参与水资源管理问题的法律规定。

2. 存在内容不全、效力等级不高问题

我国有关水资源方面已有法律规定，但规定内容过于简单，或法律效力等级不高，不能反映出问题的严重性。如现行水资源法律制度侧重于国家权力对水资源的配置和管理作用，对水权只做了原则性的、抽象的规定，缺乏水权具体权项划分、配置、转移等的民事法律制度规定；修订后的《中华人民共和国水法》虽然加大了对水资源规划问题的立法内容，但也不够详尽，规划法定效力仍不明确，使规划方案常常只能停留在纸面，难以真正贯彻执行等。

（二）不同部门、不同时期颁布的法律法规之间存在冲突和矛盾

在我国，长期以来不同部门与地区在制定相关水资源法律法规时往往首先从自身利益出发，使得制定的法律法规出现冲突与矛盾。按照法学理论，与上一级法律规定或政令相悖的规定是无效的，但在实际操作中相互矛盾的法律法规却仍在使用并进一步加剧了管理权限和管理体制的混乱。最典型的如在水污染防治方面，按照《中华人民共和国水污染防治法》（1996年）的规定，各级人民政府的环境保护部门是对水污染防治实施统一监督管理的机关，有权对管辖范围内的水体进行水质监测和排污控制，而按照修订后的《中华人民共和国水法》的规定，各级水行政主管部门负责管辖区内水资源的统一监督和管理工作，同样有权进行水体水质监测。这使得在水污染防治中常常存在两套不同的监测数据，严重影响了水资源管理的效率和权威。

（三）法律规定过于原则，不便于操作

目前我国水事法律法规中的原则性规定较多，可以保证法律法规的适应性和稳定性较强，但却缺乏具体的操作性条款，对法律法规的实施带来障碍。过于原则的法律规定会导致执法过程中管理部门处理水资源问题的任意性过大，容易滋生腐败。

四、水法规体系的完善

针对我国水法规体系目前存在的问题，我们认为应从两个方面加以完善：①整合现有法律、法规和规章，使之成为一个相互联系、相互补充的有机整体；②加强立法工作，尽快填补现有法律法规中的空白。

1. 整合现有法律、法规和规章

整理、研究现有水法规体系中各法律、法规和规章的内容，对相互矛盾、相互冲突的应进行修订，对过时的或错误的规定应当修订或废止，对过于原则和抽象的规定应进行细化，理顺现有水法规体系的内部关系。

（1）研究、整理应从整体出发，破除原来分割立法带来的矛盾等问题，处理好水资源开发利用法律之间、水资源开发利用法律与水资源保护法律之间等的关系，建立一个有利于水资源可持续发展的体系。

（2）水权制度是水事法律制度中最重要的一项，明晰水权是提高我国用水效率的重要原则之一，应加强对水权配置、转移的规定。

（3）强化水资源规划的法律地位，进一步明确水资源规划的具体内容，提高规划的权威性，保证规划真正得到实施。

（4）法律法规应对管理部门的职责权限以清晰、明确的划分，促进政府行政管理职能

与经济职能的分离，重视市场配置水资源的重要作用，理顺管理部门间的利益关系。

（5）修订相关法律法规的内容，使之符合可持续发展的需要，如对水资源保护问题，目前只有一部《中华人民共和国水污染防治法》及其实施细则，并不能概括所有水资源保护问题，应从水质、水量、生态环境各方面加以综合考虑。

2. 加强立法工作，填补空白

（1）应制定一部综合性的资源环境基本法。水资源与土地、森林、矿产、物种、气候等其他自然资源共同构成了人类社会生存、发展的物质基础，这些自然资源之间有着天然的联系，在对人类社会发生作用时相互之间也存在影响和制约。目前我国对不同自然资源基本都制定了单行法律法规，便于根据各自特点进行有针对性的调整和管理。但缺乏一部综合性的资源环境基本法，从整体上对包括水资源在内的所有资源环境问题进行原则性规定，协调资源环境工作中的各种关系。不管采取何种形式，一部综合性的资源环境基本法是必要的，而且由于其涉及面广，所调整法律关系复杂，立法难度大，应充分做好研究准备工作。

（2）加快修订后的《中华人民共和国水法》的配套立法。修订后的《中华人民共和国水法》作为我国水资源方面的基本法，在立法内容上较为原则，为使其中的内容更易执行与实施，需尽快进行配套的、更细化的立法，对修订后的《中华人民共和国水法》增删、修订的内容也需进行相关配套立法。具体包括：《中华人民共和国水法》明示授权制定的配套行政法规、规章或规范性文件，如《河道采砂许可制度实施办法》《管理水资源费的具体办法》等；对修订后的《中华人民共和国水法》中规定的一些新制度，如区域管理与流域管理相结合的行政管理制度、饮用水水源保护区制度、用水总量控制和定额管理相结合的制度、划分水功能区制度、节约用水的各项管理制度等，需要制定相应的程序和具体操作办法才能使之落到实处；各级地方政府根据修订后的《中华人民共和国水法》规定和实际需要，出台新的地方法规和规章。

（3）针对我国水资源开发、利用、保护和管理中的突出问题，有针对性地填补立法空白。有的专家在认真调查研究的基础上，指出了我国水事业发展的突出问题集中表现为6大矛盾：①洪涝灾害日益频繁与江河防洪标准普遍偏低的矛盾；②水资源短缺与需求增长较快的矛盾；③水环境恶化与治理力度不够大的矛盾；④水价偏低与水利建立良性运行机制的矛盾；⑤水利建设滞后与水利投入不足的矛盾；⑥水资源分割管理与合理利用的矛盾。有的专家就我国的七大流域实行水资源分流域管理和就特定江河的治理提出了有远见卓识的法律建议。所有这些，都为我们尽快出台有关立法、有针对性地解决现存紧迫问题提供了理论支撑、事实依据和制度设计基础。

此外，水利部在2014年发布的《深化水利改革的指导意见》中也强调了要健全水法规体系建设。加强水法规体系建设顶层设计，统筹推进重点立法项目。推动出台南水北调工程供用水管理条例、农田水利条例，加快河道采砂管理、节约用水等重点领域立法。积极开展水权制度、地下水管理、农村水电、湖泊管理与保护等方面的立法前期工作。健全规范性文件备案与审查制度。注重科学立法、民主立法，建立健全公开征求意见制度、听证制度、专家咨询制度，提高水利立法质量。

五、依法治水

党的十八大报告将"全面推进依法治国"确立为推进政治建设和政治体制改革的重要任务，对"加快建设社会主义法治国家"作了重要部署，将"依法治国"提升到了一个新的高度。推进"依法治国"是涉及中国各领域、各方面的一项政治任务，因此治水也必须做到有法可依。

2014年10月，水利部党组书记、部长陈雷主持召开干部大会，强调要认真学习贯彻党的十八届四中全会精神，奋力开创依法治水管水兴水新局面。陈雷指出，贯彻落实党的十八届四中全会精神，必须紧密结合水利工作实际，大力推进水利法治建设：①在顶层设计方面，要紧紧围绕全面推进依法治国的总目标；②在水利立法方面，要大力推进农田水利、节约用水、地下水管理等领域立法进程；③在严格执法方面，要严格履行水行政执法职责；④在水事矛盾化解方面，要加强源头控制和隐患排查化解；⑤在水利普法方面，要持续深入开展水法治宣传教育。

2015年9月，水利部出台了《关于全面加强依法治水管水的实施意见》（以下简称《实施意见》）。《实施意见》明确了全面加强依法治水管水的指导思想，即深入贯彻落实党的十八大及十八届三中、四中全会精神和习近平总书记系列重要讲话精神，紧紧围绕协调推进"四个全面"战略布局和建设社会主义法治国家的总目标，积极践行"节水优先、空间均衡、系统治理、两手发力"的新时期水利工作方针，坚持深化改革和法治建设共同推进，坚持立法、执法、监督、保障一体建设，坚持运用法治思维和法治方式引领规范水利改革发展各项工作，健全完善适合我国国情和水情的水法治体系，为强化水治理、保障水安全提供法治保障。明确了全面加强依法治水管水的主要目标，即构建完备的水法律规范体系，实现覆盖全面、相互配套、有机衔接；构建高效的水法治实施体系，做到有法必依、执法必严、违法必究；构建严密的水法治监督体系，做到权责法定、程序正当、公开透明；构建有力的水法治保障体系，做到责任明确、措施到位、齐抓共管。

本 章 小 结

建立完善的水法规体系，对水资源进行有效的法律管理是建设可持续发展的和谐社会的重要内容。水资源法律管理通过制定与水相关的各项法律法规，并指定其执行单位来创建一个良好有序的水市场，规范、引导各用水单位节约、高效利用水资源，为解决用水过程中的各项纠纷提供法律依据，保护水权所有者的利益，加强政府对水资源的管理和控制，达到对水资源进行有效规划和利用的目的。对水资源进行安全管理及保护进行引导和控制，同时还可提高人们对于保护水资源及生态环境的意识。

水资源法律管理是水资源管理的重要组成部分，其为与水资源有关的各项管理措施和水资源使用行为提供了法律依据，促使各用水部门必须依法对水资源进行规划和利用，加强了政府的调控，更有利于水资源价值的实现及社会的可持续发展。完善的法律制度，消除不同部门在不同时期颁布的相互冲突和矛盾的法律规定或行政规章，建立合理高效的水法规体系，是我们目前的重要任务。

参 考 文 献

［1］ 于万春，姜世强，贺如泓．水资源管理概论［M］．北京：化学工业出版社，2007.

［2］ 姜文来，唐曲，雷波，等．水资源管理学导论［M］．北京：化学工业出版社，2005.

［3］ 才惠莲，蓝楠，黄红霞．我国水权转让法律制度的构建［J］．理论月刊，2007（4）：112 - 116.

［4］ 刘雪婷．我国水资源保护立法研究［D］．长春：吉林大学，2012.

［5］ 刘丽．水资源可持续利用立法的研究［D］．武汉：华中师范大学，2013.

［6］ 史俊涛．水资源可持续利用法律制度研究［D］．哈尔滨：东北农业大学，2011.

［7］ 田飞．我国水资源法律保护现状与对策研究［J］．重庆城市职业学院学报，2012（4）：59 - 61.

［8］ 胡德胜．英国的水资源法和生态环境用水保护［J］．中国水利，2010（5）：51 - 54.

［9］ 宋洁．水资源管理的法制问题研究［D］．泰安：山东农业大学，2008.

［10］ 张文智．我国水资源保护法律制度的完善［D］．长春：吉林大学，2006.

［11］ 丁渠．浅议我国水权制度的立法完善［J］．人民黄河，2007，29（5）：5 - 6.

［12］ 刘斌，田义文．论中国水权初始分配制度的完善［J］．商业时代，2009（11）：76 - 77.

［13］ 徐红霞．论《水资源保护法》的立法［J］．法制与社会，2011（22）：25 - 30.

［14］ 史俊涛．水资源可持续利用法律制度研究［D］．哈尔滨：东北农业大学，2011.

［15］ 张军驰．我国水资源可持续利用的法律制度研究［D］．咸阳：西北农林科技大学，2010.

［16］ 李雪松．中国水资源制度研究［M］．武汉：武汉大学出版社，2005.

［17］ 刘彦佐．我国城市水务行政的法律问题研究［D］．长春：东北师范大学，2010.

［18］ 程功舜．我国水资源保护的法律制度及其完善［J］．河南科技大学学报：社会科学版，2010，28（4）：91 - 94.

［19］ 肖传成．美国的水资源管理、保护及启示［C］．中国水利学会水资源专业委员会学术年会，2009.

［20］ 鞠秋立．我国水资源管理理论与实践研究［D］．长春：吉林大学，2004.

思 考 题

1. 请简述我国水资源法律管理的变迁。

2. 请简述水资源法律管理的发展趋势。

3. 水资源法律管理有何作用？具有什么特点？

4. 请简述我国水法中的制度安排。

5. 请简述我国的水法规体系。

6. 请简述我国水法规体系的现状。

7. 我国水法规体系中存在哪些问题？该如何解决？

8. 谈谈你对如何实行依法治水的看法。

实 践 训 练 题

1. 水资源法律管理主要内容研究。

2. 地区（流域）水资源法律管理内容分析。

3．水资源法律管理目的及特性研究。

4．水资源法律管理体系研究。

5．水资源法律管理措施分析。

6．水资源法律管理效果分析。

7．水资源法律管理模式分析。

8．新形势对水资源法律管理的要求。

9．地区（流域）水资源法律管理的关键措施研究。

第九章　水资源行政管理

水资源行政管理是水资源管理的延伸，水资源行政管理是指以法律为依据，依靠行政手段和相关政策对水资源进行管理。为了让有限的资源不因人类的过度开发而枯竭，确定水资源管理的相关政策及法规；为了保证水资源管理法规及经济技术措施的贯彻执行，必须建立国家的或地方政府（区域或流域）统一的水资源行政与专业管理机构，负责全国或地区范围内的水资源开发利用和水污染控制和管理工作，以确定总的管理目标。

本章在介绍行政管理基本概念的同时，重点探讨了水资源行政管理的职能和组织结构，以及行政管理手段和监督机制等。本章结构体系如图9-1所示。

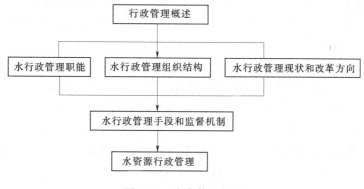

图9-1　本章体系结构

第一节　水资源行政管理概述

一、行政管理与水资源行政管理

所谓行政管理意指以法律为准绳和依据，依靠行政手段和水政策来指导水事活动。这里的行政手段即为前述的国家或地方的水行政主管部门指导水事的活动；水政策则是在水的一系列法律范围内，开发利用、保护和管理水资源，以及防治水害等活动的具体的行业政策。行政管理是一种特殊的管理活动，它的主体是国家、国家行政部门（机关）、国家政府系统等，行政管理客体包括国家事务、社会公共事务以及政府事务，行政管理的手段则主要是制定并贯彻执行各种行政法规、公共政策，以有效地实现国家意志。

二、行政管理的内容和作用

行政方法又称为行政手段，它是依靠行政组织或行政机构的权威，运用决定、命令、指令、规定、指示、条例等行政措施，以鲜明的权威和服从为前提，直接指挥下属工作。水资源管理体制是一个递阶组织结构形式，各级都有各级的隶属关系和一定的责、权、利关系。通过行政手段可以上情下达和下情上报，维持水资源管理工作的运转。由于水的流动性和不确定性，并常常出现水灾、旱灾、突发的水污染和公害事件以及水事纠纷等，可利用行政机构权威和与地方政府配合，及时调动人力、物力、财力防灾、抗灾、协调地区、部门间的水务矛盾，以保证水资源管理目标的实现。行政手段是水资源管理的执行渠道，又是解决突发事件强有力的组织者和指挥者。

水资源是人类社会生存和发展不可替代的自然资源，不同地区、部门甚至个人都在开发或利用水资源，而水资源又是一种极其有限的自然资源，过度无序的开发活动将会导致水资源总量减少、水质功能下降、人类社会可持续发展难以维持，并引发地区间、部门间的水事矛盾，这就需要对各项开发利用水资源的活动进行管理、指导、协调和控制不同地区、部门和用水户的水事活动。《中华人民共和国水法》规定，水资源属于国家所有，政府负责对水资源的分配和使用进行管理和控制。

三、行政方法在水资源管理中的运用

行政管理的方法是目前我国进行水资源管理常用的方法。新中国成立以来，我国在水的行政管理方面取得了很大成绩，国务院、水利部以及地方人大、政府都制定了大量的有关水资源管理的规章、命令和决定，这些规章、命令和决定在水资源管理中起到了统一目标、统一行动的作用。如水利部根据1993年国务院颁布的《取水许可制度实施办法》，分别于1994年、1995年、1996年发布了《取水许可申请审批程序规定》《取水许可水质管理规定》《取水许可监督管理办法》等，从而保证了取水许可制度的有效实施；1990年水利部颁发了《制定水长期供求计划导则》，规范了水长期供求计划编制的技术要求。长期的水资源管理实践证明，相当多水事问题需要依靠行政权威处置，所以《中华人民共和国水法》规定：地区间的水事纠纷由县级以上人民政府处理，这是行政手段作法在法律上的运用。《中华人民共和国水法》还规定，水量分配方案由各级水行政主管部门制定并报同级政府批准和执行，这都是以服从为前提的行政方法在水管理中的运用。行政方法也存在一些不足之处：①行政方法往往要求管理对象无条件服从，如果运用不好就会产生脱离实际的主观主义和简单的命令主义；②行政方法是一种无偿的行政关系，单一运用行政管理方法会助长水资源的无偿调拨。

第二节　水资源行政管理的职能和组织结构

一、水资源行政管理的职能

水资源行政管理的职能在于水资源行政管理主体依法对与水资源有关的各种社会公共事务进行管理时所承担的职责和所具有的功能作用，它影响到水资源行政管理的组织设置、决策执行、监督机制等各个方面。由于不同国家对于水资源有关的"社会公共事务"的理解各不相同。因此，水资源行政管理职能的具体内容也存在差异。但水资源行政管理职能设置的基本原则是一致的，那就是行政职能既不能"越位"，也不能"缺位"。要符合这一原则并不容易，许多因素会干扰和制约它，因此水资源行政管理的职能设置总是在不断改革演变，以期在"越位"和"缺位"之间找到平衡点。

1. 水资源行政管理的影响因素

水资源管理活动和其他管理活动一样都不能孤立存在，它受到很多因素的影响，这些

影响因素不仅包括水资源行政管理系统内部的因素，也包括与水资源行政管理有关的外部环境因素。

系统内部的影响因素是指构成水资源行政管理系统的各要素的影响，主要包括：①水资源开发利用状况；②水资源行政组织结构；③可利用的管理手段。与之相对应的，系统的内部影响是指开展水资源行政管理活动时所受到的特定政治、经济、文化、历史传统等的影响和制约，主要包括：①法律制度；②经济发展水平和经济制度；③用水者素质和组织程度。

2. 水资源行政管理职能的内容及发展演变

结合水资源的特点，水资源行政管理职能主要如下：

(1) 保护水质和水生态系统。

(2) 水资源开发利用和保护规划。

(3) 水资源调查评价和信息发布。

(4) 控制和协调水量分配。

(5) 管理的法规和政策的制定。

(6) 防洪抗旱和大型水利工程的管理。

当然，除上述几项职能外，还有一些其他职能，如对公众进行教育和宣传、推广节水理念和技术、在发生特殊情况时应急处理等。随着各种内外因素的变化，水资源行政管理的职能也是不断发展演变的，新的职能会不断涌现，原有职能则会根据需要得到加强或不断弱化。总的趋势是宏观管理职能、服务职能、协调职能在加强，而直接涉及水资源开发利用经济活动的控制职能将逐渐转移到非政府组织和用户手中。如随着可转让水权制度的建立，政府直接进行水量分配的行为将减少；大型工程项目的管理体制则在经历市场化改革，资源调查评价等技术工作，越来越借助于大学、科研机构及其他非政府组织的力量。

二、水资源行政管理的组织结构

水资源行政管理的组织结构是指与水资源管理有关的政府机构设置及其相互关系，包括纵向、横向各种机构的职能、地位、权责、领导关系和运行机制。水资源行政管理的所有职能都要通过一定的组织来执行和完成，可以说，水资源行政管理的过程就是一种组织过程。组织结构设置是否科学合理，直接关系到水资源行政管理的效能高低。原则上说，水资源行政管理组织结构的设置应符合管理职能和管理环境的需要，做到事权划分清晰、责权明确。

1. 水资源行政管理组织结构的一般形式

组织结构是指，对于工作任务如何进行分工、分组和协调合作。组织结构是表明组织各部分排列顺序、空间位置、聚散状态、联系方式以及各要素之间相互关系的一种模式，是整个管理系统的“框架”。而水资源行政管理的组织结构概念与此相似，水资源行政管理组织结构设置的一个核心问题则是如何在集中管理和分散管理中进行选择。

(1) 中央与地方的集权、分权关系。集权与分权是权力和职能的纵向分配问题。在水资源行政管理中，各国通常都按照国家和地方两个层次设置管理组织。如何在中央和地方组织之间进行权责分配，如何处理中央集权与地方分权之间的关系，是水资源行政管理组织结构设置的一个根本性问题。

（2）国家级水资源行政管理组织结构。国家级水资源行政管理组织结构的设置，是权力和职能在不同部门间的横向分配和协调。通常国家级水资源行政管理组织结构分单部门管理和多部门管理两种形式。

单部门管理是指将几乎所有水资源行政管理职能集中到一个部门的组织管理形式。多部门管理是指将不同水资源行政管理职能分别授予不同管理部门的组织管理形式。多部门相对于单部门管理组织弹性大，有利于深入开展问题研究，而随之带来的缺点是由于部门众多，容易出现职权的交叉和利益冲突，不利于综合协调，造成管理低效。

（3）地方级水资源行政管理组织结构。地方水资源行政管理组织是各种水资源政策、规划的具体执行单位。地方组织结构是否合理，直接影响着水资源行政管理的效率。地方级水资源行政管理又可以分为两个层次，即流域（区域）层次和更低一级的市、县层次。

2. 水资源行政管理组织结构设置的新理念——集成化水资源管理

集成化水资源管理作为一种新的水资源管理思想，着力于辨析冲突，解决矛盾。由于其先进的思想被许多的国家所应用。

（1）集成化水资源管理的涵义。集成化水资源管理是指从学科角度出发，将法律和组织机制结合起来，使水资源的各个组成得到统一决策。其内涵包括：①水资源管理将不同物理属性的水资源、不同的水资源功能和不同的用水方式视为一个系统，追求系统整体的健康、持续运行；②集成化水资源管理承认水资源系统内不同要素之间的冲突，并以冲突的解决为主要目标；③集成化水资源管理解决冲突的途径是综合运用多种手段，设置有助于各利益相关方共同参与的组织平台，从决策层次、组织层次和系统控制层次对各方利益进行协调；④各要素、各子系统之间的信息沟通和信息公示是集成化水资源管理必不可少的条件。

（2）集成化水资源管理的优势。集成化水资源管理是在可持续发展理念深入发展的前提下提出的，为水资源管理注入了新的理念，主要表现为：①从水资源具有相互联系和制约的多层次、多子系统的特点出发，注重水资源系统整体的开发、保护和多功能性的实现，有利于水资源可持续利用；②通过协商方式致力于冲突解决的管理目标，能够改变以往各利益团体片面强调局部效益的局面，实现各方协同发展；③信息沟通和信息公示有助于资源节约和实施监督，从而提高管理效益和效率。

（3）集成化水资源管理对水资源行政组织设置的影响。在集成化水资源管理思想中，水资源系统可以分解为不同层次、不同级别、不同特征的若干子系统，各子系统独立的、内部的问题可以设置专门的机构分别解决，从而保留了分散管理灵活性、广泛性的优点。尽管还有一些缺陷，但随着制度的不断完善，必将在今后的水资源管理中发挥更大的作用。

第三节　我国水资源行政管理的现状和改革方向

目前我国形成了行政区域管理与流域管理、集中管理与分散管理、命令-控制手段与经济手段相结合的多目标、多层次的水资源行政管理体制。随着可持续发展理念的不断深入，社会经济的飞速发展，水资源供求关系和国内、国际环境的变化，我国水资源行政管理体制还需做进一步的完善。

一、我国水资源行政管理的现状

（一）组织结构和职能设置

我国现行水资源行政管理体系是中央集权与地方分权的结合。在中央，水利部作为国务院水行政主管部门集中了大部分水资源行政管理职权，其他相关部委则在各自职责范围内协助管理。在地方，流域组织和省（自治区、直辖市）人民政府水行政主管部门共同管理辖区内水资源，地方其他行政管理部门同样在各自职责范围内协助管理。流域组织属于事业单位性质，是水利部的派出单位，其下设的水资源保护局仍为水利部和国家环保总局双重领导。市、县水资源行政管理组织结构则与中央类似。

各部门的职责也相应地规定如下。

1. 水利部门

各级水利部门是我国水资源行政主管部门。水利部作为国务院水行政主管部门，根据《中华人民共和国水法》规定，负责全国水资源的统一管理工作，其职责主要包括：

（1）拟定水利工作的方针政策、发展战略和中长期规划，组织起草有关法律法规并监督实施。

（2）统一管理水资源（含空中水、地表水、地下水），组织拟定全国和跨省（自治区、直辖市）水长期供求计划、水量分配方案并监督实施，组织有关国民经济总体规划、城市规划及重大建设项目的水资源和防洪的论证工作，组织实施取水许可制度和水资源费征收制度，发布国家水资源公报，指导全国水文工作。

（3）拟定节约用水政策、编制节约用水规划，制定有关标准，组织、指导和监督节约用水工作。

（4）按照国家资源与环境保护的有关法律法规和标准，拟定水资源保护规划，组织水功能区的划分和向饮水区等水域排污的控制，监测江河湖库的水量、水质，审定水域纳污能力，提出限制排污总量的意见。

（5）组织、指导水政监察和水行政执法，协调并仲裁部门间和省（自治区、直辖市）间的水事纠纷。

2. 其他部门

中央和地方各级其他部门在各自职责范围内，协同管理水资源，其职责分别为：

（1）环保部门，在水资源行政管理中，各级环保部门是负责管理排放系统的关键部门，直接管理各排放口排放的质量与数量，国家环保总局的具体职责包括拟定国家环境保护的方针、政策、法规，制定行政规章；受国务院委托对重大经济和技术政策、发展规划以及重大经济开发计划进行环境影响评价；拟定国家环境保护规划；组织拟定和监督实施国家确定的重点区域、重点流域污染防治规划和生态保护规划；组织编制环境功能区划；拟定并组织实施水体的污染防治法规和规章；指导和协调各地方、各部门以及跨地区、跨流域的重大环境问题；组织和协调国家重点流域水污染防治工作；负责环境监理和环境保护行政稽查；组织开展全国环境保护执法检查活动，制定国家环境质量标准和污染物排放标准并按国家规定的程序发布；负责地方环境保护标准备案工作；审核城市总体规划中的环境保护内容；组织编报国家环境质量报告书；定期发布重点流域环境质量状况；制定和组织实施各项环境管理制度；按国家规定审定开发建设活动环境影响报告书；指导城乡环境综合整治，负责农村生态环境保护，指导全国生态示范区建设和生态农业建设。

（2）国土资源部门，依法管理水文地质监测、监督，防止地下水的过量开采与污染，保护地质环境。

（3）建设部门，指导城市供水节水，指导城市规划区内地下水的开发利用与保护，城市供水、排水以及污水处理厂的建设和运行也归地方政府的市政建设部门负责。

（4）农业部门指导渔业水域、宜农滩涂、宜农湿地的开发利用，负责保护渔业水域生态环境和水生野生动植物工作。

（5）交通部门，主要通过对航运的管理防止船舶污染。

（6）旅游部门，各级旅游部门通过对旅游配套设施（如宾馆、饭店）的管理和对游客的引导，对具有娱乐用途的水域进行保护。

（7）林业部门组织、协调全国湿地保护和有关国际公约的履约工作，组织、指导以植树种草等生物措施防治水土流失。

3. 流域组织

流域组织是水利部派出机构，在所管辖的范围内行使法律、行政法规规定的和水利部授予的水资源管理和监督职责。主要包括：①组织监督有关水事法律法规的实施；②制定流域的水开发战略；③组织水资源的监测、调查评价；④协调解决省际水事纠纷。组织监督本流域控制性水利工程或跨省水利工程的建设和管理。目前，我国已按七大流域设立了流域管理机构，有长江水利委员会、黄河水利委员会、海河水利委员会、淮河水利委员会、珠江水利委员会、松辽水利委员会、太湖流域管理局。七大江河湖泊的流域机构依照法律、行政法规的规定和水利部的授权在所管辖的范围内对水资源进行管理与监督。

（二）管理手段

管理手段大致可分为3种：①主要由水利部门执行的手段；②主要由环保部门执行的手段；③其他部门执行的手段。

在此补充讲解一下第3个手段，即其他协同管理水资源的部门，在各自职责范围内，同样可以通过用各种手段间接影响水资源的开发、利用和保护活动。如农业部门通过对化肥、农药使用的限制和引导，防治农业面源污染；财政、税务部门通过减税、信贷补贴等手段鼓励环境投资；水产部门划定水产养殖区域、限制捕鱼时间等以保护水生态环境。

二、我国水资源行政管理存在的问题

虽然修订后的《中华人民共和国水法》和《中华人民共和国水污染防治法》都对流域管理机构做出了一定的规定，但我国的流域管理制度还存在以下问题：

（1）从性质和法律地位来看，现有的7个流域水资源管理机构是水利部的派出机构，虽然拥有一定的行政职能，但其并不属于行政机构，而属于事业单位，地位较低，缺少较为独立的自主管理权，难以直接介入地方水资源开发活动利用与保护的管理。流域管理机构在人员管理上政事企不分，人员和编制混用，造成缺乏应有活力、人员结构不合理、负担沉重等问题，使得流域机构各级机关不能很好地承担起水行政管理和水资源统一管理的职责。除太湖流域管理局之外，其他流域管理机构名为委员会，但缺乏国外类似机构的协调功能，无法对各个分管部门的工作进行协调，仅能对水利部职权范围内所属的事项进行管理。

（2）鉴于水利部门与环境保护部门在水管理方面的职权存在一定程度的交叉重合，1983 年，水利部和当时的城乡建设环境保护部在流域管理机构下设立了水资源保护局，由水利部与国家环保局（环境保护部）双重领导。目前，国家环保总局和水利部对流域水资源保护局的职责和领导存在着很大的分歧，为此，中央机构编制委员会办公室建议中止流域水资源保护局的双重领导体制，由国家环保总局统管流域的环境保护。国内外的流域管理经验表明，很少发现在管理上能够取得成功的双重或多重领导的流域机构。

（3）流域管理机构与地方政府所属的水利、环境保护等部门在水行政管理方面的职权存在一定程度的重合和交叉，由于流域管理机构和地方政府部门代表的利益不同，很容易出现对相同问题的意见冲突，目前尚无解决机制。

《中华人民共和国水法》规定跨省、自治区、直辖市的其他江河、湖泊的流域综合规划和区域综合规划、水功能区划、水资源配置等属于流域管理的重大事项，流域管理机构并不能独立决策，而必须会同江河、湖泊所在地的省、自治区、直辖市人民政府水行政主管部门和有关部门共同决定，并报国务院水行政主管部门审核批准。

《中华人民共和国水污染防治法》第十五条规定：国务院环境保护主管部门会同国务院水行政主管部门和有关省、自治区、直辖市人民政府，可以根据国家确定的重要江河、湖泊流域水体的使用功能以及有关地区的经济、技术条件，确定该重要江河、湖泊流域的省界水体适用的水环境质量标准，报国务院批准后施行。可见，在流域水环境质量标准的制订过程中，地方政府可以参与进去，但流域管理机构却无从参与。

对于流域水污染防治规划的制订，《中华人民共和国水污染防治法》规定国家确定的重要江河、湖泊的流域水污染防治规划，由国务院环境保护主管部门会同国务院经济综合宏观调控、水行政等部门和有关省、自治区、直辖市人民政府编制，报国务院批准。

可见，无论是水资源还是水污染的监督管理，依然以传统的行政区域管理为主，流域管理机构所起的作用非常的有限。

三、我国水资源行政管理的改革方向

目前我国水资源行政管理的组织机构已比较完备，管理手段也逐渐多样；我国水资源行政管理的改革方向如下。

（一）以环境保护部门作为水环境与水资源综合管理的主管部门

水资源是水质、水量、水体、水生态等要素的结合体，这些要素互相关联，相互影响。因此，对水环境容量、水资源的开发利用，对水质、水量的保护以及对水体的改造和对水生态的维护必须结合起来，做出统一的规划和部署。传统的管理模式将水资源的各要素分开，由不同部门分别管理水质、水量等。而水环境与水资源实质上是一体的，水环境受到污染破坏必然影响水作为一种自然资源的开发和利用，同样在水资源的开发利用过程中也必然会造成对水环境的影响。同时，不同部门之间的利益争夺和冲突的存在对水资源的开发利用和保护都是极为不利的。

《中华人民共和国宪法》第九条规定："矿藏、水流、森林、山岭、草原、荒地、滩涂等自然资源，都属于国家所有，即全民所有"。《中华人民共和国物权法》第四十六条规定："矿藏、水流、海域属于国家所有。"可见，水是一种全民所有的公物，在实际的行政

管理中，有必要明确一个具体的政府部门作为水这种公物的主管部门，间接代表全民行使对水的所有权，统一管理水环境和水资源。

在当今世界，对水资源和水环境实行统一管理已经是一种普遍的趋势，法国水管理中起主要作用的政府部门是环境部，内设水利司，负责监督执行水法规、水政策；分析、监测水污染情况，制定与水有关的国家标准等。

在英国，环境、运输和区域部全面负责制定总的水政策以及涉及有关水的法律等宏观管理方面的事务，保护和改善水资源，最终裁定有关水事矛盾，监督取水许可制度的实施及执行情况等。荷兰水务局担负3方面的主要职能：①水量，包括地下水管理；②水质，包括水污染控制；③水调节，包括沙丘、堤坝、河道、水坝和水闸。韩国环境部下设流域环境办公室，水质管理局，对水按流域进行管理。这些国家的重要经验就是将开发利用水资源、保护水体不受污染置于一个部门的统一管理之下，这样做的好处是可以节约行政成本、提高行政效率，避免双重管理带来的弊端。

2008年3月，第十一届全国人民代表大会第一次会议通过了国务院机构改革方案，在这次改革中，国家环保总局被改为环境保护部。我国目前的行政体制改革方向是探索实行职能有机统一的大部门体制，环境保护部的职能与原国家环保总局相比应该得到进一步的增加。水行政管理中遇到的很多问题都是系统性的、整体性的，比如湿地保护、水体的富营养化这些问题涵盖了传统的环境、资源、生态问题，都是比较复杂的，不可能仅靠对水污染进行治理得到解决，由环境保护部门来管理显然比水利部门管理更为合适。因此，笔者建议在中央一级，将环境保护部污染控制司水环境管理处、饮用水源保护处、重点流域环境保护处及水利部水资源管理司合并为环境保护部水务司或者由环境保护部代管的国家水务局，对内陆地区的地表水与地下水实施统一管理。在地方，将各级人民政府的水行政主管部门的水资源管理机构、建设部门的城市污水处理机构，划归给环境保护主管部门。

（二）建立完善统管部门与分管部门之间的协调机制

中国环境与资源行政管理中职能重叠或虚置、决策不协调或不联合的状况，已经基本被认同为其是环境与资源法律实施的最大的障碍之一。

我国现行的水行政管理体制可以被认为是一种相对分散的管理模式。相对分散又称为协同管理，指专门的环境管理机关同其他享有环境管理权限的机构共同分享环境管理权限，专门的环境管理机构和其他机构地位平等或低于其他机构。

将分管部门的职能最大限度的收归环境保护部门，将相对分散的管理模式改变为绝对集中管理模式当然可以使行政效率得到提高，但这种完全破除现有制度的做法是不现实的，比较现实的做法是将现有的相对分散管理模式变为相对集中管理模式，建立一个水务方面的议事协调机构如水务委员会，由环境保护部门与分管部门参加，定期举行联席会议，联席会议由环境保护部门主持召开，办事机构设在环境保护部门之下，统一解决水务管理中出现的问题。同时在《中华人民共和国水污染防治法》和《中华人民共和国水法》中以立法的方式对这个协调机构的职能地位予以规定。

（三）加强流域管理机构的职能

将现有的流域管理机构从事业单位升格为环境保护部的派出机构，作为代表国家对水资源行使所有权的主体，全面负责本流域的水资源分配、水资源开发利用、水环境管理工作。为加强流域管理机构的统一管理，应在相关法律中增加规定区域管理机构的水环境功能区划、水资源保护规划、水污染防治规划，不能同流域管理机构制订的同类规划抵触。同时，要注意到我国幅员辽阔，各地水资源与水环境的自然状况差别较大，存在的问题具有各自的特殊性，流域管理机构要注意协调各省、自治区、直辖市相关区域管理机构的工作，调动地方政府参与水行政管理工作的积极性。

建立水环境与水资源的综合管理体制，应将水利部保护水资源和管理开发水利资源的职能分离出来，合并环境保护部门和水利部门的监测网络，增强流域管理机构的职能，建立水务的统管部门与分管部门的协调制度，从而实现水环境与水资源的统一管理。

（四）加快水行政管理职能转变

2014年水利部发布的《水利部关于深化水利改革的指导意见》中把加快水行政管理职能转变作为十大改革方面之一，其改革内容主要包括4个方面：①大幅度减少水行政审批事项；②合理分划中央与地方水利事权；③创新水利公共服务提供方式；④稳步推进水利事业单位和社团改革。

此外，2015年9月，水利部出台的《关于全面加强依法治水管水的实施意见》中也提出，要依法履行行政职能，依法推进水利建设，依法加强水资源管理，依法强化其他水利管理，依法深化水利改革，完善水行政执法体制，加大水行政执法力度，健全水事矛盾纠纷防范化解机制，构建高效的水法治实施体系。在依法履行行政职能方面，强调了要加快转变行政职能，推进简政放权，建立完善行政许可、行政处罚、行政强制、行政收费等权力清单和责任清单，规范自由裁量权，认真做好取消行政审批事项的落实工作，加强事中事后监管，对保留的行政审批事项全面实行"一个窗口"对外统一受理制度，积极推进网上审批，同时加强对行政审批行为和水利行业中介服务监管。

第四节　水资源行政管理的手段

水资源行政管理的手段是履行水资源行政管理职能、实现水资源行政管理目标、发挥水资源行政管理实际效力的必要条件，是水资源行政管理组织与被管理对象之间的作用纽带。在研究水资源行政管理手段时，首先应明确的是行政管理手段与行政手段的区别。行政手段是行政管理手段的一种，但不代表全部，行政管理手段还包括经济手段、法律手段、宣传教育手段等多种形式。一定的水资源行政管理职能会有与之相适应的最有效的管理手段，经济水平和科学技术的发展也会带来管理手段的改革和创新。

一、水资源行政管理手段的类型

水资源行政管理的手段可以分为命令-控制手段和经济手段两大类。

1. 命令-控制手段

命令-控制手段又称管制手段，实际上是法律手段和行政手段的结合使用，指水资源行政管理组织利用法律赋予的行政权力，以行政命令或法规条例的形式对各种水资源活动进行直接干预，将行为主体、行为方式、产生后果等限制在一定的时间、空间范围内或一定的标准之内。命令-控制手段运用的前提是行政组织拥有法定的权力，其特点是强制性，被管理者必须服从命令，否则就要受到行政处罚。命令-控制手段主要包括计划、许可、禁止、制定标准、审查登记等形式。

2. 经济手段

经济手段是指水资源行政管理组织利用价格、税收、产权等经济杠杆对各种与水资源相关的活动产生间接的激励或限制，实现预定的行政管理目标。经济手段的核心思想是通过修正或新建市场机制来实现水资源可持续利用，作用途径是通过改变被管理者行为的成本或收益，实现水资源开发利用中的外部性内部化。通常经济手段可以分为"调节市场"和"建立市场"两大类。调节市场是指由政府给外部不经济性确定一个合理的负价格，由外部不经济性的制造者承担全部外部费用，最先提出这一思想的是英国经济学家庇古，因此又称为庇古手段（马中，等，1999）。建立市场则是指通过明晰水资源产权、发放可交易的许可证，建立一个能够进行水资源买卖的场所，利用市场机制来解决水资源问题，它以"科斯定理"为理论基础，因此又被称为科斯手段。

二、不同类型水资源行政管理手段的比较

不同类型的行政管理手段作用条件和作用方式不同，作用效果也存在差异，其主要包括命令-控制手段与经济手段的比较以及经济手段中利用市场型与建立市场型手段的比较。前者包括有：适用范围、管理成本、作用效果、执行弹性的差异。后者又包括：政府作用方式不同、管理成本不同、政府获利水平不同。

三、水资源行政管理手段的选择和执行

各种水资源行政管理手段都有其独特的功能、作用和适用范围，共同构成了水资源行政管理手段的选择空间。不同国家会根据本国水资源开发利用活动的特性、技术进步、经济发展水平、制度安排等内、外部条件来选择适合的管理手段组合。在管理手段确定后，还要依靠有效的执行来保证这些手段在实际管理活动中充分发挥作用。

（1）选择水资源行政管理手段的原则，主要有一致性原则、最优性原则、公平性原则。

（2）水资源行政管理手段的执行过程：在选择和执行水资源行政管理手段时，必须给予外部环境（包括经济发展水平、政治制度、历史文化传承等）相当的关注。具体的执行过程涉及三个要素，即作为执行主体的水资源行政管理组织、作为被管理对象的水资源利益相关方及其活动和作为二者之间作用纽带的水资源行政管理手段；其中水资源行政管理组织和管理手段是影响水资源行政管理效率的两个重要方面，各国都是从这两个方面入手进行改革，以使水资源行政管理适应不断变化的形势，解决新出现的水资源问题。比较而言，管理组织的重新调整涉及职权、利益的重新分配，影响面广，受到的阻力也大，改革成本较高，而管理手段尤其是经济手段的调整则相对容易一些。此外，信息的沟通、交流是保证水资源行政管理手段顺利执行的重要条件：不仅包括管理组织与被管理者之间的信息传达与反馈，还包括管理组织之间的协调，以及被管理对象之间的自我组织和管理。

第五节　水资源行政管理的监督机制

水资源行政管理监督是对水资源行政管理组织和行政人员的行政管理活动所实施的监

督和控制，是水资源行政管理的重要组成部分。有效的监督能够防止水资源行政权力的滥用和腐化，保证水资源行政管理职能和目标的顺利实现，防止目标变形和走样。监督还兼有信息反馈的任务，有利于根据不断变化的客观实际对行政管理活动进行修正。水资源行政管理的监督一般可以分为系统内部监督和系统外部监督两方面。

一、水资源行政管理系统内部的监督

水资源行政管理系统内部的监督是水资源行政管理组织自身作为监督主体，对其各个组成部分的水资源行政管理活动的控制过程。

1. 内部监督的特点和作用

内部监督最大的特点是，它是水资源行政管理的一种自我调节机制，是行政权力主体自我控制、自我调节的手段，监督主体对监督客体存在一定的依附关系。这使得内部监督的作用受到很大的局限。因为水资源行政管理具有较强的特权性和封闭性，一般难以自发地进行自我反省，其公正性也难免受到怀疑。尤其在民主法制尚不完善的时期，内部监督的作用有限，在现实中不乏监督效率低下的事例。但内部监督也有其独到的优点和长处，即行政管理组织上下级之间可以通过命令、巡视、绩效评估、责任追究等手段使监督收到及时、果断、迅速的效果。

2. 内部监督的基本形式

我们可以将水资源行政管理的内部监督分为两种形式，即一般性监督和专职监督。一般性监督是指水资源行政管理组织、人员之间由于职责、权力的设置和分工而自然形成的相互制衡关系，包括上下级之间发生的纵向监督和同一级别不同部门之间的横向监督。一般性监督没有特定的指向，是在水资源行政管理组织正常的隶属关系、工作关系和业务范围内对日常工作所进行的监督，这是水资源行政管理监督中最基本、最普遍的形式。

专职监督则是指由政府专设的监督机构，根据特殊授权而对其他水资源行政管理组织和人员实施的监督，如我国设立的监察部驻水利部监察局、地方水利局的监察处等。专职监督的监督职责和目标通常比较明确，主要是监督检查水资源行政管理组织和人员执行国家法律、法规、政策、决议的情况，调查处理监察对象违法、违纪行为及受理不服处分的申诉，接待受理信访举报等。

3. 内部监督的实施条件

作为水资源行政管理的一种自律机制，内部监督的有效执行需要具备以下条件。

（1）通过科学设置组织结构和合理分配职权，实现内部权力制衡。水资源行政管理是一个涉及范围广、职权多样的复杂系统。通过将不同职权分配到不同组织部门，可以使部门间形成均衡制约的局面，促进系统内部自我约束机制的正常运作。但这种组织结构和职权分配体系应科学、合理、适度，不能因追求内部制衡而影响了行政管理的效率。权利制衡的目的不在于束缚权力，而在于追求权力行使的合法性、合理性和高效性。

（2）专职监督机构应具有一定的独立性。专职监督机构的职责和目标与其他行政机构有着明显的区别。在水资源行政管理监督活动中，专职监督机构是主体，而其他行政机构是客体。因此，专职监督机构不应作为同级其他水资源行政管理机构的附属出现，而应建立以独立的、垂直领导为主的体制，以保证监督活动的权威性，不受或少受监督客体的干扰。

（3）完善、严格的法律、法规和制度。水资源行政管理是依法进行的管理活动，相应地，水资源行政管理监督也应依法进行。水资源行政管理监督的权威性需要法律授予，其工作内容、程序、方法、纪律也应在相关法律、法规和制度中有明确的、严格的规定。法制化是内部监督有效实施的保障。

二、水资源行政管理系统外部的监督

水资源行政管理系统外部的监督是水资源行政管理组织以外的权力主体，为保证水资源行政管理活动的合法性、合理性和社会效益而对水资源行政管理组织、人员和管理活动进行的监督。与内部监督不同，外部监督系统与被监督者之间不存在直接的依附关系，因而有利于监督活动的客观和公正。

（一）外部监督的基本形式

按照实施外部监督的权力主体的不同，可以将外部监督分为国家权力的监督和社会权力的监督两种基本形式。

国家权力的监督是除行政机关以外的立法机关、司法机关对水资源行政管理的监督。其核心问题是依法监督，即通过国家法律制度的制定和运用，来制约和督促水资源行政管理部门、人员依法进行水资源管理。

社会权力的监督则是指除国家机关以外的社会组织、团体、用水户以及舆论等社会行为主体，依据法定权力，必要时经过法定程序对水资源行政管理的监督，即通常所说的公众参与。一切水资源行政管理的职能和目标最终都是通过被管理者的实践来体现的。公众参与是水资源管理民主化、多元化的体现，有利于增强政府与公众之间的理解，减少各种水资源管理政策、手段在执行过程中的阻力。

（二）水资源行政管理中的公众参与

1. 公众参与的条件

公众参与水资源行政管理是一个公众与政府、管理客体与管理主体互动的过程，需要具备一些基本条件。

（1）增强公众参与的意识。公众参与意识与公众的资源环境意识密切联系。公众对水资源的价值、稀缺性越了解，水资源保护意识越强，其参与水资源行政管理、监督的意识就越强。公众参与意识的增强离不开政府的宣传和教育。

（2）提高公众自身的参与能力。有了参与意识后，还应具备一定的参与管理和监督的能力。包括公众对相关法律、科学、技能、文化等的掌握程度，用水者的组织程度、自我管理能力等。公众参与能力的提高受社会经济发展水平、政治体制、公民受教育程度等的影响。

（3）保障公众参与的权利：①公众参与的权利应得到法律的认可，属于法定的权利；②应有完善的信息公开机制，提高水资源行政管理的透明度，保证公众能够及时、准确地掌握有关水资源和水资源行政管理方面的信息；③建立有效的沟通和意见采纳渠道，以免公众参与流于形式。

2. 公众参与的方式

许多国家在水资源行政管理改革过程中对公众参与给予了越来越多的重视，并在实践中找到了一些有效的公众参与方式。

（1）建立用水户协会。20世纪初荷兰等西欧国家开始建立用水户协会参与水资源管理，随后，越来越多的国家接受了这一方式，并使其法制化。目前，用水户协会已成为最常见的公众参与水资源行政管理的方式。

用水户协会一般由三方代表组成：各类用水户，以用水大户为主，适当吸收小户代表；政府代表，以当地政府代表为主，适当吸收上下游地区同级政府代表；群众团体，如地区工商业联合会、行业协会、中介机构等。用水户协会通常实行投票制，一人一票，为利益相关者公开、公平、公正地提供发表意见的机会。用水户协会的运作力求规范化，应制定财务、议事和建议等工作细则，明确代表的义务和权力。

建立用水户协会，增加用水者之间、用水者与政府管理者之间的沟通和了解，提高用水者的组织化程度，便于用水者意见和需求的反映，有利于用水者对水资源行政管理的参与和监督。建立用水户协会后，一些局部性的、非公益性的问题可以移交给用水户自行管理，有助于水资源行政管理职能、组织的精简，节约管理成本。

（2）成立专家咨询委员会。专家咨询委员会能够有效地弥补用水者专业知识不足、对自身以外问题（如生态用水）考虑不够以及意见分散等方面的缺陷。专家应来自经济、社会、管理、水文学、生态学、地质学、高新技术等各个方面，力求涵盖学科全面。专家咨询委员会的作用主要是：依法对各级水资源行政主管部门进行政策咨询；审议用水户协会提出的意见和建议并提出自己的意见；协助各级水资源行政主管部门协调用水户协会；根据各级水资源行政主管部门的要求进行专题调查等。

（3）听证制度和预警制度。听证制度是世界上大多数国家行政程序法中确立的一项基本制度。在水资源行政管理中，听证制度可以使公众及时、准确地了解相关信息并做出反馈，对于水资源行政管理的监督有良好的效果。听证会代表应尽可能覆盖所有利益相关者。预警制度是指国家制定的与公民权利和利益息息相关的政策、法规，自发布之日起，应当经过一段时期的公告、宣传后才能生效。预警制度也是保障公民知情权、促进公众参与和实现政府信息公开的重要途径。

（4）其他方式。如社会调查、大众传媒发布信息等，也是有效的、常见的公众参与方式。

总之为了有效开发利用水资源，协调不同地区、部门和各用水户之间的关系，使经济社会发展和水资源承载能力相适应，需要水行政主管部门发挥其行政机构的权威，采取强有力行政管理手段，制定计划、控制指标和任务，发布具有强制性的命令、条例和管理办法，来规范水事行为，保证水资源管理目标的实现。当然随着我国政治、经济体制的改革，我国水资源管理体制必将不断地走向完善。

本 章 小 结

本章把行政管理方法用在水资源的管理中，介绍了水资源行政管理的职能和水资源行政管理的组织结构。就目前而言，我国的水资源管理体制已初具雏形，但是随着可持续发展理念的不断深入，社会经济的飞速发展，水资源供求关系和国内、国际环境的变化，我国水资源行政管理体制还需做进一步的完善，以环境保护部门作为水环境与水资源综合管理的主管部门、建立完善统管部门与分管部门之间的协调机制、加强流域管理机构的职能方面都需进一步加强。此外，为履行水资源行政管理职能，一定要按原则来选择水资源行政管理手段，在执行过程中必须给予外部环境相当的关注。同时，水资源行政管理系统内部和外部的监督都必须落到实处，保证水资源管理目标的实现。

参 考 文 献

［1］　于万春，姜世强，贺如泓．水资源管理概论［M］．北京：化学工业出版社，2007.

［2］　姜文来，唐曲，雷波，等．水资源管理学导论［M］．北京：化学工业出版社，2005.

［3］　崔秀杰．水资源行政管理改革探讨［J］．人民珠江，2003（3）：1-4.

［4］　李世谦，粟百峰．浅析如何改革水资源行政管理［J］．陕西建筑，2012（9）：66-67.

［5］　柴继琢．试论如何改革水资源行政管理［J］．农业科技与信息，2008（12）：14-15.

［6］　郭普东．论我国水环境与水资源行政管理体制的改革［J］．黑龙江省政法管理干部学院学报，2009（1）：130-132.

［7］　张绍军．实践最严格水资源管理制度的探索［J］．水利技术监督，2013，21（5）：23-26.

［8］　宋钦南．关于加强水资源保护监督管理的探讨［J］．黑龙江科技信息，2014（12）：137

［9］　吴红蓝．水质监测质量控制措施探讨［J］．山西水利，2011，27（11）：34-35.

［10］　黄蕊．黄河流域水资源行政与法律管理研究［D］．咸阳：西北农林科技大学，2013.

［11］　乔西观．黑河流域实施水资源统一调度［R］．中国水利发展报告，2005.

［12］　叶亚妮，施宏伟．国外流域水资源管理模式演进及对我国的借鉴意义［J］．西安石油大学学报：社会科学版，2007，16（2）：11-16.

［13］　崔金星．流域水资源统一管理立法问题研究［J］．水利发展研究，2005，5（2）：26-28.

［14］　彭学军．流域管理与行政区域管理相结合的水资源管理体制研究［D］．济南：山东大学，2006.

［15］　钱冬．我国水资源流域行政管理体制研究［D］．昆明：昆明理工大学，2007.

思 考 题

1. 水资源行政管理的职能是什么？请简述水资源管理的组织结构。

2. 请简述我国水资源行政管理的现状。

3. 我国水资源行政管理存在的问题有哪些？并结合这些问题，谈谈我国水资源行政管理今后的改革方向。

4. 水资源行政管理的类型有哪些？

5. 水资源行政管理手段该如何选择和执行？

6. 水资源行政管理的监督可分为哪两个方面？

7. 内部监督有何特点？有何作用？有哪些基本形式？实施条件又是什么？

8. 外部监督有哪些基本形式？

实 践 训 练 题

1. 水资源行政管理主要内容研究。

2. 地区（流域）水资源行政管理内容分析。

3. 水资源行政管理目的及特性研究。

4. 水资源行政管理体系研究。

5. 水资源行政管理措施分析。

6. 水资源行政管理效果分析。

7. 水资源行政管理模式分析。

8. 新形势对水资源行政管理的要求。

9. 地区（流域）水资源行政管理的关键措施研究。

第十章 水资源工程管理

水资源工程管理指的是为了发挥和维持水资源工程的特定功能而对其进行的一系列管理活动。它在水资源工程成功兴建与运行方面具有极其重大的意义，是实现水资源工程综合效益的前提，也是实现水资源可持续利用战略目标的重要保证。如图 10-1 所示，本章将先介绍水资源工程的分类和水资源工程管理的意义，明确水资源工程管理的目标与原则，分析我国水资源工程管理的现状与体制改革，然后介绍我国水资源工程建设管理的体制与制度，以及我国水资源工程产权界定和管理。

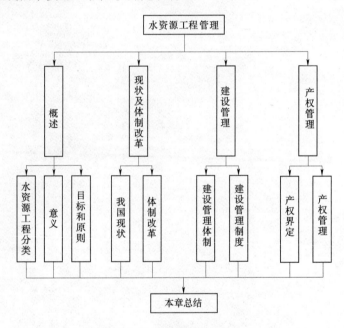

图 10-1 本章思路结构框架图

第一节 水资源工程管理概述

一、水资源工程分类

水资源工程是指人类为了特定的水资源利用或保护目的而修建的工程设施，通过这些工程设施建设对水资源时空分布进行调节、控制。它属于国民经济的基础设施和基础产业，对国民经济的发展起着巨大的促进作用。

根据工程承担的任务和收益状况，水资源工程一般分为纯公益性工程、准公益性工程以及经营性工程。

（1）纯公益性工程。所谓纯公益性工程就是指水资源工程的建设不以盈利为目的，纯粹用于公益事业。这类工程包括承担防洪、排涝等任务的工程以及水土保持、水环境保护等水资源工程，一般由国家投资兴建并管理。

（2）准公益性工程。这类工程既承担一部分公益事业，又具有经营性功能。我国大多数水利枢纽工程均属于这类工程，如"三峡工程"既具有防止长江中下游洪灾等公益性功能，又具有供水发电等经营性功能。这类工程的管理机制大多采用"委托-代理"机制。国家成立专门的管理机构或委托一定机构负责工程的经营管理，工程管理单位同时负责工程的公益性功能的发挥。在政策上，国家通常在某些环节对工程的经营管理给予适当优惠政策，如果工程运行的净收益能够维持公益性功能的实现（如防洪设施维护、运行管理成本等），政府不对其补贴；如果其经营性收入不能维持公益性工程的运行，政府则需要从财政上予以补贴。

（3）经营性工程。这类工程主要指提供生活、生产输水、供水功能以及水力发电功能等经营性工程。《水利产业政策》规定："经营性工程，建设资金主要通过非财政性的资金渠道筹集。"工程实行"项目法人责任制和资本金制度"。经营性工程的筹资者具有使用、经营、管理和收益的权利。

二、水资源工程管理的意义

水资源工程管理，顾名思义，就是指为了发挥和维持水资源工程的特定功能而对其进行的一系列管理活动，包括水资源工程的法律管理、规划和建设管理、权属管理以及经营活动管理等活动。毫无疑问，水资源工程管理是具有其重要意义的。

（1）水资源工程管理是水资源工程成功兴建、顺利运行的重要保证，是实现水资源工程综合效益的根本前提。水资源工程的兴建不仅会对建设区域内的社会、经济和生态环境产生较大的影响，从长远来看，水资源工程的影响范围还会辐射到更广泛的地域。同时水资源工程修建过程中所涉及的诸如移民、生态环境保护等众多问题也是复杂的，任何一个水资源工程的修建和运行除了考虑其工程技术等因素之外，还必须考虑更多的因素，这些因素涉及社会、经济和生态环境各个方面。为了确保水资源工程的兴建和运行能够达到预定的目的，国家相关决策机构和管理机构通过制定相关法律规定，从规章制度方面规范了水资源工程建设和运行的管理程序和内容。《水资源工程建设管理项目》明确规定，水资源工程建设程序一般分为项目建议书、可行性研究报告、初步设计、施工准备（包括招标设计）、建设实施、生产准备、竣工验收、后评价等阶段。同时，水资源工程管理还包括对工程的权属管理、经营活动管理等管理活动，这些水资源工程管理活动的实施确保了水资源工程从立项到修建再到运行能够按照正确的设计方案实施，也确保了水资源工程能实现其预定的功能和效益，发挥其基础设施的地位和作用。

（2）水资源工程管理是实现传统的工程水利向新型的资源水利转变的前提条件，是实现水资源可持续利用战略目标的重要保证。传统的观点认为水是"取之不尽，用之不竭"的资源，依据这一观点，传统的工程水利的指导思想是"最大限度地开发利用水资源"。受这一思想的引导和制约，在以往的水资源工程建设中，经营性水资源工程往往只注重如何利用水；而公益性水资源工程的建设则只注重如何控制水。这些水资源工程的建设只是从工程技术角度来考虑水的开发利用，其结果是有可能对水资源系统甚至生态环境系统造成较大的负面影响。我国华北广大地区造成今天这种水资源短缺局面与以往的水资源工程建设有着很大的联系。随着正确的水资源观点确定，人类开始认识到水资源是宝贵的资源资产，对水资源的开发利用不再毫无节制，必须遵循"可持续发展"的原则。因此，水资源工程的建设和运行也必须遵循"可持续发展"的原则，实现传统的工程水利向现代水利的战略转变。水资源工程管理也必须本着这一原则，确保水资源工程的建设，实现开发利用水资源和保护水资源并重的双重目标。

（3）做好水资源工程管理活动对于确保国有资产保值增值具有重要作用。我国的大多数水资源工程由国家投资修建，属于国有资产，做好水资源工程的经营管理对于发挥水资源工程各项功能、实现水资源工程综合效益起着重要作用，对确保国有资产保值增值具有十分重要意义。

（4）做好水资源工程管理活动对于促进我国国民经济健康持续发展具有十分重要意义。新中国成立以来，国家一直十分重视水资源工程建设，持续不断地投入巨资新建各类水资源工程。水资源工程建设发挥了防洪、除涝、灌溉、供水、发电、航运、渔业、改善生态环境等综合效益。同时，通过投资兴建水资源工程带动了建材、运输、建筑、环保、服务产业等相关行业的发展，并带动了就业问题、农村致富、地区经济发展等社会问题的解决。以水资源工程建设和运行为中心的水利产业已经成为我国国民经济发展的基础产业，在国民经济的构成中占据着重要的地位。做好水资源工程管理活动对于发挥水利产业的基础产业地位和作用十分关键，对于促进国民经济健康持续发展具有十分重要的意义。

三、水资源工程管理的目标和原则

1. 水资源工程管理的目标

（1）促进水资源工程的建设和运营，实现"工程水利向现代水利"的转变、粗放型向集约型的转化、从适应计划经济到适应市场经济转变，建立并完善适应这三个转变的现代化水资源工程管理体系和运行机制。

（2）促进水资源工程产权改革，实现水资源工程所有权、使用权和经营开发权的适当分离，实现按照现代企业制度管理和经营水资源工程，建立职能清晰、权责明确的水资源工程管理体制。

（3）规范水资源工程建设和运营的各项活动，确保水资源工程从立项到建设再到运营按照规范化进行，完善水资源工程管理的法制体系。

（4）实现水资源工程的预定功能，发挥水资源工程综合效益，促进水资源工程开发、利用和保护水资源并重的目标。

2. 水资源工程管理的基本原则

（1）坚持可持续发展原则。为了完成水资源工程由工程水利向现代水利的转变，水资源工程的管理必须以可持续发展思想为其基本指导原则，充分考虑水资源工程的经济效益、社会效益和生态环境效益及其综合效益，实现利用和保护水资源的双重目标。

（2）坚持社会效益、经济效益和生态效益相结合的原则。无论是经营性水资源工程还是公益性水资源工程，发挥水资源工程功能实现其效益是管理活动的首要任务。水资源工程管理的根本任务就是通过对水资源工程的运营管理发挥水资源工程 3 大效益及其综合效益。

（3）坚持市场化原则。现代化的管理理念以市场为导向。水资源工程的建设和运行要实现由计划经济向市场经济的转变就必须面对市场的挑战，以现代化管理理念进行管理。为了完成这一转变就必须将水资源工程管理推向市场，以公司化的经营理念管理水资源工程，以市场化运作方式实现水资源工程的投资兴建、市场经营等活动。

（4）坚持法制化、规范化管理原则。依法治水是确保实现水资源工程可持续发展的根本所在。完善的水利法制体系是实现水资源工程建设和运营市场化的根本保证，也是水资源工程适应社会主义市场经济的基本要求。水资源工程管理活动必须坚持法制化、规范化管理的原则。

第二节　我国水资源工程管理现状及其体制改革

一、我国水资源工程管理现状

经过多年的探索和实践，我国已经初步实现了从粗放型向集约型、从适应计划经济到适应市场经济的转变，建立和健全了现代化水资源工程管理体系，使我国水资源工程管理逐步向法制化、规范化、科学化和现代化轨道迈进。

在管理体系方面，建立了从中央到地方分级负责的管理体制，并分为水行政主管部门及业务管理部门两个体系。各体系的上级部门负责组织和指导下级部门的有关工作，业务管理部门受同级水行政主管部门领导或授权行使有关水资源工程管理职能。水行政主管部门主要从事宏观及方针政策和法规方面的管理，而具体业务管理则由同级的业务管理部门负责。

在水资源法规管理方面，先后颁布《中华人民共和国水法》《中华人民共和国水土保持法》《中华人民共和国防洪法》《中华人民共和国水污染防治法》4部基本水法律，并围绕这4部基本《水法》颁布和制定了多项水资源工程管理的法规条例，初步形成了水利产业法规体系。

在水政策法规方面，近年来颁布制定了《水利产业政策》《水库大坝安全鉴定办法》《水资源工程供水价格管理办法》等多项水利法规政策；水资源工程管理方面，先后颁布制定了《水资源工程建设项目施工招标投标管理规定》《水利水电工程项目建议书编制暂行规定》《水资源工程质量监督管理规定》《水资源工程建设程序管理暂行规定》等规章条例。

虽然我们已经建立起了一个比较健全的水利管理体制，但是许多问题依然存在，亟待我们去解决。

（1）水资源工程管理体制不顺，"多龙管水"的体制尚未理顺，水资源工程投资、建设、经营和管理的责、权、利关系不清。

（2）水资源工程管理单位机制不活，水管单位政企不分、政事不分。水资源工程主管部门集水资源工程所有权代表，水资源工程经营权、管理权和水行政主管部门于一体。

（3）只重视工程建设而忽视管理造成水资源工程管理落后于建设需要。管理手段落后，技术水平低反过来又影响水资源工程建设质量。

（4）水资源工程运行管理和维修养护经费不足，供水价格形成机制不合理。

二、我国水资源工程管理体制改革

2002 年，国务院办公厅转发了国务院经济体制改革办公室《关于水资源工程管理体制改革实施意见》，确定了水资源工程管理体制改革的目标、原则、主要内容和措施。

1. 改革目标

力争在 3～5 年内，初步建立符合我国国情、水情和社会主义市场经济要求的水资源工程管理体制和运行机制，通过改革建立职能清晰、权责明确的水资源工程管理体制；管理科学、经营规范的水管单位运行机制；市场化、专业化和社会化的水资源工程维修养护体系；建立合理的水价形成机制和有效的水费计收方式；建立规范的资金投入、使用、管理与监督机制；建立较为完善的政策、法律支撑体系。

2. 改革原则

（1）正确处理水资源工程的社会效益与经济效益的关系。既要确保水资源工程社会效益的充分发挥，又要引入市场竞争机制，降低水资源工程的运行管理成本，提高管理水平和经济效益。

（2）正确处理水资源工程建设与管理的关系。既要重视水资源工程建设，又要重视水资源工程管理，在加强工程建设投资的同时加大工程管理的投入，从根本上解决"重建轻管"问题。

（3）正确处理责、权、利的关系。既要明确政府各有关部门和水管单位的权利和责任，又要在水管单位内部建立有效的约束和激励机制，使管理责任、工作效绩和职工的切身利益紧密挂钩。

（4）正确处理改革、发展与稳定的关系。既要从水利行业的实际出发，大胆探索，勇于创新，又要积极稳妥，充分考虑各方面的承受能力，把握好改革的时机与步骤，确保改革顺利进行。

（5）正确处理近期目标与长远发展的关系。既要努力实现水管体制改革的近期目标，又要确保新的管理体制有利于水资源的可持续利用和生态环境的协调发展。

3. 主要内容和实施措施

（1）建立职能清晰、权责明确的管理体制。严格确定各级水行政主管单位的权力和职责，对国民经济有重大影响的水资源综合利用及跨流域引水等水资源工程原则上由国务院水行政主管部门负责管理；流域内、跨省（自治区、直辖市）的骨干水资源工程原则上由流域机构负责管理；省（自治区、直辖市）内，跨行政区的水资源工程原则上由上一级水行政主管部门负责管理；同一行政区划内的水资源工程由当地水行政主管部门负责管理。全面实行建设项目法人责任制、招标投标制和工程监理制，落实工程质量终身责任制，确保工程质量。实现新建水资源工程建设与管理的有机结合。在制定建设方案的同时制定管理方案，核算管理成本，明确工程的管理体制、管理机构和运行管理经费来源，对没有管理方案的工程不予立项。要在工程建设过程中将管理设施与主体工程同步实施，管理设施不健全的工程不予验收。小型农村水资源工程要明晰所有权，探索建立以各种形式农村用水合作组织为主的管理体制，因地制宜，采用承包、租赁、拍卖、股份合作等灵活多样的经营方式和运行机制。

（2）建立管理科学、经营规范的现代化运行机制。根据水资源工程管理单位承担的任务和收益状况，将现有水管单位分为三类：第一类是指承担防洪、排涝等水资源工程管理运行维护任务的水管单位，称为纯公益性水管单位，定性为事业单位的性质；第二类是指承担既有防洪、排涝等公益性任务，又有供水、水力发电等经营性功能的水资源工程管理运行维护任务的水管单位，称为准公益性水管单位，准公益性水管单位依其经营收益情况确定性质，不具备自收自支条件的定性为事业单位，具备自收自支条件的定性为企业，目前已转制为企业的，维持企业性质不变；第三类是指承担城市供水、水力发电等水资源工程管理运行维护任务的水管单位，称为经营性水管单位，定性为企业。根据水管单位的性质和特点，分类推进人事、劳动、工资等内部制度改革。事业性质的水管单位仍执行国家统一的事业单位工资制度，同时鼓励在国家政策指导下探索符合市场经济规则、灵活多样的分配机制，把职工收入与工作责任和绩效紧密结合起来。企业性质的水管单位，要按照产权清晰、权责明确、政企分开、管理科学的原则建立现代企业制度，构建有效的法人治理结构，做到自主经营，自我约束，自负盈亏，自我发展。

（3）建立市场化、专业化和社会化的水资源工程维修养护体系。积极推行水资源工程管养分离，精简管理机构，提高养护水平，降低运行成本。在对水管单位科学定岗和核定管理人员编制基础上，将水资源工程维修养护业务和养护人员从水管单位剥离出来，独立或联合组建专业化的养护企业，以后逐步通过招标方式择优确定维修养护企业。为确保水资源工程管养分离的顺利实施，各级财政部门应保证经核定的水资源工程维修养护资金足额到位；国务院水行政主管部门要尽快制定水资源工程维修养护企业的资质标准；各级政府和水行政主管部门及有关部门应当努力创造条件，培育维修养护市场主体，规范维修养护市场环境。

（4）建立合理的水价形成机制和有效的水费计收方式，理顺水价，强化水费计收管理。水价形成机制方面：水资源工程供水水费为经营性收费，供水价格要按照补偿成本、合理收益、节约用水、公平负担的原则核定，对农业用水和非农业用水要区别对待，分类定价；农业用水水价按补偿供水成本的原则核定，不计利润；非农业用水（不含水力发电用水）价格在补偿供水成本、费用、计提合理利润的基础上确定；水价要根据水资源状况、供水成本及市场供求变化适时调整，分步到位。水费计收管理方面：改进农业用水计量设施和方法，逐步推广按立方米计量，积极培育农民用水合作组织，改进收费办法，减少收费环节，提高缴费率，严格禁止乡、村两级在代收水费中任意加码和截留；供水经营者与用水户要通过签订供水合同，规范双方的责任和权利；要充分发挥用水户的监督作用，促进供水经营者降低供水成本。

（5）规范水资源工程建设资金管理。根据水管单位的类别和性质的不同，采取不同的财政支付政策。

纯公益性水管单位，其编制内在职人员经费、离退休人员经费、公用经费等基本支出由同级财政负担，工程日常维修养护经费在水资源工程维修养护费资金中列支，工程更新改造费用纳入基本建设投资计划，由计划部门在非经营性资金中安排。

事业性质的准公益性水管单位，其编制内承担公益性任务的在职人员经费、离退休人员经费、公用经费等基本支出以及公益性部分的工程日常维修养护经费等各项支出，由同级财政负担，更新改造费用纳入基本建设投资计划，由计划部门在非经营性资金中安排；

经营性部分的工程日常维修养护经费由企业负担，更新改造费用在折旧资金中列支，不足部分由计划部门在非经营性资金中安排。事业性质的准公益性水管单位的经营性资产收益和其他投资收益要纳入单位的经费预算。各级水行政主管部门应及时向同级财政部门报告该类水管单位各种收益的变化情况，以便财政部门实行动态核算，并适时调整财政补贴额度。

企业性质的水管单位，其所管理的水资源工程的运行、管理和日常维修养护资金由水管单位自行筹集，财政不予补贴。企业性质的水管单位要加强资金积累，提高抗风险能力，确保水资源工程维修养护资金的足额到位，保证水资源工程的安全运行。

（6）完善水资源工程管理政策法规支撑体系。完善水资源工程管理的有关法律、法规。各省（自治区、直辖市）要加快制定相关的地方法规和实施细则。各级水行政主管部门要按照管理权限严格依法行政，加大水行政执法的力度。

第三节　水资源工程建设管理

水资源工程建设管理是指水资源工程建设主管部门对拟建水资源工程在建设过程中实施的一系列管理活动，这些管理活动一般包括水资源工程建设规划、决策、组织、协调和控制等一系列系统的、科学的管理活动。依据严格的工程建设管理程序，水资源工程建设管理活动对水资源工程建设从工程立项到建设施工再到工程验收实行全过程的管理、监督、服务，其目的就是确保水资源工程建设按照既定的质量要求、建设周期、投资金额以及资源和环境条件限制完成水资源工程各项目的建设。

一、水资源工程建设管理体制

我国水资源工程管理采用统一管理、分级管理和目标管理的管理体制，实行水利部、流域机构和地方水行政主管部门以及建设项目法人分级、分层次管理体系。

（1）水利部建设司负责全国范围内水资源工程建设的统一管理。水利部是我国水行政主管部门，负责全国水利建设的宏观管理工作；水利部建设司是水利部主管水资源工程建设的综合管理部门，对全国水资源工程建设实行统一管理。水利部建设司的主要职责包括：贯彻执行国家的方针政策，研究制定水资源工程建设的政策法规，并组织实施；对全国水资源工程建设项目进行行业管理；组织和协调布局重点水资源工程的建设；积极推行水利建设管理体制的改革，培育和完善水利建设市场；指导或参与省部重点大中型工程、中央参与投资的地方大中型工程建设的项目管理。

（2）流域机构负责本流域水资源工程建设管理。流域机构是水利部的派出机构，对其所在流域行使水行政主管部门的职责。除少数特别重大的水资源工程建设由水利部直接管理外，流域机构负责管理大多数由水利部投资兴建的水资源工程。流域机构按照国家投资政策，通过多渠道筹集资金，逐步建立流域水利建设投资主体，从而实现国家对流域水利建设项目的管理。

（3）省级水行政主管部门负责地区水资源工程建设管理。省（自治区、直辖市）水利（水电）厅（局）是本地区的水行政主管部门，负责本地区水资源工程建设的行业管理；负责本地区以地方投资为主的大中型水资源工程建设项目的组织建设和管理；支持本地区的国家和部属重点水资源工程建设，积极为工程创造良好的建设环境。

（4）水资源工程项目法人对建设项目的立项、筹资、建设、生产经营、还本付息以及资产保值增值的全过程负责，并承担投资风险。

代表项目法人对建设项目进行管理的建设单位是项目建设的直接组织者和实施者。负责按项目的建设规模、投资总额、建设工期、工程质量，实行项目建设的全过程管理，对国家或投资各方负责。

二、水资源工程建设管理制度

根据《水资源工程建设项目管理规定（试行）》的规定，我国水资源工程建设管理制度建设的内容主要包括"三项制度"的建设和改革，建立健全质量管理体系，加强水资源工程建设的信息交流管理工作。

"三项制度"是新时期我国水资源工程管理制度的主要内容。所谓"三项制度"是指水利工程建设推行项目法人责任制、招标投标制和建设监理制。"三项制度"改革是我国推行水资源工程建设管理规范化、科学化管理改革的主要内容。根据《水资源工程建设项目管理规定（试行）》规定：生产经营性的水资源工程建设项目要积极推行项目法人责任制，其他类型的项目应积极创造条件，逐步实行项目法人责任制；大中型水利建设项目实行招标投标制；水资源工程建设，要全面推行建设监理制。水资源工程项目法人对建设项目的立项、筹资、建设、生产经营、还本付息以资产保值增值的全过程负责，并承担投资风险；代表项目法人对建设项目进行管理的建设单位进行建设项目的全过程管理活动。凡由国家投资、中央和地方合资、企事业单位独资或合资以及其他投资方式兴建的防洪、排涝、灌溉、发电、供水、围垦等大中型工程建设项目实行招标投标制。《水资源工程建设监理规定》要求在我国境内的大中型水资源工程建设项目，包括中央和地方独资或合资、企事业单位投资以及其他投资方式（包括外商独资、中外合资）兴建的防洪、排涝、灌溉、发电、供水、围垦、水资源保护等水资源工程（包括新建、续建、改建、加固、修复）以及配套和附属工程，必须实施建设监理。监理单位受项目法人委托，依据国家有关工程建设的法律、法规、规章和批准的项目建设文件、建设工程合同以及建设监理合同，对工程建设实行管理。2015年9月，水利部出台的《关于全面加强依法治水管水的实施意见》中提出，在依法推进水利建设方面，必须严格执行项目法人责任制、招标投标制、建设监理制等制度，积极推进水利工程建设项目代建制。

为了确保水资源工程建设质量问题，水资源工程建设管理部门还必须建立健全质量管理体系，其中心内容要求建设单位建立健全施工质量检查体系，施工单位建立健全施工质量保证体系，项目建设方必须接受和尊重各级质量监督机构的监督。水资源工程建设必须贯彻"安全第一，预防为主"的方针，加强对水资源工程检查、监督；项目建设单位要加强安全宣传和教育工作，督促参加工程建设的各有关单位搞好安全生产。所有的工程合同都要有安全管理条款，所有的工作计划都要有安全生产措施。

加强水资源工程建设信息交流工作。积极利用和发挥中国水利学会水利建设管理专业委员会等学术团体作用，组织学术活动，开展调查研究，推动管理体制改革和科技进步，加强水利建设队伍联络和管理。建立水资源工程建设情况报告制度。

三、水资源工程建设管理制度改革

2014年，水利部发布的《水利部关于深化水利改革的指导意见》中就把深化水利工程建设和管理体制改革作为十大改革内容之一，其主要改革内容有以下几个方面：

（1）创新水利工程建设管理模式。完善水利工程建设项目法人责任制、招标投标制和建设监理制。规范项目法人组建，建立考核评价和激励约束机制，强化政府对项目法人的监督管理。因地制宜推行水利工程代建制、设计施工总承包等模式，实行专业化社会化建设管理。对中小型水利工程建设，可采取集中建设管理模式，按县域或项目类型集中组建项目法人。探索水利工程新型移民安置方式，健全移民安置监督管理机制。

（2）强化水利工程质量安全与市场监管。加强省、市水利工程质量与安全监督管理机构和能力建设，鼓励有条件的县级行政区设立水利工程质量与安全监督管理机构。按照工程规模和重要程度划分水利工程质量与安全监督事权，严格落实各级质量与安全责任制。推进水利建设项目招投标进入公共资源交易中心进行交易，建立健全水利建设项目评标专家库。加强水利工程建设市场监管，推进水利工程建设项目信息公开，积极开展市场主体信用等级评价，完善全国统一的诚信体系信息平台，建立守信激励和失信惩戒机制。

（3）深化国有水利工程管理体制改革。健全水利工程运行维护经费保障机制，尽快将公益性、准公益性水利工程特别是大中型灌区管理单位基本支出和维修养护经费落实到位，完善中央财政对中西部地区、贫困地区公益性水利工程维修养护经费的补助政策。参照中央水利建设基金的支出结构，逐步提高地方水利建设基金用于水利工程维修养护的比例。切实做好水利工程确权划界，继续推进管养分离，以政府购买服务方式由专业化队伍承担工程维修养护，培育和规范维修养护市场。推行水利工程物业化管理。

第四节 水资源工程产权管理

一、水资源工程产权界定

水资源工程产权界定是指划分水资源工程的权属关系，明确水资源工程的所有权以及由所有权衍生的水资源工程使用权、经营权、收益权、处置权等水资源工程所有者依法享有的相关权利的界定。水资源工程是某一机构或组织为了特定的水资源利用或保护目的而在特定的地点、水域投资修建的工程设施。水资源工程兴建和运营必然产生产权界定问题，工程所有权是水资源工程产权界定的核心问题。水利产业属于基础产业，水资源工程建设属于国民经济的基础设施，水资源工程的兴建对地区社会、经济和生态环境影响显著，一些特大型水资源工程的影响甚至覆盖全国。水资源工程的兴建往往会对区域内原有利益格局产生影响，包括区域内产业结构、城乡布局及社会福利再分配，并且对生态环境的影响往往具有不可逆转性。与此同时，水资源工程的修建相对复杂，所需资金额度大，动用的劳动力、设备和物资多，建设周期长，工程技术复杂，效益实现缓慢。正是基于上述原因，为了实现水资源可持续利用的战略目标，国家作为水资源所有者必须掌控水资源工程的规划、建设审批和管理的绝对权利，一些重大工程的立项建设甚至需要提请全国人民代表大会审议通过。由于水资源工程具有上述特点，加之水资源工程占地属于国家所有，使用的水资源则属于国家和集体所有，因此，在我国，水资源工程的所有权一般归国家所有，某些小型水资源工程可以属于集体所有。即便是集体、私人或外企全额投资修建的水资源工程，投资者也不具备水资源工程所有权，仅在一定时限内享有水资源工程的所有权及相关使用权、经营权和一定的收益权。

二、水资源工程产权管理

在水资源工程所有权明确的前提下，水资源工程产权管理的主要任务就是按照水资源工程的性质以及投资渠道等途径配置水资源工程的其他相关权利，这些权利包括水资源工程的管理权、使用权、经营权、处置权和收益权等权属关系。水资源工程权属配置管理必须明确责、权、利关系，明确水行政主管部门与水资源工程管理经营单位的权利和责任，明确水资源工程管理经营单位对水资源工程的使用权、经营权和收益权等权利。在实际操作中，水资源工程权属的配置依据水资源工程的性质而有所不同。

对于公益性水资源工程而言，由于其工程效益不是简单地用经济指标来衡量，而是更多地考虑其社会效益以及生态环境效益，以及由此产生的间接效益和长远效益。因此，在对公益性工程进行权属配置和管理时，政府会更多地加强宏观调控和管理。公益性工程的权属配置管理形式有：①政府投资，由政府设立专门机构直接经营管理；②政府投资，委托国有企业进行经营管理；③政府投资，通过一定方式与程序，委托专业公司特许经营和管理；④政府与非政府投资者共同投资建设，由投资者或委托专业公司经营管理；⑤非政府投资者投资建设，政府监管，由投资者或委托专业公司经营管理。对于防洪抗旱、水土保持、环境保护等公益性水资源工程，以及贫困地区的供水、灌溉工程等，我国一般由政府组织专门机构管理，所有权与经营权一般不分离。

对于经营性水资源工程而言，其管理和经营以经济效益为直接目标，因此其管理方式更多的是通过专门的经营性企业对其进行经营管理。对于这类企业的管理遵循"产权清晰、权责明确、政企分开、管理科学"的原则，建立现代企业制度进行规范化公司制管理。对于这类工程的产权配置可以实行所有权和经营权分离的原则，依法获得水资源工程管理经营的企业可以获得水资源工程的建设、管理、经营、收益等权利。

对于准公益性水资源工程而言，由于其既具有公益性质，又具有盈利性质，对其工程产权配置大多采用"委托-代理"机制。水资源工程产权属于国家所有，国家作为水资源工程的委托人，将水资源工程的管理权委托给代理机构进行管理，形成委托-代理关系。如果工程运行的净收益可以维持公益性部分工程运行，政府不予补贴，适当给予一些优惠政策；反之，除了优惠政策之外，政府还从财政上进行补贴。

本 章 小 结

水资源工程管理包括水资源工程的法律管理、规划和建设管理、权属管理以及经营活动管理等活动。它是水资源工程成功兴建、顺利运行的重要保证，是实现水资源工程综合效益的根本前提，是实现传统的工程水利向新型的资源水利转变的前提条件，也是实现水资源可持续利用战略目标的重要保证。做好水资源工程管理活动对于确保国有资产保值增值具有重要作用，对促进我国国民经济健康持续发展具有十分重要意义。目前我国已经初步实现了从粗放型向集约型、从适应计划经济到适应市场经济的转变，建立和健全了现代化的水资源工程管理体系。本章先介绍了水资源工程的分类和水资源工程管理的意义，明确了水资源工程管理的目标与原则，然后分析了我国已初步建立现代化水资源工程管理体系的现状与未来几年的体制改革目标，接着介绍了我国水资源工程建设管理的体制与制度，最后简要介绍了水资源工程产权界定和管理的相关内容。

参 考 文 献

［1］ 于万春，姜世强，贺如泓．水资源管理概论［M］．北京：化学工业出版社，2007．

［2］ 姜文来，唐曲，雷波，等．水资源管理学导论［M］．北京：化学工业出版社，2005．

［3］ 丰景春，邵翔．水资源工程和谐的涵义与层次［J］．水资源与水工程学报，2009，9（9）：19 - 23．

［4］ 刘洪波．水资源工程社会责任与构建和谐社会［J］．经济与社会发展，2009，7（3）：70 - 72．

［5］ 吴新钗．可持续发展框架下的水资源工程环境影响探索和评价［J］．资源节约与环保，2015（1）：78．

［6］ 张翠玲．水资源工程建设与管理体系［J］．知识经济，2011（12）：5．

［7］ 张腾，陈芳．水资源工程对社会发展的重要性［J］．中国新技术新产品，2013（1）：55．

［8］ 王丽萍，傅湘，刘洪才．水资源工程投资多目标风险决策研究［J］．华北电力大学学报，2005，32（1）：91 - 94．

思 考 题

1. 水资源工程可分为哪几个方面？

2. 水资源工程管理有何重要意义？

3. 水资源工程管理的目标是什么？要遵循哪些原则？

4. 请简述我国水资源工程管理的现状，并结合现状谈谈你对我国水资源工程管理今后改革的看法。

5. 什么是水资源工程建设管理？请简述我国水资源工程建设管理的体制。

6. 请简述我国水资源工程建设管理制度。

7. 如何界定水资源工程产权？

8. 如何管理水资源工程产权？

实 践 训 练 题

1. 水资源工程管理主要内容研究。

2. 地区（流域）水资源工程管理内容分析。

3. 水资源工程管理目的及特性研究。

4. 水资源工程管理体系研究。

5. 水资源工程管理措施分析。

6. 水资源工程管理效果分析。

7. 水资源工程管理模式分析。

8. 新形势对水资源工程管理的要求。

9. 地区（流域）水资源工程管理的关键措施研究。

第十一章 水资源数字化管理

水资源管理技术与信息技术密切结合，是水资源管理发展趋势之一，也是水资源管理的重要领域。水资源数字化管理正是在此基础上应运而生。水资源数字化管理的本质还是水资源管理，但通过新时代网络和信息技术的武装，将计算机、通信、网络、人工智能等和传统的水资源管理手段相结合，大大提高数据的处理与分析能力，从而增强管理效率和效益。本章结构体系如图 11-1 所示。

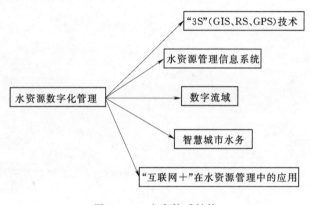

图 11-1 本章体系结构

第一节 水资源数字化管理概述

一、数字化管理概述

随着信息时代、网络时代的到来，数字化管理成为现代管理的基本模式。数字信息，也即通常所说的数据，是数字化管理的基础。所谓数据，就是利用一定的信息技术原理，将各种复杂多变的相关信息转化为可以度量的数字或符号形式，通过适当的数字化模型，将这些数字或符号转化为一系列可供计算机识别、处理的二进制代码，引入计算机内部，进行分析和处理。数字化管理是指利用计算机、通信、网络、人工智能等技术，量化管理对象与管理行为，实现计划、组织、协调、服务、创新等职能的管理活动和管理方法的总称。数字化管理的本质就是将现代化管理思想、管理方法、管理技术数字化，通过信息技术、网络技术进行各项管理活动，从而全面提高管理的效率和效益。随着信息技术和网络技术的不断发展和日益完善，数字化管理已经成为现代管理的基本理念，并在国民经济各行各业得到充分的开发和应用。企业的管理决策、国家和政府公共事务管理、各种资源开发利用管理等都已经开始采用数字化管理系统进行管理。

二、水资源数字化管理内容与意义

水资源系统是一个结构复杂的开放系统，本身又由许多子系统组成，不同的水资源系统间相互制约、相互依存，关系十分复杂。水资源系统不仅在社会、经济和环境等三大系统内交错运行。同时，这三大系统也包含了不同的水资源系统。水资源管理是一项复杂的系统工程，其内容十分广泛。对水资源系统的管理涉及社会、经济、环境的许多内容，包括水资源数量、水资源质量、供水、用水、水环境、水工程管理以及水资源权属管理等多个方面。随着社会经济持续发展，水资源危机日渐突出，客观上对水资源管理提出更高的要求，需要我们更加精确地进行水资源管理，实现水资源的优化配置使用。要达到现代水资源管理的目标要求，需要收集和处理的水资源系统越来越多。显然，在复杂庞大的各种信息中及时得出处理结果，并提出合理的管理方案，应用传统的管理方法很难达到要求。因此，现代水资源管理同样需要数字化管理。随着现代信息技术的不断发展，计算机技术、网络技术、"3S"技术、数据库技术等信息技术不断在水资源管理中得到应用，实现了水资源的现代化目标，使水资源系统管理实现数字化。

水资源数字化管理就是指将数字化管理的思想应用于水资源管理中，借助于"3S"技术、计算机、多媒体、网络等现代信息技术对各类水事活动进行数字化管理。借助于水资源数字化管理信息系统，可以实现及时准确地收集、存储和处理大量的水资源信息，可以实现远距离同步的信息传输和共享，模拟各种复杂的水系统可能发生的各种突发事件。水资源数字化管理包括水资源（水量、水质等）的监测、传输、分析、处理，借助数学模型进行的水资源的合理配置，以及运用自动化控制机制对水资源管理进行实时的远程控制和管理等功能。水资源数字化管理还包括各种水政管理的信息化和自动化，如实现水资源资费管理的数字化、工农业用水管理的数字化、生活用水管理的数字化等。

水资源数字化管理是实现水资源可持续开发利用的基础，实现水资源数字化管理具有如下几点意义：

（1）水资源数字化管理有助于实现水资源优化配置。随着我国经济高速发展、人口持续增加以及城市化进程的加速，对水资源的需求不断增加，加剧了我国水资源的短缺，尤其是在广大的北方地区，水资源已经成为制约经济社会发展的重要因素。加强水资源管理，搞好水资源的优化配置，提高水资源的利用效率，建设节水型社会，是今后水资源管理的一项基本任务。水资源数字化管理有利于提高流域和区域内水资源调度的科学性和精确性，是做好水资源管理和优化配置工作的重要的基础技术支撑。

（2）水资源数字化管理有助于提高水行政管理能力和公共服务水平。通过水资源数字化管理，有利于促进政府职能转变，增强管理的科学性和有效性，提高办事效率。加入WTO以后，政府的管理工作要从微观的直接管理为主转变为宏观的间接管理和服务为主。对水行政主管部门来说，搞好水资源的优化配置，不仅要依靠行政、法制、经济手段，而且要注重科技手段。通过信息技术的广泛应用，可以增强政府工作的公开性和透明度，促进水行政管理制度改革，规范政府行为。

（3）水资源数字化管理实现了水资源信息资源共享，从而为全社会提供方便、快捷的水利信息服务。水资源是国民经济和社会发展的重要基础，离开水资源信息，农业、林业、交通、旅游等许多国民经济部门和行业都难以做到科学规划和决策。因此，水资源信息对于保证国民经济的健康发展十分重要。推进水资源信息化，使得水资源信息资源共享，有利于国民经济其他部门和行业享受更为方便、快捷的水资源信息服务，对促进国民经济的持续、快速、健康发展具有非常重要的意义。水资源信息化对于建立节水型农业、节水型工业和节水型社会，推进城镇化进程十分必要，对实施西部大开发，都有着特别重要的意义。

（4）水资源数字化管理有助于加强水资源灾害管理的能力，提高预测和防治各类水旱灾害的水平。信息是预防各类水资源灾害的基础。水资源数字化管理实现了水资源灾情信息的迅速采集和传输，并通过数字化模拟功能及时对其发展趋势做出预测和预报，有利于正确分析、判断防汛抗旱形势，科学地制定防汛抗旱调度方案，提高各级防汛抗旱指挥部门防治洪涝干旱灾害的决策和管理水平。

第二节　"3S"技术与数字水资源

一、"3S"技术及其集成

1. GIS

GIS 是通过计算机技术对各种与地理位置有关的信息进行采集、存储、检索、显示和分析。通过各种途径（遥感、测绘、调查、测量、统计等）得到的信息都可以通过 GIS 建成一个数据库。随着网络技术的日益成熟，同一地区的不同信息系统之间以及不同地区的同类信息系统之间开始连通和兼容。近 5 年来，地理信息系统和网络结合，发展成了基于网络的地理信息系统，即 WEBGIS。地理信息系统是一个有组织的硬件、软件、地理数据和人才的集合，一般认为由 4 部分组成：①描述地球表面空间分布事物的地理数据，包括空间数据和属性数据，空间数据的表达一般可以通过三维坐标或地理坐标（经纬度及高程）以及数据间的拓扑关系等方式，属性数据是描述实体属性的数据，如水资源的质量、权属、用途等属性；②硬件，指收集、分析、处理数据所需的硬件，如工作站、微机、数字化仪、扫描仪以及自动绘图仪等；③软件，对空间数据进行管理和分析的各种软件；④管理和使用地理信息系统的人，地理信息系统从设计、构建、管理、运行到分析决策以及问题的处理均需要通过地理信息系统的专业人才。

一般而言，地理信息系统具有以下 4 项功能：

（1）数据采集和编辑功能。地理信息系统的核心是地理数据库。建立地理信息系统的第一步就是将地面上的实体数据按空间数据和属性数据分解输入数据库，并由数据库管理系统进行进一步的数据编辑和处理。

（2）地理数据库管理功能。地理数据库包含的数据是十分庞大的，要利用这些数据必然要求对其进行各种数据管理，包括数据定义、数据库建立和维护、数据库操作、数据通信等功能。

（3）制图功能。地理信息系统具有极强的数字化制图系统，它既可以提供包含全部信息的全要素地图，也可以根据实际需要提供专题地图，如行政区划图、水资源分布图、植被图等；由于地理信息系统能够实现数据及时更新，因此，其提供的数字地图同样可以实现及时更新。

（4）空间查询和空间分析功能。地理信息系统可以通过对空间关系的分析获取派生的新信息和新知识，并可根据分析结果进行相关内容的预测。地理信息系统提供的专业分析模块可以进行各类专题分析。

2. RS

遥感是一种远距离、非接触的目标探测技术和方法，遥感根据不同物体的电磁波特性不同的原理来探测地表物体对电磁波的反射及其发射的电磁波，从而提取这些物体的信息，完成非接触远距离识别物体。遥感器一般借助于飞机或卫星获取目标物反射或辐射的电磁波信息来判断目标物的性质。遥感数据的处理方式主要是纠正处理后的影像，根据影像解译编制专题图件和数字数据。目前，遥感主要应用于水资源、土地资源、植被资源、海洋资源调查等；地质调查、城市遥感调查、测绘、考古、环境监测以及规划管理等方面。遥感技术系统由遥感平台、传感器、遥感介质、数据处理和应用5部分组成。

（1）遥感平台。传感器必须在一定的空间位置才能接受目标体的遥感信息，遥感平台是将传感器搭载到预定空间的运载工具。根据运载工具的不同，遥感可以分为航天遥感、航空遥感和地面遥感。航天遥感的平台一般为各类航天飞行器（如卫星），航空遥感的平台为飞机，而地面遥感为地面交通工具，如汽车等。

（2）传感器。传感器是收集、探测、记录地物电磁波辐射信息的工具。传感器的种类很多，但基本上都由收集器、探测器、处理器和输出器4部分组成。遥感信息获取方式包括主动方式和被动方式两种类型。主动遥感主要是通过传感器向目标发射一定波长的电磁波，然后记录反射波的信息，用于主动遥感的传感器有气象雷达和测试雷达等。被动遥感主要是指传感器被动地接受来自目标物体的信息，用于被动遥感的传感器主要有摄影照相机和多光谱段扫描仪等。

（3）遥感介质。在真空或介质中通过传播电磁场的振动而传输电磁能量的波叫电磁波。不同类型的地物具有反射或辐射不同波长电磁波特性，遥感正是利用电磁波作为介质来探测地面目标的。

（4）遥感数据的处理。遥感资料主要是影像资料，这些资料有些是由传感器直接得到，如摄影机和录像机得到的影像。有些传感器得到的是数字资料，需要进一步处理才能得到影像资料，如多光谱扫描影像、雷达影像等。遥感数据处理，不仅包括由数字到影像的转变，还包括对遥感数据的纠正。

（5）遥感数据的应用。遥感技术不仅可以用来探测目标属性，还可以探测目标的空间位置。遥感影像是反映目标属性和空间位置的较好方式。在影像上，目标的波诺特性反映在数据处理后的影像色调上。形态特征反映在具体的形象上，空间位置则由地理坐标标识。在遥感影像上，将具有同一影像和相同按语特性的目标以图斑形式绘制，可以得到各专题地图，如水资源分布、土壤植被分布等地图。

3. GPS

全球定位系统最初是由美国国防部研制的以空中卫星为基础的无线电导航定位系统。具有全天候、全球覆盖、高精度、快速高效的多功能、无线定位功能。在海空导航、精确定位、地质探测、工程测量、环境动态监测、气候监测以及速度测量等方面应用十分广泛。

全球定位系统由卫星星座、地面监控系统和 GPS 信号接收机三部分构成。GPS 卫星基座共有 24 颗卫星，其中 21 颗是工作卫星，3 颗为备用卫星。这些卫星分布在 6 个倾角为 55°的圆形轨道上。卫星的平均高度为 2×10^6 km，运行周期为 12 恒星时（718min）。星座的这种分布确保地球上任何地点都能同时在地平线 10°以上区域内，接收到导航定位必需的 4 颗卫星的 GPS 信号，从而实现全球的三维定位和导航。在地面监控系统的支持下，GPS 星座的卫星向 GPS 信号接收器持续不断地发送全球定位信息并报告自己和其他卫星的位置。

由于 GPS 卫星在空间的位置是已知的，GPS 接收器只需要同时测得某一时刻接收机到视场中 3 颗 GPS 卫星的距离，就可以用距离交会法求出用户所在地的三维坐标。

GPS 能够准确地确定某一实地的空间位置，从而为该实体获得信息源的定位提供强有力的技术手段。在利用 GIS 系统建立矢量地图时，必须使用 GPS 定位技术进行现场定位。另外，遥感解译结果的野外校正也需要精确的空间位置。

在水利工程方面，目前 GPS 已广泛应用于江河、湖泊、水库、地下水、地形测量、大堤安全监测、堤防险工险段监测、泥石流滑坡预警监测等方面。

4. "3S" 集成技术

"3S" 集成技术不是 RS、GIS、GPS 简单结合，而是将三者通过标准化数据接口严格、紧密、系统地集成起来成为一个大系统，集信息获取、处理、应用于一体。遥感可以快速、准确地提供资源环境信息；地理信息系统能够为遥感数据的加工、处理和应用创造理想开发环境；全球定位系统为空间测量、定位、导航及遥感数据校正、处理提供空间定位信息。在实际工作中，RS、GIS、GPS 单独使用都存在着明显缺陷，GPS 可以快速精确定位目标，但不能描述目标属性；RS 可以获得区域面状信息，但受到光谱波段限制，并且还存在许多不能处理的地物特征；GIS 具有较强的数据编辑、处理和分析功能，但其数据的获取却必须依赖于其他手段。"3S" 集成综合应用正好可以克服彼此之间的缺陷，发挥更大的功能。

二、"3S" 技术与水资源信息处理

（1）水资源质量。水资源是水资源量与质的统一，在一定区域内，可用水资源的多少并非完全取决于水资源的数量，还取决于水资源质量（姜文来，1998 年）。为了反映和评价水资源质量，我国制定了多个水环境质量标准，包括 GB 3838—2002《地面水环境质量标准》、GB 14848—1993《地下水质量标准》、GB 3097—1997《海水水质标准》、GB 11607—1989《渔业水质标准》、GB 12941—1991《景观娱乐用水水质标准》、GB 5084—2005《农业灌溉水质标准》等。例如，《地面水环境质量标准》将地面水质量划分为 5 类，并用具体参数来衡量各类水质的标准。

（2）水资源数量。一般而言都是根据某一时间段内（通常以年为单位）水资源的各种数量指标反映水资源数量。总的来看，主要有年降水量、年河川径流量、年地下水量、年水资源总量以及人均占有水量等 5 个总的指标。具体到不同形态的水资源，反映其数量的指标有所不同。具体而言还包括水位，蒸发量，河流湖泊的蒸发量、调水量、地下水的开采量等多种指标。

（3）空间属性。水资源空间属性是反映水资源地理位置的各种信息。例如，对于河流而言，其空间属性不仅包括河流发源地、流经区域等宏观空间属性，还包括反映河流状况的一些微观属性，如建于河道上的水利枢纽工程的情况等。

（4）权属属性。水资源的权属属性是反映水资源所有权、源产权配置和管理的信息。

基于"3S"技术的水资源信息处理内容如下。

1. 基本原理

利用遥感技术（RS）对地面水资源信息及生态环境信息的动态监测及数据实时动态采集，为水资源数字化管理提供快捷、实时、准确的信息，保证水资源管理的实时性。

利用地理信息系统（GIS）的强大空间信息处理、管理及存储功能，为水资源数字化管理提供数字化集成平台。水资源数字化管理需要的数据和信息包括基础数据、专题图形和遥感图像等空间数据，其数据容量巨大，必须利用数据库技术，以（xs）技术为载体，构建囊括水文观测成果、水资源监测数据、生态环境监测数据、遥感数据、数字摄影测量数据、社会经济数据处理为一体的数字化操作平台。

2. RS与水资源信息处理

RS技术在水环境、水旱灾害及水资源实施监测以及防洪工程监测信息处理方面均有广泛应用。

RS根据红外波段的水体辐射明显低于其他物体，选用一个合适的红外波段，定出其水体的阈值高于该阈值，即为非水体。RS技术利用此原理，可测量出河道、湖泊的水位值，还可以利用遥感图像测定水体面积。利用不同时间段的两幅或多幅遥感图像进行假彩色合成，不仅可以分析时间段内洪水淹没的范围，还能反映洪水移动的方向和速度。依据洪灾发生时的遥感图像，可以绘制洪水淹没范围，估算洪灾造成的损失。

通过RS技术可以实时传输地面水资源变化情况，输出地图、图标等信息。还可以确定地物覆盖分布，并与土壤、坡度等资料一起转化为数字格式输入GIS系统。

3. GIS与水资源信息处理

针对水资源信息的各个方面，GIS可以对水资源信息进行管理、评价、分析、结果输出等处理，提供决策支持、动态模拟、系统分析、预测预报。GIS是水资源数字化管理的技术基础，是水资源信息的时空属性、水资源量和质的属性以及水资源权属性的数字化转换和分析的技术工具。在实践应用中，GIS可以对水资源信息提供空间量算和空间分析、空间叠加分析、缓冲区分析。

空间量算和空间分析是指GIS可以建立包含各类水资源信息的电子地图。通过对电子地图的简单操作可以显示河道长度、宽度、不同地点的高程等水资源信息，还可以快速量算任意水体面积。在进行水资源工程建设过程中，一旦确定工程参数即可进行工程施工计算。在电子地图上还可进行坡度分析，河道断面分析等多种功能应用。

空间叠加分析是指GIS技术可提供矢量地图、栅格地图一体化分析，对不同要素的土层进行叠加分析，对任意选择的要素进行空间叠加分析，对各种水资源数量信息进行不同时间段的统计求值。

缓冲区分析是指利用缓冲区分析可以进行水资源工程的绿化带建设、排污口、河道、水库的建设中的缓冲分析。通过在各种水资源工程周围建立缓冲区，可以对缓冲区内各要素进行统计，如统计缓冲区内社会经济信息、防灾工程建设信息、水利设施信息等，可以估算缓冲区面积。

4. GPS 和水资源信息处理

GPS 能够准确地确定某一实体位置，从而为该实体的其他各种信息分析提供强有力的空间定位支持。在 GIS 中建立矢量地图时必须明确各种目标实体的地理坐标，其坐标的确定就需要依靠 GPS。目前，GPS 已在江河、湖泊、水库的水系地形测量、堤防工程监测、大堤安全监测、泥石流滑坡预警等多方面得到应用。

三、"3S" 技术在水资源数字化管理中的应用

从 20 世纪 80 年代开始，我国逐渐将 "3S" 技术应用于水资源管理，首先是 RS 技术，对 GIS 的使用则始于 20 世纪 80 年代后期，在经历了认识、初步应用阶段后，现已与生产实际紧密结合，步入深入应用的阶段。GPS 在水利行业的应用始于 20 世纪 90 年代初，但发展非常迅速，在地面及水下地形测绘中使用已很普遍。到目前为止，"3S" 技术在水资源数字化管理应用方面主要包括以下几个方面。

1. 水资源质量和数量调查及水环境监测

应用遥感资料进行下垫面同性分类，计算其分类面积，选取经验参数及入渗系数。根据多年平均降水量，计算出多年平均地表径流量、入渗补给量；两者之和扣去重复计算的基流量即为多年平均水量，对国内某些流域进行估算的相对误差小于 7%，尤其适用于无水文资料地区。此外，根据遥感资料提供的积雪分布（三维）、积雪量、雪面湿度，用融雪径流模型估算融雪水资源和流域出流过程的相对误差在 10% 左右。如有精度较高的数字高程模型（DEM，1∶10000 以上），湖泊面积及容量调查也有较高精度。目前已可以对浑浊度、pH 值、含盐度、BOD 和 COD 等要素做定量监测，对污染带的位置做定性监测。

2. 水旱灾情预测评估及防洪减灾信息管理

水旱灾情预测评估及防洪减灾信息管理包括星载和机载测试合成孔径雷达（SAR）实时监测特大洪水造成的灾情，将信息迅速传送到指挥决策机构；对易发洪灾区和重点防洪地区建立防洪信息系统；旱灾的实时监测，在全球气候变暖、海平面上升以及地下水超采造成地面沉降等情况下对可能造成的海水入侵的范围做出预估和进行对策研究；实时监测和预测洪涝灾害淹没耕地及居民地面积、受灾人口和受淹房屋间数，旱情，大面积水体污染和赤潮的影响范围，大面积泥石流、滑坡等山地灾害的影响范围。

3. 土地资源调查

土地资源调查包括监测水蚀、风蚀等多种类型的土壤侵蚀区的侵蚀面积、数量和强度发展的动态变化；盐碱地、沼泽地、风沙地、山地侵蚀地等劣质土退化地的面积调查与动态监测；土地利用现状调查、耕地面积和滩涂面积调查。

4. 水资源开发利用研究

利用遥感资料和 GIS 建立与大气模型耦合的大尺度水文模型，计算出在全球未来气候变化情况下区域水资源的增减；采用细分光谱卫星资料、主动式微波传感器与地球物理、地球化学等多种信息源相结合，以信息系统为支持，分析研究地下储水结构。大型水库淹没区实物且估算，库区移民安置环境容量调查，灌溉区实际灌溉面积和有效灌溉面积的调查，水库淤积测量。

5. 水资源工程规划和管理

大型水利水电工程及跨流域调水工程对生态环境影响的监测与综合评价。包括大型水利水电枢纽工程地质条件的遥感调查、技术经济评价及动态监测，流域综合规划；灌区规划；水库上游水土流失调查及对水库淤积的趋势预测，河口泥沙监测和综合治理；河道演变监测；河道、水库、湖泊等水体水质污染遥感动态监测；流域治理效益调查；海岸带综合治理；对施工过程中的坝址进行 1∶2000 的大比例尺遥感制图，包括坝肩多光谱近景摄影，以研究坝肩裂隙和节理的分布变化情况。

第三节　水资源管理信息系统

水资源管理信息系统是实现水资源数字化管理的一个重要方面和基本手段。水资源管理信息系统的开发和建设以实现水资源数字化管理为目标，利用先进的网络、通信、"3S"、数据库、多媒体等技术以及决策支持理论、系统工程理论、信息工程理论建立的数字化水资源信息管理系统。通过水资源管理信息系统，可以使信息技术广泛应用于陆地和海洋水文测报预报、水利规划编制和优化、水利工程建设和管理、防汛抗旱减灾预警和指挥、水资源优化配置和调度等各个方面。如采用微电子技术对水文、泥沙、水质、土壤墒情、水土流失等各种水利基础资料进行遥感遥测，运用计算机技术对水库、灌区、船闸、水电站等水利设施实行计算机辅助设计和管理，通过利用计算机仿真技术模拟洪水演进来设计防洪减灾预案和完善防洪体系，利用现代信息和网络技术对水资源管理实行在线控制和调度等。

一、水资源管理信息系统建设的目标和原则

1. 目标

开发和建设水资源管理信息系统的根本目标是实现水资源数字化管理。在具体应用中，水资源管理信息系统应该达到如下几个目标：

（1）能及时、准确地完成相关信息的收集、处理和存储。

（2）具有能够实现水资源自动化管理的各类数据库。

（3）具有较强功能的各类水资源模型库。

（4）能够实现人机交互功能和远距离信息传输功能。

2. 设计原则

为了实现水资源数字化管理的目标，在设计和建设水资源管理信息系统的过程中应遵循一定的原则，即实用性原则、先进性原则、标准化原则。

（1）实用性原则是指系统各项功能的设计和开发必须紧密连接水资源数字化管理的实际需要，所开发的管理信息系统达到水资源数字化管理的要求。在实际应用中，能通过水资源管理信息系统进行各类水资源管理任务。同时，水资源管理信息系统具有实用、简单、易操作的工作界面，可以很方便地实现人机交互对话，使一般的水资源管理工作人员容易操作。

（2）先进性原则是指系统的开发和运行必须建立在先进的软硬件基础之上，以保证系

统功能运行自如。

（3）标准化原则：水资源管理信息系统的各子系统、模块应该具有标准化特点，这样可以保证系统的实用性范围更加广阔。系统标准化不仅可以保证系统各模块之间相互连接、功能互补，还能保证系统之间的资源共享。

二、水资源管理信息系统的结构和功能

为了实现水资源数字化管理，水资源管理信息系统应有两项基本功能和作用，即完成管理系统数据维护功能的基本需求；根据水资源管理工作的特殊性，能够完成具有专业意义的需求。为此，水资源管理信息系统由三部分组成，即水资源数据库、水资源模型库以及人机交互系统。

1. 数据库功能

实现水资源数字化管理的基本需求。包括以下几点：

（1）实现水资源数据的输入、新增、更新、删除，能够维护日常工作中的数据。

（2）维护数据库的完备性、一致性。水资源数据库具有能够保证数据完备性、一致性的功能和作用，否则，数据库运行时有可能会因为数据的缺失或不一致导致系统瘫痪。

（3）实现水资源各类属性数据之间的高效、快速的检索。在水资源管理信息系统中，不同属性的水资源数据一般按其属性要求不同存放，而在实际管理时，管理者需要全面的水资源信息，这就要求数据库能够实现关联数据之间的高效、快速检索。

（4）实现标准化的数据共享。标准化是水资源数字化管理的一个基本目标。不同水资源数据库所包含的水资源数据应该实现共享。

（5）实现一般水政管理所需的各类水资源数据统计功能，如对水资源数据进行排序、求均值以及水资源费管理等信息查询和管理功能。

（6）系统安全性管理。水资源管理信息系统中，很多数据会直接与国家法律、政策以及经济安全相联系，因此，其安全性能必须要高。数据库应该实现分级别的使用权限制，保证原始数据的安全；并且，一旦数据库遭受破坏，能够快速地进行恢复。

2. 模型库功能

实现水资源数字化管理的专业需求。根据不同的管理需求，可以加载不同的模型库模块。一般的水资源模型主要包括水情预报模型、水量评价模型、水量预测模型、水资源优化配置模型、水质评价模型、水质预测模型、水污染模型、需水模型、生态环境分析模型、洪水演进及仿真模型、决策支持模型等。通过这些模型主要可以实现以下几个功能：

（1）实现更进一步的水资源信息处理。通过与数据库的对接，实现对输入信息的全面处理，包括各类统计分析。

（2）实现对水资源系统特征的分析。包括水文频率计算、洪灾过程模拟分析、流域水资源系统变化模拟、水质模型模拟及其他水资源系统特征分析。

（3）实现水资源需求预测分析。借助于需求预测模型可以实现不同地区的工、农业需水预测以及生活用水增长预测等功能。

（4）实现水环境分析功能，包括水环境污染评价模型水环境演变系统分析等功能。

（5）水资源优化管理决策模型。可以实现不同水资源管理方案的优化对比，提出最佳的水资源管理方案。

3. 人机交互功能

人机交互功能主要为水资源管理者提供水资源数字化管理的基本工作平台，通过人机交互系统，管理者可以实现水资源数字化管理的各项基本目标。如图11-2所示。

三、水资源管理信息系统的应用

根据实际需要，水资源管理信息系统的建设可以包括水资源信息数据平台和重点应用信息管理系统，其结构如图11-3所示。

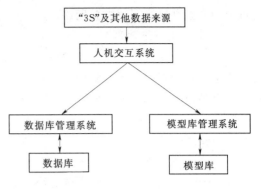

图11-2　人机交互示意图

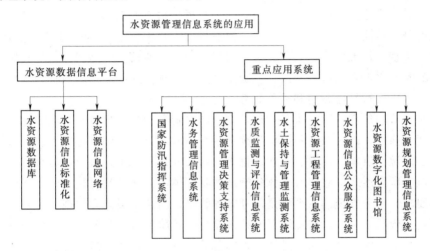

图11-3　水资源管理信息系统结构

1. 水资源数据信息平台建设

水资源管理信息系统建设的一个基本原则就是标准化。水资源数据信息平台建设就是水资源数据标准化问题，为各个水资源应用系统开发和运行提供标准化的软、硬环境，以避免重复建设，实现网络共享、数据共享。其建设内容包括基础数据库建设、水资源信息标准化建设和水资源信息网络建设等内容。

（1）水资源数据库建设。基础数据库的水资源数据是可供多个应用系统共享的标准化水资源数据，基础数据库应包括历年整编的水文观测数据、各类水资源的空间属性数据、权属数据等全面的水资源信息。基础数据库的数据应具有标准化的数据形式，能够通过水资源信息网络向各个应用系统提供信息服务。

（2）水资源信息标准化建设。参照国际和国家标准建立起水资源管理信息系统适用的信息化标准体系。水资源信息标准化建设主要包括水资源信息采集的标准与规范以及水资源数字化关键技术的标准和规范。根据数字化管理对数据的要求将各类水资源信息标准化为计算机可识别和处理的数据形式。

（3）水资源信息网络建设。水资源信息网络是实现全国范围内同一水资源管理工作的基础，能够为各种水资源管理提供统一的管理运转平台。按照水资源信息网络的覆盖范围可以分为全国性网络和地方性网络。

2. 重点应用系统建设

水资源管理系统可以应用于防汛指挥、水务管理、水资源管理与决策、水质监测与评价、水土保持与管理、水资源信息公共服务、水资源工程管理、水资源规划管理、水资源数字化图书馆等几个重点领域。

（1）国家防汛指挥系统。目前，我国正在启动建设国家防汛指挥系统。该工程充分利用水资源管理信息系统的建设原理，该系统包括洪水预报系统、防洪调度系统、灾情评估系统、信息服务系统、汛情监视系统、防汛会商系统、防汛抗旱管理系统、抗旱信息处理系统等多个子系统。通过这些系统的协同运作形成统一的防汛抗旱决策支持系统，从中央到地方各级防汛和抗旱部门的工作效率、质量、效益和水平有明显提高。国家防汛指挥系统的建设在技术上主要有以下几个特点，即在数据传输方面采用通信卫星和安全的网络技术；用遥感技术监测洪涝灾害；在七大江河流域建立以 GIS 技术为支撑的包括社会经济、水体、水利工程、地形、土地利用、行政边界、交通、通信、生命线工程等数据层的分布式防洪基础背景数据库或数据仓库；完善水文及灾害预报这些以空间数据为基础的虚拟地球的技术；可以进行异地会商和远程教育。

（2）水务管理信息系统。水务管理是新型的水资源行政管理体制，以城乡一体化水资源统一管理为前提，以区域水资源可持续利用支撑城乡社会经济可持续发展为目标，对区域内防洪、水源、供水、用水、节水、排水、污水处理与回用，以及农田水利、水土保持及农村水电等所有涉水事务实行一体化管理的管理体制。水务管理数字化是现代水资源管理的基本要求。水务管理信息系统是水务管理数字化的基本载体和实现手段，水务管理信息系统的建设依托于全国水资源信息网络构建，连接国家水利与各流域机构、各省（自治区、直辖市）水利厅（水务局）以及部直属各单位等各级水务部门，具有统一技术标准和统一服务界面的管理信息系统。各级水务部门之间的水务管理信息系统能够实现互联互通，同时通过全国性水务管理信息系统为国家领导提供决策支持信息，其主要工作是根据水务的特点和水务管理的目标要求制定信息传输交换的标准，建立政务数据库，开发相应的管理软件，从而提高水务服务的能力和水平，逐步实现水务信息交换的电子化，最终形成全国水务部门业务管理和具有科学决策服务功能的综合性的政务信息系统。

（3）水资源管理决策支持系统。水资源管理决策支持系统依托于"3S"技术及其他技术，借助于宽带网、微波、卫星等现代化传输方式，构建水资源、生态环境和社会经济一体化的信息采集、传输、储存、处理及分析系统，形成信息化、可视化的水资源管理综合服务平台，对水资源的开发和管理提供决策支持，为水资源的合理分配及生态环境保护提供科学决策依据。

（4）水质监测与评价信息系统。我国有 2000 多个水资源质量监测站，负责采集和监测我国主要水系的水资源质量。国家水质监测与评价信息系统的建设内容主要包括制定满足全国水质监测和评价需要的水质信息采集传输和管理的标准，建立全国水质监测和评价信息系统以能及时快速收集水质信息，提供水质历史资料和水质趋势预测，及时进行水质监测和预警预报，确定主要污染源，提供应对措施预案并进行评估，发布水质信息和评价结果。

（5）水土保持与管理监测信息系统。水土保持与管理监测信息系统基于"3S"技术，对全国范围内水土流失状况进行动态监测，对不同分组层次的水土保持情况进行信息管理，对水土流失和水土保持进行评价。同时，依据水土保持和管理信息系统建立相应的数学模型，为水土保持、区域治理和小流域治理的工程设计、经济评价和效益分析服务，提高水土保持监测、设计、管理和决策的水平。

（6）水资源管理工程信息系统。建设全国水资源工程数据库，并在此基础上建设全国水资源管理工程建设与管理信息系统，包括各类水利工程设施的历史资料，现状信息的收集、整理、入库、检索与查询。存储和管理在建水资源工程的设计方案，管理现场技术以及进度控制、质量管理和招标活动。技术专家库建设与管理的政策法规建设，施工监理咨询等水资源工程建设市场主体的资质资格等动态信息提供信息链，提高水资源建设的管理水平。

（7）水资源信息公众服务系统。利用网络技术建设全国水资源信息公众服务系统，向社会宣传水资源知识，提高水务部门办公的透明度、树立水务部门的良好形象、促进水利部门的廉政建设。通过该系统的建立提高社会公众的节水意识和水平，促进节水型社会的建设。

（8）水资源数字化图书馆。水利文献等信息资源是水资源信息的重要组成部分，应用现代信息技术对水资源系统所需的图书期刊等文献进行编目，按统一标准进行数字化加工，逐步形成能够在网络上实现远程查询异地阅览的水资源系统文献保障体系，最终建成能够进行网上浏览网上下载的水资源数字化图书馆。

（9）水资源规划管理信息系统。根据国家开发利用水资源的规划方案建设水资源规划管理信息系统。水资源规划管理信息系统的建设应用现代化信息技术，建立水资源规划所需的水文、地质和社会经济等基础资料的管理系统，为水资源规划服务。

第四节　水资源管理数字流域

一、数字流域概述

随着以"3S"技术为代表的空间信息处理技术的日益发展和完善，同时也为了适应现代水资源利用和保护的需要，近年来，许多研究者纷纷提出"数字流域"的概念。数字流域基于数字地球的理念发展而来。"数字地球"是20世纪90年代末期提出的，是人类以数字的形式再现的地球信息场，是信息化的地球，它以GPS为依托，包含有地球信息的获取、处理、传输、存储、管理、检索、决策分析和表达等内容，具有多分辨率海量数据的、可多于显示和表达的虚拟地球。伴随地学研究的飞速发展和IT技术的突飞猛进，数字地球正在利用现代高新技术将虚拟现实、数字化生存、数字经济等模糊概念向一个以三维空间和多维信息处理为目的的、能够真正共享与处理实时地球信息的概念体系过渡。"数字地球"已经为国家的可持续发展战略实施提供技术支撑。

"数字流域"是数字地球的微观化和精确化的应用和发展。数字流域是一个以流域空间信息为基础，整合流域内各种数字信息的系统平台，是对真实流域及其相关现象的统一的数字化重现，它把流域搬进了实验室和计算机，成为真实流域的虚拟对照体。数字流域由各种信息的数据库和数据采集、分析、交换、管理等子系统组成，可以根据不同的需要，对不同时间的数据进行比较分析，透视其变化规律。广义地说，所谓数字流域，就是综合运用遥感（RS）、地理信息系统（GIS）、全球定位系统（GPS）、虚拟现实（VR）、网络和超媒体等现代高新技术，对全流域的地理环境、基础设施、自然资源、人文景观、生态环境、人口分布、社会和经济状态等各种信息进行数字化采集与存储、动态监测与处理、深层整合与挖掘、综合管理与传输分发，构建全流域可视化的基础信息平台和三维立体模型，建立适合于全流域各不同职能部门的专业应用模型库和规则库及其相应的应用系统。狭义上讲，数字流域是以地理空间数据为基础，具有多维显示和表达流域的虚拟流域，是数字地理的重要组成部分。数字流域就是在数字地球的概念下，根据流域的特点建立的，使用地理数字模型，从事遥感图像处理与 GIS 时空分析模型研究。对采集到的流域地理数据进行分析、运算、过滤、重组，并进一步把人工智能（AI）引入数字流域，形成数字流域系统的知识库（KB）、逻辑库（LB）、方法库（MEB）和模型库（MOB），组成各个专题的"流域专家系统"（WES），最终发展为数字流域所需的"高级决策系统"（PMS），达到流域范围内各种事件的虚拟和仿真。数字流域的建立，可以实现人类与流域环境之间关系的精确、定量、数字化的描述，借助于网络技术，实现对流域地理数据或信息的共享。数字流域还能演绎流域的地理变迁，并具有模型模拟预测功能，对流域未来远景进行预测。

二、数字流域构建的理论及技术基础

"数字地球"概念的提出和可视化技术、虚拟技术的发展，为数字流域的最终实现提供了全新的技术平台和发展空间。现代"3S"技术与全数字摄影测量系统（doptal photogrwop system，DPS）的高度发展为数字流域高质量信息的获取提供了有效手段。"4D"技术作为"3S"技术集成而生成的高精度数字化可视产品，正发展成为地学数字化产品的基本模式，是数字流域建设的基础数据源。从理论上来说，数字流域不仅要以水文学与水资源学、水利水电工程、电力生产与调度、规划与建设、环境保护和灾害学等各个领域的专业知识作为理论基础，而且更为重要的是还要充分应用系统科学、运筹学、控制理论、优化与决策理论、软件工程、复杂巨系统理论和可持续发展等众多学科领域的理论知识和研究方法，尤其是系统科学及优化与决策相关理论的应用，对实现和完成数字流域是极为重要的。

1. 数字摄影测量技术和"3S"

在"数字流域"中，建设流域三维景观是一项重要的工作，摄影测绘是三维景观重现的主要数据源，特别是数字摄影测绘技术为三维数据的获取提供了经济、便捷的方法。数字摄影测绘技术的代表技术，即所谓的"4D"技术是指 DEM（数字高程技术）、DOQ（数字正射影像）、DRG（数字栅格技术）和 DLG/DTL（数字专题图）。而"3S"技术及其集成则可以解决数字流域建设所需的三维空间信息获取和处理的技术问题。数字摄影测量和"3S"技术的发展及应用使摄影测绘的输出结果发生了根本变化：由传统的模拟产品转向计算机技术和基础地理数据集为支撑的高新数字技术产品，是数字流域构建的重要技术基础。

2. 监测和传输网络技术

数字流域涉及大量的图形、影像、视频等数据，数据量非常大，需要功能强大的数字监测和传输技术作为支撑。随着通信、网络的发展，电话通信网、计算机网络和有线电视网络将逐渐融合而"三网合一"，同时与卫星通信系统、移动通信网等构成的天地空一体化网络，向高带宽、多媒体方向发展，提供了"数字流域"的外部网络环境。随着千兆因特网、ATM 以及第三层交换技术从实验室走向应用，将解决空间数据及多媒体海量数据传输的带宽和延迟问题。利用先进的遥测、自动控制、通信及计算机技术，建设流域信息的自动采集、传输、存储、管理、交换系统，并且实现信息的资源共享，及时、全面、准确地掌握流域各种信息。

3. 大容量数据存储技术

海量数据存储包括计算机硬件技术和软件技术。随着计算机硬件技术的发展，多 CPU 高性能的硬件价格不断降低，已经能够满足应用的要求。海量数据压缩、解压、快速检索、查询语言设计、数据融合等技术是数字流域需要解决的关键技术。目前，激光全息存储、蛋白质存储等方面已经获得巨大进展，可以实现存储千万亿字节级的数据；新的压缩技术和激光技术的进步将允许在一个光盘上容纳几千兆的数据。先进的压缩技术使在网络上移动海量数据、图像数据成为可能。因此，数字流域将可以处理更大的空间数据集、更高空间分辨率的遥感图像、更复杂的空间和地学分析模型，可以得到更好的显示和可视化输出。

4. 流域模拟模型技术

在进行流域管理活动时期，管理机构和人员需要面对复杂的流域事件，如洪涝过程、水污染迁移降解过程、流域生物质的输移转化过程、城市化过程、社会经济发展过程等。现代数学尤其是多元统计学、数量模型、模糊数学、灰色关联理论以及运筹学等知识的发展和应用为模拟和处理复杂现象的数学建模提供了很好的理论基础。与此同时，计算软件的开发应用和运算速度的提高，计算机技术的飞速发展也为流域模型的实际应用提供了很好的技术支撑。目前，流域模拟模型构建已经可以很好地模拟许多流域事件，为流域的数字化管理决策提供了很好的工具和手段，是实现数字流域的重要技术内容。

5. 可视化与虚拟现实技术

为了将整个流域栩栩如生地展现在人们面前，在身临其境地感觉和欣赏流域风光、享受信息化社会带来的便捷的同时，随时了解流域的各种信息，对流域建设与发展进行全面规划，必须在流域三维建模和可视化的基础上运用虚拟现实（VR）技术，用赛博空间取代传统的抽象地图及其相应描述文件，而以生动的流域模型及相关图片来模拟和显示流域的三维空间现实，以人机互动方式实现流域三维景观的漫游。数字流域的空间数据包括 2D、3D 和 4D 数据；2D 可视化的问题已经解决，3D 和 4D 数据的可视化与虚拟技术目前仍是一个难点。如何高效逼真地显示数字流域是需要解决的一个技术难点。虚拟现实技术是 20 世纪末发展起来的以计算机技术为核心，集多学科高新技术为一体的综合集成技术，它是人与计算机通信的最自然的手段，是人类的自然技能与计算机的完美结合，将从根本上改变人与计算机系统的交互合作方式。由于计算机软硬件的限制，虚拟现实研究一直停留在简单的三维显示，OpenGL 图形标准的引入以及微机三维图形加速卡的出现，极大地推动了三维图形编程和研究的发展。目前，虚拟飞行、虚拟路径徒步穿行等在一些软件上已能方便实现，这为"数字流域"景观全景模拟提供了条件。

三、数字流域的框架结构和主要功能

构建数字流域的主要内容是建立数字流域基础数据库，并在相应技术的支撑下，以流域基础数据库为平台，实现流域空间信息的获取、处理、传输、流域的可视化再现和流域事件的数字化全真模拟、流域数字化管理和决策等功能。因此，从总体框架来看，数字流域可以划分为一个核心、三个层次，即以流域数字基础数据库为核心，划分为可视化基础信息平台（基础层）、数字流域专业应用系统（专题层）以及数字流域综合管理与决策系统（综合层）三个层次。以基础数据库为核心，三个层次既相互独立，又相辅相成，共同实现数字流域的目标和功能。数字流域结构如图 11-4 所示。

图 11-4　数字流域结构

1. 数字流域基础数据库

基础数据库是数字流域的核心和基础，数字流域的各项功能是基于数据库的基础之上实现的。数字流域基础数据库的构建原理和方法与水资源管理信息系统基础数据库的构建类似，所要解决的问题都是空间信息的收集、处理、存储、查询、传输和共享等，所不同的是设计对象的范围有所差别。根据系统构建的管理对象和目的不同，水资源管理信息系统对信息的采集和处理有可能包括所有水资源信息及其相关信息，而数字流域对空间信息的收集和处理一般只涉及流域水资源信息及相关信息，将全流域的地理环境、基础设施、自然资源、人文景观、生态环境、人口分布、社会和经济状态等各种信息进行数字化采集和存储，分别建立全流域各类信息的空间数据库以及与其相对应的属性数据库，构建一个基于"3S"、全流域基础信息的数据平台。

2. 数字流域可视化基础信息平台

数字流域的一个基本功能就是实现流域的全真数字化模拟和可视化再现，可视化基础信息平台的建设正是基于基础数据库，借助于现代数字技术实现全流域三维景观模型的可视化数字流域统一基础信息框架或平台，特别是流域的水文地理信息平台，此平台上实现各种信息的查询、显示及多媒体输出，研制相应的信息综合管理和分析系统，实现全流域各类不同信息之间的共享和交流，并进行更深层次的信息融合、挖掘和综合，提供全流域基础信息的社会化服务。因此，数字流域可视化基础信息平台主要包括全流域三维模型及其相应的管理与分析平台两个方面，具体内容包括流域基础地理信息、流域资源与环境信息、流域社会经济信息、流域水文地质信息、流域降水分布信息、水资源工程管理信息、流域灾害监测信息等 7 个方面的内容，如图 11-5 所示。

3. 数字流域专业应用系统

数字流域专业应用子系统是数字流域系统工程的专题应用层。一个流域的管理、保

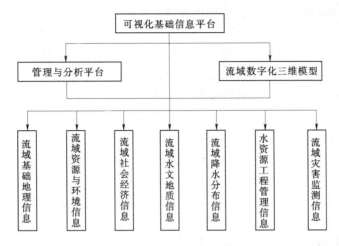

图 11-5 数字流域可视化基础信息平台

护、研究和开发涉及了农业、工业和服务业等许多行业和部门，这些行业部门既可能包括政府机构，也涉及企事业单位，还可能涉及科研环保单位等。每个单位和部门对数字流域的需求有所不同，其所对应的专业信息也会有所差异。因此，数字流域建设的一个主要内容就是根据涉及流域的各级水利、电力、能源、交通、通信、规划、教育和医疗卫生等职能部门以及相关企事业单位和科研环保单位的信息需求建立专业应用系统，并在此基础上，按照数字流域的统一信息标准和规范，实现各专业应用系统的数据共享。特别是对于水利水电部门来说，主要是依托数字流域基础信息平台，建立处理、解决全流域关于雨情、水情动态分析和预测、洪水演进模拟和仿真、洪水预警和预报、防洪和抗旱减灾指挥、水资源梯级调度和分配、堤防规划与优化、大坝及电厂安全监控和运行、电力综合调度与指挥、生态环境保护与防治以及水利水电工程管理和运行等具体实际应用问题的规则库和模型库，并开发出相应的基于数字流域的水利水电行业各职能部门信息管理及辅助决策系统，为全流域水利水电事业的总体规划、设计、建设、服务和管理以及水土资源的合理开发、优化配置和有效利用，缓解水资源的供求矛盾，做好水资源和水生态环境的保护，提高防洪抗旱标准和能力，确保旱涝保收等提供现代化的工具。

4.综合应用层

数字流域综合管理与决策系统是数字流域系统工程的综合应用层，目的是以数字流域基础信息平台为依托，通过对全流域的基础地理、自然资源以及社会和经济等各个领域的不同信息进行综合处理、分析和研究，并结合水利水电以及其他行业的专业信息处理和专题分析成果，研究流域仿真、虚拟现实和决策分析等定量模型，建立优化全流域整体规划、设计、建设、管理和服务等运行机制的计算机模型，为制定全流域整体发展战略、优化整体运行等宏观、全局性问题提供计算机辅助工具，直接服务于整个流域的综合规划、设计、建设和管理等。

四、数字流域的应用

数字流域是一种多层次的结构，既可应用于国家战略、政府决策，又可为科研教学服务，还可应用于商业开发领域。随着技术的逐渐成熟和完善，数字流域也必将不断影响人们的生存、生活和生产方式。它的整体性和系统性的全局观念将为水资源管理和利用带来崭新的局面。

　　数字流域具有十分广阔的发展前景，可以应用于政府管理、决策、科研教学和航运、气象服务等许多领域，包括水资源的规划与管理、水资源的合理配置、洪涝灾害的预警与损失评估、环境变化对生物多样性的影响、流域过程模拟、物质迁移与输送、水土流失、农业结构优化与布置、土地利用结构变化及其驱动力等。流域模拟模型是数字流域的核心应用，包括流域可持续发展模型（评价指标体系、发展的可持续性评估、发展阶段调控）、流域健康性评价（评价指标、评价方法）、流域活力评价、生态经济模型、环境灾害模型、水文水力学模型、流域人口承载力以及与这些模型有关的评价指标和模型设计所涉及的算法。模型的定量描述，包括生态经济、环境变化驱动力及其影响、流域健康性的指标体系和评估、各种指标的敏感度、指示指标等。在数字流域的支持下，可方便地获得地形、土壤类型、气候、植被和土地利用变化数据，应用空间分析与虚拟现实技术，模拟人类活动对生产和环境的影响，制定可持续发展对策。数字流域可以应用在防洪减灾、防汛调度、水资源、流域环境质量控制与管理、土地利用动态变化、资源调查、环境保护等方面，可对重大决策实行全流域数字仿真预演，为流域经济的可持续发展提供决策支持。同时，在国家重大项目的决策、工程项目设计与建设、社会生活等方面，数字流域也能够提供全面、高质量的服务。

第五节　智慧城市水务

一、智慧城市水务的内涵

　　智慧城市水务是通过信息化技术方法获得、处理并公开城市水务信息，从而有效地管理城市的供水、用水、耗水、排水、污水收集处理、再生水综合利用等过程，是智慧城市的重要组成部分。智慧城市水务是充分利用新一代信息技术，深入挖掘和广泛运用水务信息资源，包括水务信息采集、传输、存储、处理和服务，全面提升水务管理的效率和效能，实现更全面的感知，更主动的服务，更整合的资源，更科学的决策，更自动的控制和更及时的应对。

　　（1）更全面的感知。是指感知方式更快捷，感知速度更及时，感知精度更准确。感知更全面包括感知的内容更全面、感知手段更全面以及覆盖范围更全面。

　　（2）更主动的服务。是指更及时发现问题、更及时发出预警、更及时告知相关人员、更及时提出措施和方案以及更及时控制。

　　（3）更科学的决策。全生命周期的决策支持和水务业务之间更加协调。决策链的科学支持包括集信息收集、智能仿真、智能诊断、智能预报、智能调度、智能控制和智能服务于一体的水务业务全生命周期的决策支持。

　　（4）更自动的控制。是指通过集中控制的方式使得对控制体系的控制更自动。智慧水务将整个城市水务划分为五个控制体系，分别为防洪工程控制体系、水源工程控制体系、城乡供水工程控制体系、城市排水工程控制体系和生态河湖工程控制体系，拟通过集中控制的方式使得各工程体系的控制更加自动化。

（5）更及时的应对。是指对突发事件以及灾害源的更早发现，对灾害事件的更快反应，对相关单位的更好协同以及对应急事件的更科学处理，通过智慧水务应急体系建设实现对突发事件更及时的应对。

二、智慧城市水务的功能

根据二元水循环理论。城市社会水循环的供水、用水、耗水、排水、污水收集处理、再生水综合利用等过程是城市水务管理的重要关注对象。

针对城市社会水循环各过程的监测、控制、应用和综合服务等智能化管理需求，智慧城市水务应当

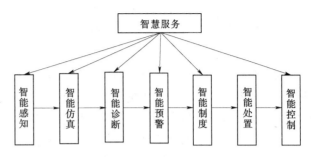

图 11-6 智慧城市水务主要功能

开展五大体系建设：主动服务体系、智能应用体系、自动控制体系、立体感知体系和支撑保障体系。

智慧城市水务的主要功能如图 11-6 所示。

第六节 "互联网十"在水资源管理中的应用

"互联网十"是创新 2.0 下的互联网发展的新业态，是知识社会创新 2.0 推动下的互联网形态演进及其催生的经济社会发展新形态。"互联网十"是互联网思维的进一步实践成果，推动经济形态不断地发生演变，从而带动社会经济实体的生命力，为改革、创新、发展提供广阔的网络平台。

通俗来说，"互联网十"就是"互联网十各个传统行业"，但这并不是简单的两者相加，而是利用信息通信技术以及互联网平台，让互联网与传统行业进行深度融合，创造新的发展生态。它代表一种新的社会形态，即充分发挥互联网在社会资源配置中的优化和集成作用，将互联网的创新成果深度融合于经济、社会各域之中，提升全社会的创新力和生产力，形成更广泛的以互联网为基础设施和实现工具的经济发展新形态。

水利行业作为影响国际民生的传统基础领域，通过整合和吸收政府、社会各界优质资源积极参与，将"水务管理与服务"与"互联网"相结合，必将促进"水资源"的高效管理利用、"水灾害"的有效防控。

互联网十水务管理与服务平台，将面向城市水资源管理与合理控制、城市排污管理与合理控制、城市防洪排涝预测预报调度和信息发布的需求，提供水情，视频，自动化监控站网感知系统方案、政务网，采集网，控制专网通讯网络方案、信息化资源统一管理调配的大数据中心方案，以及涵盖调、取、输、蓄、供、排、防治的业务应用系统方案。互联网十水务管理与服务平台，致力于贯通城市水务政务办公平台、公共信息发布平台、水资源管理、防洪排涝管理、排污截污治理管理等各种业务应用平台，打造实现水务行政部门间信息共享，支持政务业务协同交互、面向社会公众提供便捷服务的平台。

互联网十水务管理与服务平台依托互联网和物联网技术框架，完成实施采集站网和通

信网络部署和建设，通过统一接收交换平台将采集信息作为一种资源存入大数据管理中心，大数据管理中心统一调配数据、服务器、网络等支撑资源为水务管理业务应用系统提供服务并保障资源安全。

本 章 小 结

水资源数字化管理是一个较新的领域。本章在阐述水资源数字化管理内容和意义的基础上，详细介绍了"3S"技术的内容并探讨了"3S"技术在水资源管理中的应用，系统地阐述了水资源管理信息系统的建设和应用。在本章的最后还涉及了近年来被很多研究者和专家所看好的数字流域的有关知识，全面地介绍了数字流域的理论基础、结构框架和实际应用。"3S"技术和水资源信息系统的建立以及数字流域的应用，智慧城市水务以及"互联网＋"在水资源管理中的应用都会对原有的传统水资源管理产生巨大的变化，并最终促成水资源数字化管理的诞生，以适应现代化水利的要求。

参 考 文 献

［1］ 周文．试论 GIS 在水资源数字化管理中的作用［C］．2007 中国可持续发展论坛，2007．

［2］ 韩文利，李国民．"3S"技术在水资源数字化管理中的作用［J］．建筑与预算，2012（1）：50－51．

［3］ 王鹏．基于数字流域系统的平原河网区非点源污染模型研究与应用［D］．南京：河海大学，2006．

［4］ 冯克鹏．宁夏水资源优化配置决策支持系统研究［D］．银川：宁夏大学，2014．

［5］ 廖纯艳，黄健．"3S"技术在丹江口水库水源区水土流失动态监测中的应用［J］．水土保持通报，2007（1）：58－61

［6］ 姚佩琰．水资源管理信息系统方案的设计与实现［D］．杭州：浙江工业大学，2012．

［7］ 田奥．水资源管理信息系统构建研究［J］．知识经济，2012（9）：80．

［8］ 阎苗渊．基于 GIS 的灌区水资源管理信息系统研究［D］．郑州：郑州大学，2013．

［9］ 刘佳璇，黄梅．数字流域架构与软件体系研究［J］．中国水利，2010（8）：54－57．

［10］ 刘家宏，王光谦，王开．数字流域研究综述［J］．水利学报，2006（2）：240－246．

［11］ 庞树森，许继军．国内数字流域研究与问题浅析［J］．水资源与水工程学报，2012（1）：164－167．

［12］ 李权国，苗放．数字流域体系构建及关键技术探讨［J］．测绘科学，2011（6）：265－266．

［13］ 王先锋，李东亚，张绍峰，等．黄河"数字水资源保护"建设［J］．人民黄河，2003（8）：17－18．

［14］ 马娟，邓富亮．对我国数字水资源的初步探讨［J］．安徽地质，2004（3）：209－212．

［15］ 孟晓路，赵巨伟，王振颖．基于 GIS 平台辽阳市水资源管理信息系统的设计与功能［J］．节水灌溉，2008（8）：42－44．

［16］ 崔维群，高晓黎，李玉芝，等．基于 GIS 的水资源管理信息系统的设计与实现［C］．华东七省（市）水利学会第二十五次学术会议论文集，2010．

［17］ 巴亚东．基于 GIS 的长江流域水资源保护信息管理系统建设［C］．大数据时代的信息建设——2015（第三届）中国水利信息化与数字水利技术论坛论文集，2015．

[18] 刘英敏．基于 GIS 和 RS 的数字流域构建关键技术研究与实践 [D]．长春：吉林大学，2006.

[19] 石宇，张鹰，崔忠义．城市水资源管理信息系统的 GIS 应用 [J]．农业网络信息，2007（1）：26 - 28.

[20] 乔西观．江河流域水资源统一管理的理论与实践 [D]．西安：西安理工大学，2008.

[21] 张行南，丁贤荣，张晓祥．数字流域的内涵和框架探讨 [J]．河海大学学报（自然科学版），2009，37（5）：495 - 498.

[22] 李壁成，李晓燕，闫慧敏，等．数字流域的结构与功能研究 [J]．水土保持研究，2005，12（3）：101 - 103.

[23] 陆大明，李永贵，段淑怀，等．"数字流域"构架及其关键技术 [J]．中国水土保持，2009（5）：59 - 61.

[24] 雷玲玲，谈晓军．数字流域建设中若干关键技术的探讨 [J]．计算机与数字工程，2005（9）：28 - 31.

[25] 刘璐璐．城市智慧水务建设路径探讨 [J]．安庆师范学院学报：社会科学版，2016（1）：99 - 101.

[26] 庞靖鹏．关于推进"互联网＋水利"思考 [J]．中国水利，2016（5）：6 - 8.

[27] 赵彤，邱春．互联网思维及"互联网＋水利"浅析 [J]．东北水利水电，2015（10）：59 - 62.

思 考 题

1. 什么是水资源数字化管理？有何意义？
2. "3S"技术指的是什么？其各自具有什么功能？
3. "3S"技术在水资源数字化管理应用中主要包括哪几个方面？
4. 水资源管理信息系统建设的目标是什么？
5. 水资源管理信息系统具有哪些功能？其具体内容包括哪些方面？
6. 什么是"数字流域"？包含哪些技术基础？
7. 数字流域有哪些主要功能？
8. 什么是智慧城市水务？其主要功能有哪些？
9. "互联网"在水资源管理中有哪些应用？

实 践 训 练 题

1. 水资源数字化管理主要内容研究。
2. 地区（流域）水资源数字化管理内容分析。
3. 水资源数字化管理目的及特性研究。
4. 水资源数字化管理体系研究。
5. 水资源数字化管理措施分析。
6. 水资源数字化管理效果分析。
7. 水资源数字化管理模式分析。
8. 新形势对水资源数字化管理的要求。
9. 地区（流域）水资源数字化管理的关键措施研究。

第十二章 水资源安全管理

水资源安全是水资源管理的最终目标。从广义上来讲，水资源安全是指国家利益不因洪涝灾害、干旱缺水、水质污染、水环境破坏等造成严重损失；水资源的自然循环过程和系统不受破坏或严重威胁；水资源能够满足国民经济和社会可持续发展需要的状态。而通常我们所说的狭义的水资源安全就是指在不超出水资源承载能力和水环境承载能力的条件下，水资源的供给能够在保证质和量的基础上满足人类生存、社会进步与经济发展，维系良好生态环境的需求。如图12-1所示，本章在探讨水资源安全内涵及意义的基础上，分析我国水资源面临的挑战，探讨水资源安全评价、水资源安全预警，并初步研究水资源安全保障等相关内容。

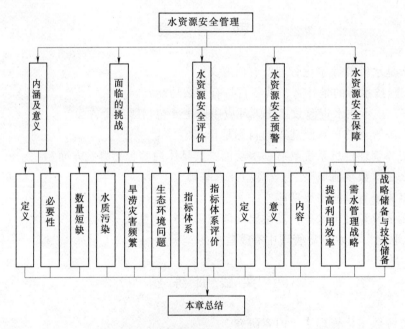

图 12-1 本章思路结构框架图

第一节 水资源安全内涵及意义

一、水资源安全定义

安全是某一领域或系统的安全，是指个体或系统不受到侵害和破坏。目前常用于国家的安全、社会的安全和人民生命财产安全、粮食安全、生态安全等。资源安全是指资源要对国家和社会的安全起保障作用，对社会和经济的可持续发展起保障作用，因而对资源的开发利用要合理有序，防止浪费和破坏。水资源安全是资源安全概念的具体应用。

水资源安全具有广义和狭义两种。广义的水资源安全是指国家利益不因洪涝灾害、干旱缺水、水质污染、水环境破坏等造成严重损失；水资源的自然循环过程和系统不受破坏或严重威胁；水资源能够满足国民经济和社会可持续发展需要的状态。狭义的水资源安全是指在不超出水资源承载能力和水环境承载能力的条件下，水资源的供给能够在保证质和量的基础上满足人类生存、社会进步与经济发展，维系良好生态环境的需求。

水资源安全的内涵包括水质的安全和水量的安全两个方面。从水资源安全预警机制的角度看，水资源安全的概念分为 3 个层次：①水质的安全，这是水资源安全概念中第一个层次，主要包括地表水质的安全和地下水质的安全；②基于水供给和水需求基础之上的水量安全；③基于可持续利用基础之上的水量安全，指在一定的水储备条件下，为实现水资源的可持续利用，每年水的利用率不能超过其贴现率。水资源安全是水资源维护良好的生产、生活和生态不受侵害的能力。水资源安全与人的认知水平和感受有关，它因研究范围可具有不同的内涵。

二、水资源安全必要性

水资源是基本的生活资源、经济资源和环境资源，水资源安全关系到人类的生存和社会的可持续发展。由于目前水资源安全出现了问题，引起社会的高度关注。

斯德哥尔摩每年都召开国际会议讨论水资源问题，每次会议都有一个主题，2000 年会议的主题是"21 世纪的水安全"，它与 2000 年 3 月"海牙部长级宣言"的标题完全一致，这绝不是一种巧合，这正说明水的安全问题成为世界的问题，引起世界各国的关注。据世界卫生组织统计，全球仍有 20％的人口缺少安全的供水，有 50％的人口缺少卫生的饮水，每年有 700 万人死于各种与水有关的疾病，有 14 亿人没有洁净的饮用水，23 亿人缺乏足够的公共卫生设施。基于此背景，海牙会议提出了实现全球水安全目标：①2005年有 75％的国家，2015 年所有国家能够实施水资源统一管理的各种政策和战略；②2011年，使没有卫生设施的人数减少到现有人数的一半；③2015 年，使没有数量足够（价格上也能负担得起）的安全饮用水的人数减少到现有人数的一半；④2015 年，靠天然降水和灌溉农业的粮食生产用水率提高 30％；⑤2015 年，生活在洪泛区并遭受洪水威胁的人数减少 50％；⑥2015 年，所有的国家制定保护淡水生态系统的国家标准。

在 2001 年 3 月 22 日世界水日上，联合国秘书长科菲·安南发表了《水的安全——人类的基本需要权利》的献词，认为水安全是人类的基本需要，也是人类的基本权利，污水危害人类的身体健康和社会进步，是对人类尊严的侵犯。然而，时至今日，清洁的水对许多人仍是一种奢望，世界十几亿人直接取用未经处理的水，近 25 亿人缺乏基本卫生设施，这些人处在世界最贫穷和健康状况最差的人群之中。事实上，在发展中国家，80％的疾病和死亡是由于缺乏安全的水供应所造成的。世界水日提醒我们从全球的角度看待水的问题，并支持全球的行动，以便使全球所有的人都能获得安全的水。在新世纪，水的卫生和公平分配对我们的世界提出了极大的社会挑战。我们要保障全球范围内的有益健康的水供应，保证每一个人都能获取它。让我们共同承诺，为所有的人提供清洁、安全和有益健康的水。

水资源安全是现代水利的目标，水资源安全管理具有重要的理论和现实意义。

第二节 水资源安全面临的挑战

我国水资源安全面临严峻的挑战，主要表现在以下几个方面。

一、水资源数量短缺成为社会可持续发展的"瓶颈"

水资源数量安全是水资源安全的重要组成部分，我国水资源数量普遍短缺，成为社会可持续发展的"瓶颈"。

二、水质污染成为社会必须面临的重大问题

目前，无论是地表水还是地下水，我国的水质污染非常严重。2003 年，在我国 7 大水系 407 个重点监测断面中，Ⅰ～Ⅲ类水质占 38.1%，Ⅳ、Ⅴ类水质占 32.2%，劣Ⅴ类水质占 29.7%。在 7 大水系干流的 118 个国控断面中，Ⅰ～Ⅲ类水质断面占 53.4%，Ⅳ、Ⅴ类水质断面占 37.3%，劣Ⅴ类水质断面占 9.3%。从整体情况来看，各水系干流水质好于支流水质。2013 年，我国对全国 20.8 万 km 的河流水质状况进行了评价。全国Ⅰ类水河长占评价河长的 4.8%，Ⅱ类水河长占 42.5%，Ⅲ类水河长占 21.3%，Ⅳ类水河长占 10.8%，Ⅴ类水河长占 5.7%，劣Ⅴ类水河长占 14.9%。全国Ⅰ～Ⅲ类水河长比例为 68.6%。从水资源分区看，西南诸河区、西北诸河区水质为优，珠江区、东南诸河区水质为良，长江区、松花江区水质为中，黄河区、辽河区、淮河区水质为差，海河区水质为劣；我国对全国开发利用程度较高和面积较大的 119 个主要湖泊共 2.9 万 km² 水面进行了水质评价。全年总体水质为Ⅰ～Ⅲ类的湖泊有 38 个，Ⅳ、Ⅴ类湖泊 50 个，劣Ⅴ类湖泊 31 个，分别占评价湖泊总数的 31.9%、42.0% 和 26.1%。

我国地表水资源污染严重，地下水资源污染也不容乐观。"八五"期间水利部组织有关部门完成了《中国水资源质量评价》，其结果表明，我国北方五省（自治区）和海河流域地下水资源，无论是农村（包括牧区）还是城市，浅层水或深层水均遭到不同程度的污染，局部地区（主要是城市周围、排污河两侧及污水灌区）和部分城市的地下水污染比较严重，污染呈上升趋势。具体而言，根据北方五省（自治区）（新疆、甘肃、青海、宁夏、内蒙古）1995 年地下水监测井点的水质资料，在 69 个城市中：Ⅰ类水质的城市不存在；Ⅱ类水质的城市只有 10 个，只占 14.5%；Ⅲ类水质城市有 23 个，占 31.9%；Ⅳ、Ⅴ类水质的城市有 37 个，占评价城市总数的 53.6%，即 1/2 以上城市的城市地下水污染严重。

2013 年，依据 1229 眼水质监测井的资料，北京、辽宁、吉林、黑龙江、河南、上海、江苏、安徽、海南、广东 10 省（直辖市）对地下水水质进行了分类评价。结果显示，水质适用于各种用途的Ⅰ、Ⅱ类监测井仅占评价监测井总数的 2.4%；适合集中式生活饮用水水源及工农业用水的Ⅲ类监测井也只占 20.5%；而适合除饮用外其他用途的Ⅳ、Ⅴ类监测井却占了 77.1%。可见我国的地下水污染极为严重。

21 世纪，虽然随着我国环境治理力度加大，水质恶化的势头有所控制，但从总体上来判断，水质恶化的趋势不可避免，从空间上将由大陆向海洋、从城市到农村扩展，如果不采取有力的措施，一些城市、地区或流域甚至全国可能发生水质危机；可以说，水质危机危害远远超过水量危机，必须引起高度重视。水质污染给水资源安全带来了巨大的挑

战，成为社会必须面临的重大问题。

三、旱涝灾害频繁发生，导致重大经济损失

我国是旱涝灾害十分频繁的国家，每年的旱涝灾害都会给国家造成重大经济损失，威胁着国家的安全。据研究，我国每年因旱涝等重大气候和气象灾害造成的损失超过 2000 亿元，约占国民生产总值的 3%～6%。每年农业受灾面积达到 5000 万～5500 万 hm²，占农作物总播种面积的 30%～50%，其中成灾面积达到 2700 万～3300 万 hm²，绝收面积 700 万～1000 万 hm²，分别占总播种面积的 18%～22% 和 5%；所造成的粮食损失达 4000 万～5000 万 t，占全国粮食总产量的 8%～10%，并且还有上升的趋势。旱涝灾害频繁发生，带来损失巨大，对水资源安全带来了极大的挑战。

四、水资源开发引起的生态环境问题更加严重

为了满足 21 世纪水资源需求，必将加大水资源开采力度，水资源过度开发，无疑会导致生态环境的进一步恶化。通常认为，当径流量利用率超过 20% 时就会对水环境产生很大影响，超过 50% 时则会产生严重影响。目前，我国水资源开发利用率已达 19%，接近世界平均水平的 3 倍，个别地区更高，如 1995 年松海黄淮等片开发利用率已达 50% 以上。据预测，到 2050 年全国地表水资源利用率为 27%，除西南诸河利用率较低外（12%），其他各流域均超过 20%，特别是海滦河、淮河、黄河地表水资源利用率均超过 50%，分别为 62%、60% 和 56%。海河、黄河、辽河流域水资源开发利用率已经达到 106%、82%、76%，西北内陆河流开发利用已经接近甚至超出水资源承载能力。

地下水的开发利用也将达到相当程度。在我国北方地区 65% 的生活用水来自地下水；同时，50% 的工业用水和 33% 的农田浇灌也源自地下水。全国 657 个城市中，有 400 多个城市以地下水为饮用水源。据我国新一轮全国地下水资源评价成果发现，全国适宜开采或饮用地下水地区，每平方千米年均可开采资源量已由 15 万 m³ 减少到 6 万 m³，北方地下水可采资源量减少了 56 亿 m³。有统计显示，全国以城市和农村井灌形成的地下水超采区 400 多个，总面积达到 62 万 km²，严重超采城市近 60 个。

第三节 水资源安全评价

由于水资源安全成为社会日益关注的热点，学术界对此研究也很热烈，已经取得了一定的研究成果，特别是如何定量评价水资源安全取得了一定的进展。

一、水资源安全评价指标体系

水资源安全评价指标体系是水资源安全评价的基础。根据研究对象的不同，特别是关注的焦点不同，其指标体系有很大的差异。

贾绍风对区域水资源安全评价进行了深入的研究，提出水资源安全评价指标体系，并将其应用于海河流域进行了案例研究。他认为，水资源压力指标可以从宏观上反映一个区域水资源的丰裕/稀缺程度和开发利用程度，却不能反映一个流域的水资源实际满足社会需求，即水资源安全的程度，水资源安全必须根据水资源的供求关系来衡量。水资源安全是一个很综合的概念，很难用一两个指标反映其全部内容，建立水资源安全评价的指标体系非常重要的。水资源安全包括水资源社会安全、水资源经济安全和水资源生态安全等几

个层面，相应的水资源安全的度量指标体系也应该包括反映长远的水资源社会安全、经济安全、生态安全和综合评价等几方面内容的指标。

韩宇平也对水资源评价指标体系进行了研究，他认为，为了对区域的水安全状况进行全面的分析和诊断，必须尽可能全面地选取能反映区域水安全信息的指标。为了和国际会议上提出的内容相一致，评价水安全的指标应该包括水的供需矛盾、生态环境、粮食安全、饮用水安全、控制灾害、赋予水价值和水资源管理等7个方面。考虑到资料来源的可行性、可量化性及不同地区的可比性，选取5个方面共22类指标作为评价区域水安全状况的评价指标并且建立了它们之间的层次结构。

张巧显等人运用系统分析的理论与方法，分析了中国水生态系统的特征及各组分间的相互作用，建立了中国水安全动态模型。该模型从生命安全、经济安全、粮食安全、生态系统安全、环境安全和社会安全等6个子安全出发，再按常规发展的模拟、技术革新模拟、体制改革和行为诱导模拟以及水资源可持续利用模拟4种不同情景下进行系统模拟，结果表明，只有加速技术创新，增强水生态和节水意识，加强水管理，中国水安全才能得以保证。其指标体系含有50个主要指标，其中状态变量包括人口数，城市、农村人均生活日用水量，工业总产值，耕地面积，灌溉定额，供水量等14个；目标变量包括生活需水、工业需水、农业需水、供水量、缺水率、人均生活日用水量、GDP、粮食供需差、生态系统压力、环境压力等16个；决策变量包括万元产值取水量、工业结构高耗水比例、工业用水重复利用率、工业产值增长率、灌溉定额减小率、亩产增长率和水利投资比例等20个。另外，还有若干辅助变量、参数等。

夏军认为，水资源承载力是对水资源安全的一个基本度量，他给出了水资源承载力的度量与计算方法，包括可利用水资源量、水资源需求量的计算、流域水资源承载力平衡指数、水资源承载力分量的测度等。

二、水资源安全评价指标体系分析

水资源安全评价指标体系研究取得了一定的进展，但从以上研究成果来看，不同的学者所选择指标体系有很大的差异。产生这种情况的主要原因是对水资源安全理解的差异。目前，这种差异在短时间内难以统一，评价指标体系也难以有权威的体系，就像可持续发展指标体系那样，虽然提出了很长时间，到现在为止也没有一个统一的指标体系，仍处于"百花齐放"的状态。

就目前各个指标体系情况来看，很全面，照顾了各个方面，全面的同时也带来新的问题，过于详细和复杂，使得数据获得成为一个新的问题；另外，指标之间的重叠性想完全消除是困难的。

水资源安全评价指标体系不是越多越好，应该选择关键指标。对于水资源安全评价指标体系而言，也存在一个"不相容原理"，也就是选择的指标越多，描述体系的准确性可能越不准确。评价指标体系指标应该控制在10个左右是可以的。

对于水资源评价指标体系，必要时选择敏感性指标是很有意义的。如一个地区而言，数量指标或者水质指标就富有很重要的指示意义。水质严重恶化，意味着水资源不安全，没有必要再去进行其他指标的计算，当然这只是一种特殊情况。无论如何，选择敏感性指标评价水资源安全是十分必要的。各地可根据当地水资源特性，因地制宜选择适宜的水资源安全评价指标体系。

第四节　水资源安全预警

一、水资源安全预警定义

水资源安全预警是预警的理论、方法在水资源安全领域中的具体应用。水资源安全预警，是指对由于自然和人类社会的因素引起的重大水资源不安全（或水资源危机）进行预期性评价，以提前发现未来有关水资源可能出现的不安全问题及其成因，为制定消除或缓解水资源不安全的措施提供依据。

二、水资源安全预警意义

水资源安全预警具有重要的意义，主要表现在以下几个方面：

（1）水资源安全预警为决策提供及时准确的信息。水资源安全程度如何是大家都很关心的事情，这是由水资源所具有的经济属性、环境属性所决定的。水资源安全预警可以为及时掌握水资源安全态势的变化，找出存在的问题，改进的方向，而且可以防患于未然，为政府应水资源决策提供基础信息，具有重要的意义。

（2）水资源安全预警可以提高民众参与意识。水资源安全预警的公布，可以让民众知道水资源真实的情况，是对民众水资源的教育，增添水资源忧患意识，提高节约水资源的节约意识，同时可以提高民众参与意识。

（3）水资源安全预警机制有利于加强水供给和水需求管理。水资源安全预警对水供给和水需求的规模、增长的趋势都做了相应的预测，我们就可以提前知道了水资源的安全状况，便于尽早对水供给和水需求的使用做出安排。如水供给大于水需求的时候，采取措施给予储备，需求远远大于水供给的时候，采取措施调节供需平衡，建立水资源安全预警机制有利于加强水供给和水需求管理。

三、水资源安全预警内容

水资源安全预警包括明确警情、寻找警源、分析警兆和预报警情。从警源存在到警情发生必然有各种征兆，这也就是我们所说的警兆。水资源安全预警的目的就是根据警兆变动来预报警情。

水资源安全预警内容根据利用者的目的而确定，至少应该包括以下几个方面的内容：

（1）水量重大变化。

（2）水质变化。

（3）有关影响水资源安全重大因素。

（4）水资源安全对其他安全的影响。

第五节　水资源安全保障

一、水资源安全保障内容

为了维护水资源安全，建立水资源安全保障体系是非常重要的。水资源安全保障至少应该包括以下几个方面。

1. 提高水资源利用率和利用效率

用水效率和水资源利用效率两个不同的概念，水资源利用效率它偏重于单位水资源所获得的效益。我国的水资源开发利用率较高，但是水资源利用效率比较低下，导致宝贵的水资源浪费十分严重。如我国的农业长期以来采用粗放型灌溉方式，水的利用效率很低，水的有效利用率仅在 40％左右，现有灌溉用水量超过作物合理灌溉用水 0.5～1.5 倍以上；工业和城市用水浪费现象也很严重，除北京、天津、大连、青岛等城市水重复利用率可达 70％以外，大批城市水资源的重复利用率仅有 30％～50％，有的城市更低，而发达国家已达到 75％以上，高于先进国家几倍、甚至十多倍。我国节水有很大的潜力可挖。城市生活用水的节水潜力也很大，大约有 1/3～1/2 潜力可挖。我国目前节水效益水平与国际上比较还是低的。据有关资料分析，美国 1990 年用水效率为 10.3 美元/m^3，日本 1989 年用水效率为 32.4 美元/m^3，而我国 1995 年用水效率为 10.7 元/m^3，用水效率只有同年美国的 1990 年 1/8，日本 1989 年的 1/25（汇率按 1995 年 1.32 美元计算），说明我国节水潜力很大。1978—1984 年的资料表明，北京、天津两城市工业总产值分别增长了 1.8 倍和 1.6 倍，但由于提高了水的重复利用率，从 40％～46％提高到 72％～73％，而万元产值耗水量却减少了。2012 年 1 月，国务院发布的《关于实行最严格水资源管理制度的意见》中，也将确立用水效率控制红线作为新时期水资源管理中的"三条红线"目标之一。因此，我国必须掀起一场提高用水效率的革命，大幅度提高用水效率。

2. 实施需水管理战略

水资源需求管理就是综合运用行政手段、法律手段和经济手段来规范水资源开发利用中的人类行为，从而实现对有限水资源的优化配置和合理利用。水资源需求管理实质上就是着眼于现有的水资源，而不是开发新的供水能力满足水资源需求，彻底改变"以需定供"的供水模式，用"以供定需"来代替。需求管理最早起源于缺水国家以色列。以色列通过水审计来检查无效损失、回收废水加以利用，在工农业及城市用水中，大力推广节水技术，需水管理的核心是节水。澳大利亚西部也较早实行了需水管理，他们将水损失减至最小、不断提高水资源的有效利用率和水的替代物等战略，缓和了水资源供需矛盾。

3. 充分重视水资源战略储备及相应的技术储备

作为后备的战略水资源，最主要的是海水利用、调水、大气水的开发。

海水是战略后备水资源基地，具有"取之不尽，用之不竭"特征，在我国水资源日益紧张的情况下，充分利用海水和向大海要淡水成为一条必由之路。早在 20 世纪 80 年代，全球已建成 7536 座海水淡化厂，特别是淡水资源奇缺的中东地区，现已把海水淡化作为提供淡水的唯一途径。沙特 80 年代建立了第一个大型海水淡化联合企业，目前已发展 23 个大型现代化工厂，淡化水量也由开始的 0.227 亿 L 淡化水增加到现在 23.64 亿 L，基本解决了长期困扰的淡水问题。目前我国沿海城市一半以上缺水，海水淡化和海水利用应作为解决沿海和岛屿水资源不足的重要途径和方法之一，应该做好相应的规划，并进行海水资源开发利用研究和实践，在充分吸取国内、外经验基础上，设计和建造适宜于我国需求的海水淡化系统。调水是解决水资源分布不均衡的重要手段之一，"南水北调"工程是实践我国水资源南北配置的重大工程。

大气水的开发利用是解决水资源危机的另一条途径。国际上自 1946 年首次实施人工降雨成功以来，至今技术逐步成熟，并积累了一定经验，我国也开展了一定工作，如 1995 年河北开展的人工降雨取得了显著的效益，据测算，投入和产出效益比在 1：30 以上。因此，我国应该采取一定措施，从战略的角度重视大气水的开发利用，从全国的角度制定大气水开发利用规划，研究大气水的开发利用对地表径流及生态环境的影响，开发投入低、产出高的新技术。

二、我国水资源安全保障的发展趋势

2015 年 2 月，习近平总书记主持召开中央财经领导小组第九次会议上指出："保障水安全，关键要转变治水思路，按照'节水优先、空间均衡、系统治理、两手发力'的方针治水，统筹做好水灾害防治、水资源节约、水生态保护修复、水环境治理。"习近平总书记就保障国家水安全发表的重要讲话，精辟阐述了治水兴水的重大意义，深入剖析了我国水安全新老问题交织的严峻形势，明确提出了新时期治水思路、战略任务和基本方针，为我国未来水资源安全保障工作指明了方向。

此外，2015 年中央"十三五"规划建议中对于水资源安全管理方面指出，必须加强水生态保护，系统整治江河流域，连通江河湖库水系，开展退耕还湿、退养还滩。推进荒漠化、石漠化、水土流失综合治理。强化江河源头和水源涵养区生态保护。这也必将成为未来我国水资源安全保障工作的重点。

本 章 小 结

水资源安全是资源安全概念的具体应用。一般讲的水资源安全是指在不超出水资源承载能力和水环境承载能力的条件下，水资源的供给能够在保证质和量的基础上满足人类生存、社会进步与经济发展，维系良好生态环境的需求。水资源安全是现代水利的目标，水资源安全管理具有重要的理论和现实意义。我国水资源安全面临严峻的挑战，水资源数量短缺成为社会可持续发展的"瓶颈"；水质污染也成为社会必须面临的重大问题；旱涝灾害频繁发生，导致重大经济损失；水资源开发引起的生态环境问题更加严重。为此，本章分析了水资源安全评价指标体系，探讨了水资源安全预警，并初步研究了水资源安全保障等相关内容。

参 考 文 献

［1］ 于万春，姜世强，贺如泓 . 水资源管理概论［M］. 北京：化学工业出版社，2007.

［2］ 姜文来，唐曲，雷波，等 . 水资源管理学导论［M］. 北京：化学工业出版社，2005.

［3］ 李继清，张玉山，李安强，等 . 水资源系统安全研究现状及发展趋势［J］. 中国水利，2007（5）：11 - 13.

［4］ 刘华 . 上海市水资源安全利用理论及应用研究［D］. 上海：上海交通大学，2007.

［5］ 代稳，梁虹，舒栋才 . 水资源安全研究进展［J］. 水科学与工程技术，2010（1）：13 - 16.

［6］ 代稳，湛洪量，仝双梅 . 水资源安全评价指标体系研究［J］. 节水灌溉，2012（3）：40 - 43.

［7］ 任伯帜，邓仁建 . 流域水资源安全性及其保障措施［J］. 中国安全科学学报，2007（4）：5 - 10.

［8］ 刘志辉，孔繁新 . 构建水资源安全体系及预警决策支持系统［C］. 人水和谐及新疆水资源可持续

利用——中国科协 2005 学术年会论文集，2005.

[9] 张晓岚，刘昌明，高媛媛，等. 水资源安全若干问题研究 [J]. 中国农村水利水电，2011 (1)：9-13.

[10] 郭丽丹，周海炜，夏自强，等. 丝绸之路经济带建设中的水资源安全问题及对策 [J]. 中国人口资源与环境，2015 (5)：114-121.

[11] 陈开琦. 我国水资源安全法律对策研究 [J]. 中共四川省委省级机关党校学报，2012 (5)：5-14.

[12] 梁灵君，王树谦，王慧勇. 区域水资源安全评价研究初探 [J]. 东北水利水电，2006 (4)：12-14.

[13] 姚金海. 水资源安全预警法律制度建设的主要内容 [J]. 学术论坛，2011 (6)：80-83.

[14] 刘昕. 区域水安全评价模型及应用研究 [D]. 咸阳：西北农业科技大学，2011.

[15] 孙才志，杨俊，王会. 面向小康社会的水资源安全保障体系研究 [J]. 中国地质大学：社会科学版，2007 (1)：52-56.

[16] 张利平，夏军，胡志芳. 中国水资源状况与水资源安全问题分析 [J]. 长江流域资源与环境，2009 (2)：116-120.

[17] 张泽. 国际水资源安全问题研究 [D]. 北京：中共中央党校，2009.

[18] 方红远. 区域水资源安全概念浅析 [J]. 人民长江，2007 (6)：29-31.

[19] 李仰斌，畅明琦. 水资源安全评价与预警研究 [J]. 中国农村水利水电，2001 (1)：1-4.

[20] 焦士兴，李俊民. 中国水资源安全的现状分析与对策研究 [J]. 新乡师范高等专科学校学报，2003 (2)：26-28.

[21] 畅明琦，刘俊萍. 水资源安全的内涵及其性态分析 [J]. 中国农村水利水电，2008 (8)：9-14.

[22] 郦建强，王建生，颜勇. 我国水资源安全现状与主要存在问题分析 [J]. 中国水利，2011 (23)：42-51.

[23] 郭梅，许振成，彭晓春. 水资源安全问题研究综述 [J]. 水资源保护，2007 (3)：40-43.

[24] 中华人民共和国水利部. 中国水资源公报 2013 [M]. 北京：中国水利水电出版社，2014.

思 考 题

1. 什么是水资源安全？
2. 为什么要进行水资源安全管理？
3. 现阶段我国水资源安全面临的挑战主要包括哪几个方面？
4. 什么是水资源安全预警？
5. 水资源安全预警主要包括哪些内容？
6. 为何要进行水资源安全预警？
7. 水资源安全保障体系主要包括哪几个方面的内容？
8. 查阅相关文献，简述我国水资源安全管理的发展趋势。

实 践 训 练 题

1. 水资源安全管理目的及意义分析。
2. 水资源安全管理内涵分析。

3. 新形势下水安全管理的特点分析。

4. 目前水安全管理面临的挑战分析。

5. 水资源安全预警目的及意义。

6. 水资源安全预警内涵分析。

7. 水资源安全保障体系分析。

8. 水资源安全管理措施分析（地区或流域）。

9. 最严格水资源管理制度分析（地区或流域）。

第十三章　水资源保护

　　水资源保护是指通过行政、法律、工程、经济等手段，保障水资源的质量和供应，防止水污染、水源枯竭、水流阻塞和水土流失，以尽可能地满足经济社会可持续发展对水资源的需求。研究水资源保护，也就是研究更为合理利用水资源，让水资源的运用能够长久持续下去。本章首先讨论了水资源保护的概念、任务和内容，对水资源保护进行了定义；然后讨论了水环境情况的调查和分析，介绍了水环境容量计算的一般方法。通过对水环境质量的监测和评价的阐述和分析，系统梳理了各种水资源保护的工程措施和非工程措施。

　　本章的主要结构体系如图 13-1 所示。

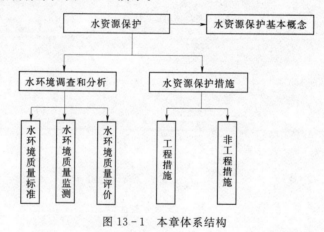

图 13-1　本章体系结构

第一节　水资源保护的概念、任务和内容

一、水资源保护的概念

　　水资源保护，从广义上应该涉及地表水和地下水水量与水质的保护与管理两个方面。也是指通过行政、法律、工程、经济等手段，保障水资源的质量和供应，防止水污染、水源枯竭、水流阻塞和水土流失，以尽可能地满足经济社会可持续发展对水资源的需求。在水量方面，要全面规划、统筹兼顾、综合利用、讲求效益、发挥水资源的多种功能。同时也要顾及环境保护要求和改善生态环境的需要。在水质方面，必须减少和消除有害物进入水环境，防治污染和其他公害，加强对水污染防治的监督和管理，维持水质良好状态。

二、水资源保护的任务和内容

　　1. 水资源保护的任务

　　随着水利事业的不断发展，现代人们对水资源的利用和调动能力越来越高。但是，随之水的时空分布和人类对水的时空需求的矛盾也更趋尖锐。人口骤增、社会经济发展、需水量迅速增长，并且用水量集中在大城市、工业区和经济发展区，这就使得水资源需求量在地域上不平衡；人类的大规模生产活动，如开矿修路、砍伐树木、垦荒种林、超采地下水等，致使土壤侵蚀增强，泥沙淤塞河道，影响到包括气候、生态等因素的自然环境，使得原本就时空分布不合理的水资源更趋于不合理。

现今水资源的种种问题和水环境的不断恶化，使得水环境保护成为了亟需重视的问题，做到开发而不破坏，把对自然水体的污染和对环境的不利影响降低到最低限度，使自然水资源能够永续造福于人类。

2. 水资源保护的内容

水资源保护的主要内容包括水量保护和水质保护两个方面。水量保护主要是对水资源统筹规划、涵养水源、调节水量、科学用水、建设节水型社会等；水质保护主要是制定水质规划，采取防止水污染措施。水资源保护的具体工作内容包括制定水环境保护法规和标准；进行水质调查、监测与评价；研究水体中污染物质迁移、污染物质转化和污染物质降解、水体自净作用的规律；建立水质模型，制定水环境规划；实行科学的水管理。

水资源保护工程的内容可概括为 3 个方面：

（1）发挥城建水资源工程作用。社会发展使现代水资源工程规模巨大，对自然环境影响强烈。因此，在规划水资源，发挥城建水资源工程作用时，要在改善水质、改造气候、保护环境、调配水体等方面，综合考虑工程的经济效益及短期效益，同时预测工程的环境影响和长期效益，以确定适宜的对象或决定取舍，使水资源的循环和存储结构更符合人类的要求。

（2）对污染进行综合治理。主要是指改进生活用水方式和生产工艺，减少污水和废水的生成量，处理生活污水和工业废水，控制其向自然水体的排放标准。

（3）开展水土保持，防止水土流失。水土流失或称土壤侵蚀，是地表土壤在各种自然和人为因素的影响下，受水力、风力等作用发生的移动和破坏现象。

在农业生产方面，水土流失会引起地力减退，产量降低。水土流失不仅会冲走土壤、肥料，降低土壤需水保墒能力，随着其不断发展，还会使细沟、浅沟逐年加深扩张，把原来的地形切割得支离破碎。

在水力方面，水土流失会引起泥沙淤积河流、水库、渠道，加重洪涝、旱灾，影响水利资源开发利用，给水利工程建设与管理带来许多困难。

因此，水土流失始终威胁着人类居住的环境，涵养水源，保护河流、湖泊等的蓄水容积，控制河道径流的起伏变化。搞好水土保持工作，对发展农业生产，加速促进国民经济的全面发展都有着极其重要的作用。

第二节　水环境情况调查和分析

一、水环境调查内容

（一）水体自然情况调查

1. 自然地理状况

（1）地理位置。水域所处的经纬度，所属的省、市行政区，两岸或四周区域的主要城镇和交通干线。

（2）地质、地貌概况。流域内的地质构造、地貌特征和类型（如平原、山地和丘陵等），以及矿产的种类和分布等。

（3）气候状况。流域内的气温（包括平均和最高、最低气温）、降雨量和降雨强度、风速、风向、空气湿度、日照时数、气压、主要灾害性气候等。

2. 生态环境状况

（1）土壤条件。流域内的土壤类型、肥力状况等，水土流失与面积状况。

（2）植被状况。流域内植被覆盖程度，主要农作物、野生动植物、水生生物的分布及自然保护区情况和保护要求。

3. 水域状况

（1）水域特征。江河的长度，断面面积，水面宽度（平均、最大与最小值），河流纵剖面图，等深线图，水位及水深（平均水深和最大水深等），河流比降，水文站分布状况等。湖库水面积、宽度、长度、深度以及容积曲线或等深线图，湖库水文站的位置等。

（2）水文特征。江河各代表性断面不同水文时期的流速、流量，断面的流速分布，河流封冻和解冻日期及汛期出现时间等。感潮河流的潮周期、憩流出现时间、不同潮期潮头到达距离，河网水系的主要流向，河流含沙量及粒径等。湖库的水位（平均、最高和最低值）、容积（平均、最大和最小慎），风浪的高度（平均、最大和最小值）、波长、水面盛行风向，湖库流流向、流速及其分布状况。湖库水面蒸发量的均值和年内分布，水量的流出流入情况（出入湖库河流的流速、流量和泥沙特征值）及其储量的变化等。

（二）污染源调查

1. 自然污染源

自然污染源，系指自然界化学异常地区存在的某些对江河湖库水域环境质量产生危害和不良影响的物质（或能量）源地。

在调查中，主要查明该水域范围内含有害物质（如氟化钠等）过高的矿泉、天然放射性源、自然污染源的位置，地下水退水中的不良物质（如硫酸根、氯根及其化合物等）自然污染的区域，同时测定污染物质的种类和数量。

2. 人为污染源

人为污染源，系指人类的生活和生产活动向江河湖库水域排放污染物质的源地。污染物质进入水域的形式，可分为点污染源、面污染源和流动污染源 3 种类型。

人为污染源的调查是控制水体污染、保护水资源的重要环节。它的目的是掌握污染源排放的废污水量及其中所含污染物质的各种特性，找出其时空变化规律。污染源调查所涉及的主要内容包括：污染源所在地周围的环境状况；排污单位生产、生活活动与污染源排污量的关系；污染治理状况；废污水量及其所含污染物量；废污水排放方式与去向；纳污水体的水文水质状况及其功能；污染危害及今后发展趋势等。

（1）点污染源。点污染源，系指该水域沿岸或汇入该水域的支流沿岸各类工矿企业等排污点。

点污染源应调查的主要项目有排污口的地理位置及分布；污水量及其所含污染物的种类、浓度或各种污染物的绝对数量；排污方式；排放规律；是稳定排放还是非稳定排放；

是连续排放还是间断排放,以及间断的时间、次数等;排污对水环境质量的影响等。

(2)面污染源。面污染源,系指江河湖库流域的地表径流(包括牧场和森林区)、地下水退水、农田灌溉尾水、矿区排出的地下水、尾矿淋溶径流、大气降水、村镇居民排出的生活污水等分散的产污源地。

面污染源应调查的主要项目有水体所在流域内地表径流的数量及地表径流带入水体内污染物的种类和数量;水体水面大气降水的数量及经大气降水(包括降尘)带入水域内污染物的种类和数量;水域内化肥、农药使用情况及农田灌溉后排出水的数量及所含污染物的种类、浓度;水域内地下水流入水体的数量及挟带污染物的种类和浓度;水域内的村镇等居民状况及直接或间接排入水体的人、畜用水的数量及携带污染物的种类和浓度。

调查的方法一般采用普查法、现场调查法、经验估算法及物料平衡法。

(3)流动污染源。流动污染源,系指江河湖库中来往船只、沿岸公路来往车辆排出污染物进入水域的源地。

主要调查该水域中来往船只的数量(或吨位),沿岸公路的车流量,测定排放污染物的种类(如石油类、有机物、重金属等)和数量。

二、水环境容量计算

(一)水环境容量理论

水环境容量指水环境使用功能不受破坏条件下,受纳污染物的最大数量,通常将给定水域范围,给定水质标准,给定设计条件下,水域的最大容许纳污量拟作水环境容量。

水环境容量由稀释容量与自净容量两部分组成,分别反映污染物在环境中迁移转化的物理稀释与自然净化过程的作用。只要有稀释水量,就存在稀释容量;只要有综合衰减系数,就存在自净容量。通常稀释容量大于自净容量,在净污比大于 10～20 倍的水体。可仅计算稀释容量。自净容量中设计流量的作用大于综合衰减系数。利用常规监测资料估算综合衰减系数,相当于加乘安全系数的处理方法,精度能满足管理要求。

水环境容量包括两层含义:

(1)当污染物质进入水体后,在水流作用下掺混、稀释、转移、扩散。与此同时,某些污染物在物理、化学、生物反应与作用过程中发生降解、消减,使污染物质浓度有所降低。

(2)水用户对水质要求各不相同,比如饮用水、工业用水和灌溉用水对水体中外来物质种类、数量的限制有很大的差异。只有当水体中外来物质危及到某一用途时,才称为水污染。比如,富营养化对城市内湖水环境危害很大,而对贫瘠土地的灌溉,却是肥料资源。

(二)水环境容量计算方法

由于污染物进入水环境之后,受稀释、迁移和同化作用,因此水环境容量实际上由 3 部分组成,其表达式如下:

$$W_T = W_d + W_t + W_s \tag{13-1}$$

式中:W_T 为水环境对污染物的总容量;W_d 为水环境对污染物的稀释容量;W_t 为水环境对污染物的迁移容量;W_s 为水环境对污染的净化容量。

1. 稀释容量

水环境对污染物的稀释容量是由水体对污染物稀释作用所引起的，它与体积和污径比有关。

设河流流量为 $Q(m^3/s)$，污染物在河水中的背景浓度为 $C_B(mg/L)$，水功能区水质目标值 $C_s(mg/L)$，排入河水的污水流量为 q（m^3/s），则水环境对该污染物的稀释容量可表达为

$$W_d = Q(C_s - C_B)\left(1 + \frac{q}{Q}\right) \qquad (13-2)$$

令 $V_d = Q$，$P_d = (C_s - C_B)\left(1 + \frac{q}{Q}\right)$，则有

$$W_d = V_d P_d \qquad (13-3)$$

式中：V_d 为水流流量；P_d 为水环境对污染物稀释容量的比容。

2. 迁移容量

水环境对污染物的迁移容量是由水体的流动引起的，它与流速、离散等水力学特征有关。其数学表达式为

$$W_t = Q(C_s - C_B)(1 + \frac{q}{Q})\left\{\frac{\sqrt{4\pi E_x t}}{u}\exp\left[\frac{(x-ut)^2}{4E_x t}\right]\right\} \qquad (13-4)$$

式中：E_x 为离散系数；u 为流速；x 为距离；t 为时间；其他符号意义同前。

令 $V_t = Q$ $P_t = (C_s - C_B)\left(1 + \frac{q}{Q}\right)\left\{\frac{\sqrt{4\pi E_x t}}{u}\exp\left[\frac{(x-ut)^2}{4E_x t}\right]\right\}$，则有

$$W_t = V_t P_t \qquad (13-5)$$

式中：V_t 为水流流量；P_t 为水环境对污染物迁移容量的比容。

3. 净化容量

水环境对污染物的净化容量，主要是由于水体对污染物的生物或化学作用使之降解而产生的，所以净化容量是针对可衰减污染物而言。假定这类污染物的衰减过程遵守一级动力学规律，则其反应速率 R 可写为

$$R = -kC \qquad (13-6)$$

式中：k 为反应速率常数，将它定义为污导，其大小反映污染物在水环境中被净化的能力。将污导 k 的倒数定义为污阻，用 τ 表示，它能反映污染物被降解难易的程度，τ 越大，污染物在环境中停留的时间越长，水环境对它的容量越小；C 为染物在水环境中的浓度，表示为水环境的污染负荷，将它定义为污压。反应速率 R 与 C 及 τ 有关，它反映水环境对污染物自净的快慢程度，将它定义为污流。于是便有

$$C = R\tau \qquad (13-7)$$

若污压 C 不变，污阻越大，污流越小。

根据上述若干物理量，提出水环境对污染物净化容量的表达式如下：

$$W_s = Q(C_s - C_B)\left(1 + \frac{q}{Q}\right)\left[-\exp\left(\frac{x}{\tau u}\right) + 1\right] \qquad (13-8)$$

式中：τ 为污染物污阻；其他符号意义同前。

令 $V_s = Q$ ，$P_s = (C_s - C_B)\left(1 + \dfrac{q}{Q}\right)\left[-\exp\left(\dfrac{x}{\tau u}\right) + 1\right]$ ，则有

$$W_s = V_s P_s \tag{13-9}$$

式中：V_s 为水流流量；P_s 为水环境对污染物净化容量的比容。

4. 总水环境容量

水环境对染物稀释容量、迁移容量和净化容量之和称为总环境容量，则有

$$W_T = V_T P_T = Q(C_s - C_B)\left(1 + \dfrac{q}{Q}\right)\left\{2 + \dfrac{\sqrt{4\pi E_x t}}{u}\exp\left[\dfrac{(x - ut)^2}{4E_x t}\right] - \exp\left(\dfrac{x}{\tau u}\right)\right\}$$

如果污染物是难降解的，则污导 $k = 0$ ，那么 $\exp\left(\dfrac{x}{\tau u}\right) \to 1$ ，这时

$$W_T = Q(C_s - C_B)\left(1 + \dfrac{q}{Q}\right)\left\{1 + \dfrac{\sqrt{4\pi E_x t}}{u}\exp\left[\dfrac{(x - ut)^2}{4E_x t}\right]\right\} \tag{13-10}$$

说明水体对难降解污染物只有稀释容量和迁移容量，而无净化容量。

如果无离散作用存在，则 $E_x = 0$ ，这时

$$\dfrac{\sqrt{4\pi E_x t}}{u}\exp\left[\dfrac{(x - ut)^2}{4E_x t}\right] \longrightarrow 0$$

$$\exp\left(\dfrac{x}{\tau u}\right) \to 1$$

则
$$W_T = Q(C_s - C_B)\left(1 + \dfrac{q}{Q}\right) \tag{13-11}$$

此式表明，对于难降解污染物，在不考虑水体的离散作用时，不存在迁移容量和净化容量，水环境的总容量就等于稀释容量。

第三节　水环境质量监测与评价

一、水环境质量标准

1. 水质标准的概念

水质标准是水环境质量标准的简称，是对水体中的污染物质及其排放源提出的限量值（及最高容许浓度）的技术规范。水是人类不可缺少的宝贵资源，它不仅是人类生存的重要物质基础，同时又广泛用于工业、农业、渔业、绿化及畜牧业生产等多种经济活动。不同的用途对水有不同的水质要求，需要建立相应的物理、化学及生物学方面的水质标准。同时，为了保护已有水体的正常功能，也要对排入水体的污水及废水水质有一定的限制与要求。

水质标准在水环境保护方面有重要的作用。它为环境保护部门提出了水环境保护的工作目标；是衡量和评价水环境质量尺度和监督执法的主要依据；为产业、企业部门提出了组织现代化生产管理的条件与要求；为科研设计部门提出了水环境科技工作的要求和相应的技术规范。同时，水质标准亦是水质监测工作的依据。

2. 地表水环境质量标准

为了保障人体健康，维护生态平衡，保护水资源，控制水污染，改善地表水质量和促

进经济发展，我国制定了适用于江河、湖泊、水库的 GB 3838—2002《地表水环境质量标准》，标准的颁布与实施为地表水体环境质量的正确评价奠定了基础。

3. 地下水环境质量标准

根据我国地下水水质现状、人体健康基准值及地下水质量保护目标，并参照生活饮用水以及工业用水水质要求，将地下水质量划分为五类。

Ⅰ类：主要反映地下水化学组分的天然低背景含量，适用于各种用途。

Ⅱ类：主要反映地下水化学组分的天然背景含量，适用于各种用途。

Ⅲ类：以人体健康基准值为依据，主要适用于集中式生活饮用水水源及工、农业用水。

Ⅳ类：以农业和工业用水要求为依据，除适用于农业和部分工业用水外，适当处理后可用于生活用水。

Ⅴ类：不宜饮用，其他用水可根据使用目的选用。

二、水环境质量监测

1. 水质监测的含义与作用

水质监测是水污染防治和水资源保护的基础，是实施水质管理的依据，是对代表水质各项指标数据的测定过程，一般包括市设站网，选择采样技术、监测项目和方法，进行分析测试、数据处理和成果管理等。水质监测具有下列几方面的作用：

(1) 提供代表水体质量现状的数据，供评价水体质量之用。

(2) 确定水体中污染物的时、空分布状况，追溯污染物的来源、污染途径和消长规律，预测污染发展趋势。

(3) 判断水污染对环境生态和人体造成的影响，评价污染防治措施的实际效果，为制定有关法规、水环境质量标准提供科学依据。

(4) 为建立和验证污染模式（水质数学模式）提供依据。

(5) 揭示新的水污染问题，探明污染原因，确定新的污染物质，为水资源和水环境保护研究指明方向。

2. 常用监测方法

由于污染物来源复杂，组分含量差别很大，有的组分含量很低，所以对水质监测技术要求很高，几乎所有的分析方法在水质污染监测中都得到了应用。根据水质监测中使用方法原理的不同，可分为物理法、化学法、生物法等几类。

(1) 物理法：通过测量各种物理量，包括时间、热、光、磁、放射性等，用以对水体中污染物或它的某些特征值进行监测。这里测量手段除了传统的方法外，还包括遥感、激光等新方法。

(2) 化学法：化学法指应用分析化学手段，采用光学、电化学、色谱等分析方法，对水体中污染物种类、含量及其分布状态进行监测测定。

(3) 生物法：生物法就是利用不同生物对水污染产生的各种反应（群落变化、种群变化、畸形、变种等），判断水体污染的状况。生物法与上述物理、化学方法不同，生物监测可反映多种污染因子的综合效应以及水体长期污染的结果。

在上述的 3 种方法中，物理法和化学法实际上是互相联系、互相渗透的，而生物法由于能综合反映污染效应，因而在一定程度上，弥补了物理法及化学法的不足。

3. 水质监测的工作内容

水质监测工作内容包括站网设置、测点选择与布设、采样、水样分析、数据处理以及资料整编的全部过程。为保证监测资料和成果的科学性、系统性、代表性、可比性和可靠性，监测过程要严格按 SL 219—1998《水环境监测规范》的规定进行。在监测前，必须充分了解监测目的，并根据具体情况及要求，选择监测位置，布设适量采样点，确定采集样品的时间、次数和采样方法。此外，为使监测数据准确、可靠并具有可比性。应遵循统一的或标准的分析方法，并选用适当的保证分析质量的措施。

（1）监测项目。水质监测项目包括表征水质状况的各项物理、化学和卫生学指标，以及流速、流量、水深、风速、风向、气温、温度等水文气象指标。此外，还可借助水生生物（如浮游生物、鱼类、底栖生物、细菌）的种类和数量来判定水质状况。

确定监测项目时，要根据被测水体的实际情况和监测目的综合考虑。水质常规监测一般按规定项目进行。监测项目可分为必测与选测项目两类。对于一个监测系统来说，为了使资料完整、连续并具有可比性，必须对监测项目及分析方法统一要求。我国 SL 219—1998《水环境监测规范》规定的水质监测项目见表 13 - 1 和表 13 - 2。

（2）分析方法。水质监测项目的分析方法通常按照国家标准局和环保局颁布的《标准分析方法》来确定。为保证监测数据的可比性，在采用规定方法之外的新分析方法时，应将新方法与标准方法进行对比。地表水和污水监测常用的分析方法可参照 SL 219—1998《水环境监测规范》规定进行。

表 13 - 1　　　　　　　　　　　地 表 水 检 测 项 目

	必 测 项 目	选 测 项 目
河流	水温、pH 值、悬浮物、总硬度、电导率、溶解氧、高锰酸盐指数、五日生化需氧量、氨氮、硝酸盐氮、亚硝酸盐氮、挥发酚、氟化物、硫酸盐、氯化物、六价铬、总汞、总砷、镉、铅、铜、大肠杆菌群	硫化物、矿化物、非离子氨、凯式氮、总磷、化学需氧量、溶解性铁、总锰、总锌、硒、石油类、阴离子表面活性剂、有机氯农药、苯并（α）芘、丙烯酸、苯类、总有机碳等
饮用水源地	水温、pH 值、悬浮物、总硬度、电导率、溶解氧、高锰酸盐指数、五日生化需氧量、氨氮、亚硝酸盐氮、挥发酚、氰化物、氟化物、硫酸盐、氯化物、六价铬、总汞、总砷、镉、铅、大肠杆菌群、细菌总数	铁、锰、铜、锌、硒、铬、浑浊度、化学需氧量、阴离子表面活性剂、六六六、滴滴涕、苯并（α）芘、总 α 放射性、总 β 放射性等
湖泊水库	水温、pH 值、悬浮物、总硬度、透明度、总磷、总氮、溶解氧、高锰酸盐指数、五日生化需氧量、氨氮、亚硝酸盐氮、挥发酚、氰化物、氯化物、六价铬、总汞、总砷、镉、铅、铜、叶绿素 a	钾、钠、锌、硫酸盐、氯化物、电导率、溶解性总固体、侵略性三氯化碳、游离二氧化碳、总碱度、碳酸盐、熏碳酸盐、大肠杆菌等

表 13 - 2　　　　　　　　　　　地 下 水 监 测 项 目

	必 测 项 目	选 测 项 目
河流	pH 值、总硬度、溶解性总固体、氯化物、氟化物、硝酸盐、氨氮、硝酸盐、亚硝酸盐、高锰酸盐指数、挥发性酚、氰化物、砷、汞、镉、六价铬、铅、铁、锰、大肠菌群	色、嗅和味、浑浊度、肉眼可见物、镉、锌、铬、钴、阴离子合成洗涤剂、碳酸物、硒、铍、钡、镉、六六六、滴滴涕、细菌总数、总 α 放射性、总 β 放射性等

三、水环境质量评价

水环境质量评价简称水质评价。水质评价是根据水体用途,按照预定的评价目标,选择一定的评价参数、质量标准和评价方法,对水体的质量和利用价值进行定性或定量评定的过程。水质评价是水环境质量评价的一个方面,也是水资源保护工作的一个组成部分。对江、河、湖、库等水体的水质评价的目的是,指出水体污染程度、主要污染物质及其来源、污染时段和位置及其发展趋势,以便为水资源保护工作提供决策依据。

水质评价参数通常可分为感官性因素。包括色、味、嗅、透明度、浑浊度、悬浮物、溶解物等;氧平衡因子类,包括溶解氧、化学耗氧量、生化需氧量等;营养盐因子类,如硝酸盐、氨盐和硫酸盐等;毒物因子类,包括挥发酸、氰化物、汞、砷、镉、铅、有机氯等,以及微生物因子类,如大肠杆菌。在评价中应依据评价的目的,水体类型及具体水域的水质监测现状,环境特点及水质特征,选用不同参数来评价水资源质量。

1. 水质评价标准

根据目的要求选择评价标准是水质评价的基本工作之一。随着社会经济发展,我国已先后颁布了许多与水质有关的标准,如《生活饮用水卫生标准》《农田灌溉水质标准》《渔业水质标准》《地表水环境质量标准》《景观娱乐用水水质标准》《地下水质量标准》《地表水水资源质量标准》等。在评价时,要以国家标准为评价依据。如果标准未定,可参考当地环境背景值制定评价标准。

(1)饮用水水质评价。饮用水的水质状况直接关系到人体健康,其安全与洁净显得尤为重要。在饮用水供水水源地勘察过程中及供水之前,从生理感觉、物理性质、溶解盐类含量、有毒成分及细菌成分等方面对地下水质进行全面评价是十分必要的。为此,各国针对各自不同的地理环境、人文环境及水资源状况制定了一系列符合各自用水环境的饮用水水质标准,目的是保证饮用水的安全性和可靠性:表 13-3 为我国制定的饮用水水质标准。在水质评价中必须以最新标准及地方标准为依据,不符合饮用水标准的地下水源,不允许作为直接的饮用水水源。如果处理后能够满足饮用水水质的要求,才可以间接作为饮用水供水水源。

表 13-3 　　　　　　　　　　　　　 我国生活饮用水卫生标准

项　目		标　准
性状和化学指标	色（铂钴色度单位）	包度不超过 15 度,并不得呈现其他异色
	浑浊度（NTU-散射浊度单位）	不超过 1 度,水源与净水技术条件限制时为 3 度
	嗅和味	不得有异臭、异味
	pH 值	6.5～8.5
	总硬度（以碳酸钙计）	450mg/L
	铁	0.3mg/L
	锰	0.1mg/L
	铜	1.0mg/L
	锌	1.0mg/L
	挥发酚类（以苯酚计）	0.002mg/L

续表

项　目		标　准
性状和化学指标	阴离子合成洗涤剂	0.3mg/L
	硫酸盐	250mg/L
	氯化物	250mg/L
	溶解性总固体	1000mg/L
	总硬度（以碳酸钙计）	450mg/L
毒理学指标	氰化物	0.05mg/L
	氟化物	1.0mg/L
	砷	0.01mg/L
	硒	0.01mg/L
	汞	0.001mg/L
	镉	0.005mg/L
	铬（六价）	0.05mg/L
	铅	0.01mg/L
	硝酸盐（以氮计）	10mg/L
	三氯甲烷	0.06mg/L
	四氯化碳	0.002mg/L
	溴酸盐（使用臭氧时）	0.01mg/L
	甲醛（使用臭氧时）	0.9mg/L
	亚氯酸盐（使用二氧化氯消毒时）	0.7mg/L
	氯酸盐（使用复合二氧化氯消毒时）	0.7mg/L
微生物指标	总大肠菌群	MPN/100mL 或 CFU/100mL 不得到检出
	耐热大肠菌群	MPN/100mL 或 CFU/100mL 不得到检出
	大肠埃希菌	MPN/100mL 或 CFU/100mL 不得到检出
	菌落总数	CFU/100mL 100
指导值	总 α 放射性	0.5Bq/L
	总 β 放射性	1Bq/L

注　1. MPN 表示最可能数；CFU 表示菌落形成单位。当水样检出总大肠菌群时，应进一步检验大肠埃希菌或耐热大肠菌群；水样未检出总大肠菌群，不必检验大肠埃希氏菌或耐热大肠菌群。

2. 放射性指标超过指导值，应进行核素分析和评价，判定能否饮用。

（2）工业用水水质标准。不同的工业生产对水质的要求各不相同，因此在水资源保护过程中，应该在了解各种工业用途的水质要求的基础上，有重点地布置水质采样点，确定水质分析内容，并对水质作出正确的评价。

不同的工业部门对水质的要求不同。其中，纺织、造纸及食品等工业对水质的要求较严。水的硬度过高，对生产肥皂、染料、酸、碱的工业不太适宜。硬水妨碍纺织品着色，并使纤维变脆，皮革不坚固、糖类不结晶。如果水中有亚硝酸盐存在，会使糖制品大量减产。水中存在过量的铁、锰盐类时，能使纸张淀粉出现色斑，影响产品质量。食品工业用水首先必须考虑符合饮用水标准，然后还要考虑影响生产质量的其他成分。

（3）农田灌溉用水水质标准。灌溉用水的水质状况主要包括水温、水的总溶解固体及溶解的盐类成分。同时，由于人类活动的影响，水的污染状况，尤其是水中的有毒有害物质的含量对农作物及土壤的影响也不可忽视。因此，在农业生产中，农作物生长所需的基本水量和水质保证是实现农业发展的关键。可见农用水，尤其是农业灌溉用水（占总需水量的70％～80％）在供水中占有十分重要的地位。农田灌溉用水水质评价成为水资源开发、利用和保护的重要内容。

为了保护农田土壤、地下水源（防止灌溉水入渗、尤其是污灌水入渗污染地下水水源）以及保证农民农产品质量，使农田灌溉用水的水质符合农作物的正常生产需要，促进农业生产，保障人民身体健康，我国颁布了 GB 5084—2005《农田灌溉水质标准》，作为农田灌溉用水水质评价的依据。

2. 水质评价类型与基本步骤

（1）水质评价分类。按水域用途可分为饮用水评价、渔业用水评价、游览用水评价、工业用水评价、农业（灌溉）用水评价等。

按评价参数的数量可分为单项评价、多项评价和综合评价。

按评价水域特点可分为河流、湖泊（水库）和河口等。

（2）水环境评价的一般程序。以下对地表水环境质量评价的重要环节进行简要的说明。

1）评价目的：包括评价的性质、要求以及评价结果的作用，评价目的决定了评价范围、评价中需要考虑的水环境要素，以及评价模式、水质标准的选择。比如，如果是为了保护环境、改善水质进行水环境评价，则主要选择污染严重的江段（或水域）及对主要污染物进行评价；如果是为了新建项目可行性研究、掌握水环境容量进行评价，除了污染严重的江段及主要污染物外，还要增加拟建项目可能排出的污染物作为评价要素，评价范围也要考虑拟建项目下游一定长度的江段。如果是为了水资源开发利用进行评价，还要考虑水的用途。

2）评价要素的确定：引起水体污染的物质种类繁多，通常不可能全部进行评价，一般只选择部分常见的或对水环境、水用户、水的用途影响较大的污染物质进行评价。水质评价要素的选择一般应掌握下述原则。

根据评价水的用途进行选择，如果是饮用水源，评价参数偏重于卫生学指标及某些重金属指标；旅游水体则应偏重水色、嗅等感官性状指标；如果是流动性不大的湖泊，则必须考虑氮、磷等营养元素及叶绿素等指标；而灌溉用水一般不考虑氟、磷等营养物质。

选择评价要素时，应注意要素之间的可比性和要素的代表性，应尽可能选取能反映水体污染特性的要素，同时考虑监测技术、监测条件以及已经积累的可供利用的水质资料。评价要素不宜太多。

3）评价模式与方法：水环境评价的模式很多，一般包括单因素分析和综合评价两大类。从评价目的出发，根据可供利用的资料和已具备的监测条件来选择评价方法，只要能够满足需要，尽可能选用简单、明了、实用的模式和方法。

第四节 水资源保护的工程技术措施

一、工业用水保护工程措施

1. 建立和完善循环用水系统

建立和完善循环用水系统的目的是为了提高工业用水重复率。用水重复率越高耗水量也越少，工业污水产生量也相应降低，从而可大大减少水环境的污染及水资源供需紧张的压力。

国内外工业用水的类型主要有冷却水、洗涤用水、工艺用水和锅炉用水四大方面。其中冷却用水所占比重最大，可达用水量的 60%～83%，从用水行业来看，电力、冶金、化工和轻纺工业用水量可占总水量的 76.7%～85.9%。所以，节水的重点应是这些部门的冷却用水。冷却水的弃水除温度较高外，水质变化不十分大，在许多情况下，可作为洗涤用水，某些工艺用水、采暖供水或经处理后继续供冷却之用。为了使"水尽其用"，必须建立完善的用水循环系统，包括工厂、企业内部的循环用水系统和企业之间或社会化的循环用水系统。

前者是指各车间或某个工艺环节自身的水循环，如冷却弃水放置露天降温后重复利用，一个车间的冷却水供另一车间洗涤或供暖使用等；后者是将某个工厂排出低温弃水稍加处理后作为另一工厂的冷却水，或将冷却水纳入社会采暖系统等。目前我国工业的平均重复利用率仅为 10%，除个别城市超过 50%外，即使在缺水的北方，一般也只有 20%～30%，与工业较发达国家相比仍有相当大的差距。

2. 改革生产工艺和用水工艺

我国工业经过几十年的发展，取得了令人瞩目的成就，但同时也应看到，由于工业基础薄弱，一些工艺落后的工厂仍为数不少。改革生产工艺和用水工艺除与建立循环用水系统有关外，主要是指采用先进的技术设备和工艺流程代替耗水高、污染重的设备和生产流程以减少耗水量。

（1）采用省水新工艺。发展新的冷却技术代替水冷。如推广空气冷却、汽化冷却。如炼油厂采用空气冷却技术后，每炼 1t 油用水由 20t 降至 0.2t。汽化冷却对高温冷是十分有前途的技术。汽化 1kg 蒸汽可带走 251 万 J 热量，而水冷 1kg 只能带走 8 万 J 热量。

在工艺洗涤用水方面，采用"逆流洗涤""多级对流冲洗""干洗""气雾喷洗"等工艺节水效果明显。国内一些工厂采用逆流漂洗技术可节省洗涤用水 30%以上，如上海第九印染厂绳洗机使用该项技术，使每小时耗水量从 144t 下降到 85t，节省 40%。

（2）采用无污染或少污染技术。把污染消除在生产过程中，既可节省原料，又可节水，减轻对厂区周围水体的污染压力，保护水资源。例如过去氯碱生产采用水银电解法，是用汞最多的工业，也是汞污染的重要来源。自从日本出现汞中毒引起水俣病以来，日本政府命令从 1997 年底前氯碱工厂原则上全部改用隔膜法，停止排汞。使水体的汞污染有了明显改观。

二、农业用水保护工程措施

1. 管道输水

管道输水主要采用低压管道代替渠道输水到田间地头。管道输水的优点是减少沿途漏失和蒸发损失，输水利用率可达 95%～97%，比土渠节水 30%，比硬化渠道（衬砌渠道）节水 5%～15%，若配置地面移动闸管系统和先进的灌水方法，还可再省水 30%。此外，管道输水还具有减少能耗、占地少、输水及时、便于管理、投资少、见效快等优点。

2. 渠道防渗

渠道防渗是我国应用最广泛的节水灌溉技术，适用于所有的输水渠道。渠道防渗的目的是为了减少土渠的渗漏，防止过多的水量沿途损失。

渠道防渗所选用的材料可根据当地情况而定，防渗方法目前有：草皮护面、黏土衬砌、石料衬砌、混凝土或沥青护面等。对于透水性强的砂质土渠可用黏土压实护面，厚度一般为 10~15cm，表面盖以砂土和砂砾以抗干裂。这种防渗方法投资小，但不耐冲刷。在石料丰富的地区宜采用浆砌块石护面。其防渗效果较好，且坚固持久，抗冲耐磨。在有条件的地区还可采用混凝土护面或配有钢筋的 U 型预制件渠道。这种渠道可使渠水利用系数达 0.97~0.98，具有坚面耐用、流速快、不易淤积、抗压、抗冲等优点。

3. 喷灌、滴灌、渗灌技术

喷灌是利用专门设备将水加压或利用自流水头，通过喷头将水喷射至空中，散成细小水滴均匀散布在田间的一种灌溉方式。喷灌与地面漫灌相比，可省水 30%~50%。对透水性强、保水能力差的砂质土省水可达 70% 以上，但灌水设备一次性投资大。

微灌包括滴灌、微喷灌、涌流灌，是将适量的水送到作物根部附近的土壤表层的方式。这种灌水方式基本上不产生深层渗漏，比地面漫灌省水 50%~70%，比喷灌省水 15%~20%。其另一优点是适应性强，可适应于山丘、坡地、平地等各种地形条件。缺点是一次性投资高，灌水器易堵，所以一般常用于局部灌溉。

膜上灌是将塑料薄膜覆盖在田间，并在植株处留孔使之可以从孔中钻出，这些孔同时也是渗水孔，灌溉时水从渗水孔进入植株根部，由于减少了土面蒸发、灌水定额大幅度降低。

应该注意的是，喷、滴、渗灌一般可减少或不产生深层渗漏，提高水的利用率。但对于干旱地区或采用劣质水（污水、微咸水）灌溉的地区则会因缺少深层渗漏而不利于土壤的脱盐，易产生次生盐渍化问题。

三、生活用水保护工程措施

生活用水在总用水量中所占比例不大，一般只有 7%~10%，但对水质的要求很高。我国生活用水目前主要采用一套供水系统，并以饮用水的标准送水。从水质的角度来讲，这种供水方式过于奢侈。近年来一些缺水国家（如以色列）和我国少数城市开始采用分质供水的办法来缓解洁净淡水的供需矛盾。分质供水一般需要两套供水系统：①饮用水供水系统；②非饮用水供水系统。非饮用水供水系统的水源主要是经过适当处理的生活污水、天然劣质水和某些工业废水，可用于厕所冲洗、办公楼洗地、车辆冲洗、绿化浇灌、景观用水等。

因非饮用水的来源和回用要求不同，处理流程也有所区别。对生活小区排放的生活杂水（不包括厕所用水）、洗浴水可采用生物接触氧化-沉淀-过滤-消毒的工艺流程。其他来源的水需经污水处理厂二级处理后，方可使用。目前，非饮用水的处理设备国内已有许多厂家可以生产。

总之，分质供水为生活用水提供了更宽的选择余地，既可节省宝贵的淡水资源，又可使目前供需紧张的状况得到缓解。

第五节　水资源保护的非工程技术措施

一、利用经济手段保护水资源

利用经济手段保护水资源主要是指调整产业结构、提高用水的利用效率。要解决现代社会用水紧张的深层次问题的方法，应从产业结构调整上下工夫。

水资源作为全社会经济活动中不可缺少的物质，其流通过程与产业结构紧密结合在一起。表面上，水资源用水结构包括需水格局、供水管网，采取水形式（深度、地点、强度）及其时间上的特征，纯粹是水工建筑的布局和规划问题，而实际上却是各种产业需水状况的具体体现，是特定的经济发展形式和发展阶段的产物，宏观经济模式、产业结构以至工艺水平、农业的种植结构、灌溉水平无不对它产生影响。

目前，许多地区需水量过大与长期形成的粗放型（资源消耗型）的经济模式有关。具体表现为农业耗水在产业用水结构中所占比重过大；工业的工艺流程落后，重复利用率偏低，万元产值耗水量过大；农业耕作和灌溉方式落后，单位产量的耗水量过大。在这种情况下，调整现有的产业结构不仅是保持经济持续增长的必要手段，也是推动工农业用水水平提高，抑制需水量过快增长的重要手段。正因如此，有些专家明确提出，水资源问题若不与经济挂钩，是不科学的，就水论水，仅仅从水科学的自然法则和工程技术方法出发，期望找到水资源合理开发永续利用的有效途径是行不通的。同样，困扰人类的水环境问题若撇开对经济结构和水资源结构的分析，提出的任何治理保护方案对改善当地的环境质量并没有多大益处。

经济稳定高速增长需要足够的水资源和良好的环境质量予以保证，反过来，水资源与环境的保护与可持续发展又依赖经济结构的合理性。为了使经济、水资源、环境之间关系协调，在实际工作中，可用国内生产总值（CDP）万元耗水量、农业灌溉定额、人均生活用水量，工业农业生活用水所占比例、总需水量与水资源保障制度的对比值进行综合分析，提出衡量经济结构调整对社会总需水量的抑制效果和经济结构在水资源利用方面合理性的判断依据。

目前，我国正处于改革开放深入发展的时期，经济体制改革已触及到产业结构调整这一深层次问题，旧的粗放型经济模式将逐渐被节约资源的集约型经济取代，我国经济已经呈现出"新常态"。高新科技的应用推广，水资源法律、法规和经济制约手段的不断完善，都在发挥着抑制水资源需求、科学用水的积极作用。2015年4月，国务院发布的"水十条"中也已明确把推动经济结构转型升级列为十大任务之一。这些都为我国水资源保护和可持续发展提供了难得的契机与希望。

二、完善水资源保护法律法规建设

在我国，有关水资源保护的法律和法规有：《水土保持工作条例》（1982年6月30日国务院颁布）、《中华人民共和国水法》（1988年1月21日中华人民共和国主席令第61号）、《城市节约用水管理规定》（1988年11月30日建设部国函〔1988〕137号）、《中华人民共和国环境保护法》（1989年12月26日第七届全国人民代表大会常务委员会发布）、《取水许可制度实施办法》（1993年8月1日国务院颁发）、《城市地下水开发利用保护管理规》（1993年12月4日建设部令第30号）、《城市供水条例》（1994年7月19日国务院发布）、《中华人民共和国水污染防治法》（1996年5月15日第八届全国人民代表大会常务委员会发布）。

其中《中华人民共和国水法》对水资源的所有权作了明确规定，即中华人民共和国的水资源属于全民所有，国家对水资源有管理权和调配权，同时，还规定国家对水资源实行开发利用与保护相结合的方针，开发利用水资源应贯彻全面规划、统筹兼顾、综合利用、讲求效益的原则，并注意发挥水资源的多种功能效益，规定国家要保护水资源、防治水污染、防治水土流失、保护环境以及实行计划用水和节约用水的基本政策。此外《中华人民共和国水法》明确了国家对水资源实行统一管理与分级分部门相结合的管理体制，规定了开发利用水资源的工作程序和审批制度，对水和水域以及水工程的保护、用水管理、防汛抗洪等方面的内容以及规定实行用水许可证制度，征收水资源费和水费的制度。

为了保证水体不受污染，国家规定禁止向水体排放油类、酸液、碱液或剧毒废液，放射性物质的固体废弃物和废水，以及含汞、镉、砷、铬、铅、氰化物和黄磷等可溶性剧毒废渣，工业废渣、城市垃圾及其他废弃物。禁止在水体中清洗装贮过油类或有毒污染物的车辆和容器。向水体排放污水必须遵守国家规定的标准，达不到标准应负责治理。禁止在江河、湖泊、运河、渠道、水库最高水位线以下的滩地和岸坡堆放、存贮废弃物和其他污染物。

总之，上述各项法律和法规的制定，标志着我国水资源保护已开始走上法制化的道路。要使这些法律真正起到作用，除须制定配套的专项法律和行政法规以及根据当地具体情况制定有关规定外，还需不断完善水司法和执法体系。这在我国，任务还相当艰巨，有待通过各方的不断努力去实现。

三、实现流域水资源的统一管理

水资源的管理与保护是庞大的系统工程，要从流域、区域和局部的水质、水量综合控制、综合协调和整治才能取得较好的结果。

现今欧美国家的流域管理体制不尽相同，但其共同特点是建立全流域的统一管理模式。如泰晤士河水务局、莱茵河管理委员会都属于流域性质的跨地区水资源管理机构，在流域范围实施供水、排水、污水处理的统一规划、统一管理，确定合理功能区和水质目标，实施污染物总量控制和颁发排污许可证，协调供水与排水、水资源和水环境、上游和下游之间矛盾和冲突，同时通过现代化的信息系统进行水质变化过程的监测和预测，预防污染事故的发生。流域内各种水污染防治工程多由各个独立经营的专业化公司承包建设和运行管理，这种流域管理体制促进了水资源的利用和开发，保护了水环境，同时取得了巨大的经济效益。

以下以英国泰晤士河管理为例给予介绍，具体分析上述内容。

1. 建立有效的水资源分区管理体制

1973年，英国成立了泰晤士河水务管理局，对流域内的供水、水资源开发、污染控制、地面排水、污水处理、防洪防潮、航运、渔业、农业等实行统一管理。泰晤士河水务管理局下面分设水资源管理、水质、农田排水、渔业和旅游、行政管理六个处。由它们分管水资源长期战略计划的编制、水文站点、水情监测预报系统、供水系统、污水系统、水质控制系统的建设和运行、新水源工程的布局和兴建、取水许可证发放和水费的计收以及农田排水、防洪防潮和综合经济各方面的工作。

2. 按流域统一管理水资源

实行水资源分区管理的理论依据是水循环理论，即遵循水循环过程中各环节相互联系与制约的自然规律。以流域为整体，把地表水和地下水、水量和水质、多种用途的供水和排水结合起来进行统一管理，运用系统论的指导思想与系统工程原理，谋求全系统最优，用科学的人工水循环改善自然水循环，力争以较少的投入取得最大的效益。

（1）提供稳定的供水。按流域水循环系统对水资源进行全面有效的管理，是泰晤士河水务管理局管理泰晤士河水资源的一项十分重要的内容。河流的水经过水库调蓄，提供稳定的供水水源；考虑到地表水和地下水的循环补给作用，在灰岩区进行地下水回灌，增加地下水的补给源。为解决上、下游用水的矛盾，采取限制上游从河中引水的措施。经过利用后的废水，加以处理后返回河流，做到质和量的统一。这样，使水资源在利用过程中保持良性循环，得以可持续利用。

（2）严格控制排放的污水水质。泰晤士河水务管理局高度重视污水处理与污染控制工作，建污水处理厂476座，日处理污水量约为440万 m^3，其中约有100万 m^3 是由于暴雨进入下水道的污水。为了保持水资源在开发利用过程中的良性循环，得以连续使用，达到水量和水质的高标准统一要求。管理局规定：一切污水都要达到英国环境部提出的污水排放标准才允许排放；排放的污、废水都要经过污水处理厂后才能排入河道；取用污水（即进入自来水厂的水）又要经高标准净化处理。通过上述3个环节的处理，使供水水质达到欧洲制定的标准（EEC标准），从而进一步改善了泰晤士河流域的水质状况。

（3）实行切实有效的水质目标管理方法。英国对水体污染的控制采用水质目标管理法。除上述环境部与EEC标准外，对不同的污水处理厂或排污的工矿企业，由于它们所处河道的自净能力、水的用途及污水排放地点不同而确定出不同的排放标准（例如，对河流上游的污水处理厂要求严，对河流下游的要求放宽等）。泰晤士河水务管理局就是根据各河流水体及沿河的水环境状况和用途，分别设定其水质目标，再据此水质目标，确定各河段的污水排放标准。此外，管理局根据不同性质的工厂定出不同的工业废水排放标准，并将工厂排放的废水与生活污水混合后再引入污水处理厂，这种混合可为工业废水的净化处理提供所需的营养。由于不同的工厂采用不同的废水排放标准，又可降低工厂的废水预处理费用。

四、大力发展生态农业

生态农业的发展是建设生态文明的具体体现，是水环境保护的有效措施。党的十六大报告中提出了实现全面建设小康社会奋斗目标的新要求：要建造生态文明社会，寻求新的增长方式和消费形式，营造节约能源资源和保护生态环境的产业结构。生态农业产业化就是一种以节约能源和珍爱生态环境的发展形势，完全符合生态文明的宗旨和要求。

生态农业的主要模式，我国在实施生态农业当中，采取的具体做法各不相同，各地提出的模式繁多。从生态系统布局与功能特点与整合效益剖析，主要有以下模式类型：

（1）立体农业生态系统结构是"主要利用生物种间关系及生物适应性原理，将具有共生或互容关系的植物、动物和微生物组合在一起，获取较好的生产力和生态环境效果。如我国南方地区一直在推广的稻-萍-鱼系统，由桑基鱼塘演变而来的各类基塘系统"。

（2）环境自净型是"主要依靠生态系统自身降解废弃物的功能和净化环境的功能，在生产过程中及生产后，对可能产生的一切污染物或废弃物进行降解处理，对产生的不良影响物质进行及时处理，以使产品和系统自身维持在健康的状态下"。

（3）资源节约型是由于我国人口众多，人均水土资源非常稀缺，特别是在西北地区。

因此，我国西北地区干旱、半干旱区群众有丰富的用水、节水经验，近年应用于生态农业建设中，初步形成了节水型生态农业模式。"甘肃的定西、宁夏的固原等地区目前节水型生态农业已经形成了较大面积和规模，集水、蓄水技术、节水灌溉技术、旱地保墒耕作技术等，已经基本形成了高效节水生态农业体系，为该区的农业、经济发展和保障人民生活起到了重要作用"。

（4）生态旅游模式。随着人们生活水平的不断提高，各种休闲型的生态农业旅游，渐渐被人们所接受。我国吉林省、黑龙江省、云南省等地一些城市的郊区，近些年来，逐步有很多林场、水产养殖、有机农业生产基地。通过整合美化，改建成生态旅游基地。充分利用生产场所的农业、林业自然风景和田园风光环境，开发第三产业，建立生态农业观光旅游区。人们在旅游、休闲娱乐的过程中，观察各种动植物在生态环境下的和谐状态，欣赏田园风光，自然美景，了解生态农业的生产过程。生态农业发展与观光旅游业结合，增加了新的服务功能和价值取向，有利于保护农业生态系统的自然环境，扩展生态农业发展的功能，促进了城乡交流，增加了人们对生态农业的认识，生态农业产品销量特别好，经济效益显著提高。为人们生活的场所提供了良好空间，逐步成为我国生态农业建设发展的新动向。

五、全面发展生态经济

生态经济是指在生态系统承载能力范围内，运用生态经济学原理和系统工程方法改变生产和消费方式，挖掘一切可以利用的资源潜力，发展一些经济发达、生态高效的产业，建设体制合理、社会和谐的文化以及生态健康、景观适宜的环境。生态经济是实现经济腾飞与水环境保护、物质文明与精神文明、自然生态与人类生态的高度统一和可持续发展的经济。

生态经济的全面发展，既强调生态环境的重要，追求生态和谐，又要追求经济繁荣，实现生态与经济的协调发展，人口和资源环境相适应，这是未来社会所发展的目标。建设"生态经济"的主要措施如下：

（1）努力提高生态经济意识，牢固树立可持续发展的观念。保护环境就是保护资源，保护生产力也是保护人类自己。改善生态环境是城市经济持续、快速、健康发展，实现城市与农村现代化的先决条件。要积极培养生态道德，树立强烈保护生态的自我约束意识和生态责任感。这是建立"生态经济"的坚实基础和思想保证。

（2）做好规划，制定战略。保证生态经济得以顺利、健康发展，必须先从战略高度制订出中、长期规划。通过规划建立可靠的水资源保护体系和生态经济关系。由于水生态经济具有较强的复合性、交叉性和多目标性，所以制定这个规划，不能沿用传统的观念和旧有的思路，要冲破思维瓶颈，摒弃为保护而保护或为发展而发展的单向思维方式和片面的零碎的做法。要以保护水源为中心，站在国家的角度和历史的高度，从宏观上、整体上长远考虑，统一进行各省（自治区、直辖市）水源保护及水生态经济发展规划，在保护中促发展，以发展图保护。

（3）产业创新，调整结构。发展水生态经济，转变传统的种植观念和产业结构。要在"保护水源，发展经济"的思路指引下，大力调整现有的产业结构，改善生产工艺，循环利用水资源，严格控制污染物排放，走可持续发展的道路。

（4）普及科技，不断创新。发展生态经济必须大力依靠科学技术，依靠技术创新和技术进步。科技是水生态经济的发展动力和重要支撑。要依靠科技不断挖掘潜力，拓展已有经济的功能，改造传统产业，调整经济结构和产业结构。

（5）健全法规，保障运营。要坚持"以法保护，依法发展"的方针，做到"有法可依，有法必依"，通过法保证在发展生态经济的同时，保护水生态环境。因此，必须逐步建立健全水资源保护区和水生态经济区的法律法规和政策保障体系；建立现代企业制度，使"所有权、经营权、管理权"适度分离。要充分发挥市场机制的作用，优化资源配置。要注意既克服财政投资的有限性，又克服市场竞争的无序性和由于片面追求效益可能引发的生态破坏。

六、大力发展循环经济

循环经济本质上是一种生态经济，它要求运用生态学规律来指导人类社会的经济活动。传统经济是一种由"资源-产品-污染排放"所构成的物质单向流动的经济。与传统经济不同，循环经济倡导的是一种建立在物质不断循环利用基础上的经济发展模式，它要求把经济活动组成一个"资源-产品-再生资源"的物质反复循环流动的反馈式流程，使得整个经济系统以及生产和消费的过程基本上不产生或者只产生很少的废弃物，从根本上消解长期以来环境与发展之间的尖锐冲突。简言之，循环经济是按照生态规律利用自然资源和环境容量，实现经济活动的生态化转向，是一种与环境和谐的经济发展模式，是实施可持续战略的必然选择和重要保证。

循环经济运用生态学规律来指导人类社会的经济活动，以资源的高效利用和循环利用为核心，以"减量化、再利用、再循环"为基本原则组织生产，实现资源利用的"减量化"、产品的"再使用"以及废弃物的"再循环"，节约自然资源，提高自然资源的利用效率，创造良性的社会财富，其实质是以尽可能少的资源消耗和尽可能小的环境代价实现最大的发展效益，以最小的经济成本来保护自然，实现人与自然的和谐。

"减量化原则"是指在经济活动中尽量减少资源的消耗和废弃物的产生，不断提高资源的利用效率。减量化原则要求用尽可能少的原料和能源投入来达到既定的生产目的或消费目的，从经济活动的源头就开始注意节约资源和减少污染，因此也被称为减物质化。换句话说，减量化原则要求经济增长具有持续性及与环境的相容性。人们必须在生产源头就充分考虑资源的替代与节省、提高资源的综合利用率、预防废弃物的产生，而不是将重点放在生产过程的末端治理上。

"再利用原则"要求产品和包装物能够以初始形式被多次或多种方式使用，而不是一次性消费，以延长产品的生命周期，防止物品过早地成为垃圾，从而节约生产这些产品所需要的各种资源投入。它要求抵制当今社会一次性用品的泛滥，对于源头尚不能削减的污染物和消费者使用的包装物、旧货等都要求加以回收利用，使之回到经济循环中去。

"再循环原则"要求生产出来的产品在完成其使用功能后重新变成可以利用的资源，而不是不可恢复的垃圾。

总之，循环经济所倡导的减量化、再使用、再循环三个原则，实质上就是用较少的原料和能源投入来达到既定的生产目的或消费目的，进而从经济活动的源头就注意节约资源和减少污染，是实现自然资源的再资源化的最佳途径，所有这些原料和能量都能在不断的经济循环中得到最合理的利用，从而使经济活动对自然环境的影响控制在尽可能小的程度。从这一角度来看，循环经济是一种人类先进的经济发展新模式，它可以从源头节能治污，有利于人类善待自然、保持自然生态系统良性循环。

本 章 小 结

本章主要讲叙水资源保护的基础内容，主要是水资源保护的概念、任务和内容，包括发挥城建水资源工程作用、对污染进行综合治理和开展水土保持。水资源保护的主要实施措施包括水环境情况的调查和分析、水环境质量监测和评价、水资源保护的措施。水资源保护主要包含 3 个方面：①对水环境情况的调查和分析，包括水环境调查的内容以及如何计算水环境容量；②水环境质量的监测与评价，包括水环境质量标准、水环境质量监测和水环境质量评价；③水资源保护的工程措施和非工程措施，主要包含工业、农业和生活用水 3 个方面的措施。

参 考 文 献

［1］ 任祥．现代水资源保护环境公共政策实施的初步研究［D］．昆明：云南师范大学，2006.
［2］ 张亚，林超．浅谈水资源保护监督管理［J］．水资源保护，2011（5）：110－113.
［3］ 张文智．我国水资源保护法律制度的完善［D］．长春：吉林大学，2006.
［4］ 徐红霞．论水资源保护法律制度的完善［J］．湖南科技大学学报：社会科学版，2010（4）：51－53.
［5］ 朱党生，张建永，史晓新．现代水资源保护规划技术体系［J］．水资源保护，2011（5）：28－31.
［6］ 潘成忠，丁爱中，袁建平．我国流域水资源保护框架浅析［J］．北京师范大学学报：自然科学版，2013（2）：187－192.
［7］ 王一文，李伟，王亦宁．推进京津冀水资源保护一体化的思考［J］．中国水利，2015（1）：1－4.
［8］ 匡耀求，黄宁生．中国水资源利用与水环境保护研究的若干问题［J］．中国人口资源与环境，2013（4）：29－33.
［9］ 嵇晓燕，刘延良，孙宗光，等．国家水环境质量监测网络发展历程与展望［J］．环境监测管理与技术，2014（6）：1－4.
［10］ 梁莉．水环境质量监测系统的数据网络建设［J］．高科技与产业化，2010（7）：108－109.
［11］ 乔西现．江河流域水资源统一管理的理论与实践［D］．西安：西安理工大学，2008.
［12］ 张苏艳．我国流域水环境与水资源一体化管理研究［D］．青岛：山东科技大学，2009.
［13］ 张超，张益，孙超．试论流域水资源统一管理体制的构建［J］．新西部：理论版，2011（8）：57.
［14］ 余跃军，高利红．《水法》中的水资源保护制度研究［J］．环境资源法论丛，2002（00）：27－66.
［15］ 刘雪婷．我国水资源保护立法研究［D］．长春：吉林大学，2012.
［16］ 吕振霖．江苏水资源管理与保护的对策思考［J］．水资源保护，2008（4）：78－82.
［17］ 廖文根，李锦秀，彭静．我国水资源保护规划中若干定量化问题的探讨［J］．水力发电，2002（5）：8－10.
［18］ 曹文革，余元玲，许恩信．中国水资源保护问题及法律对策［J］．重庆大学学报：社会科学版，2008（6）：92－95.

[19] 李素琴，程亮生. 我国水资源保护法律制度的现状与完善 [J]. 山西省政法管理干部学院学报，2008 (2)：27 - 30.

[20] 李青山. 中国水资源保护问题及其对策措施 [J]. 水资源保护，1999 (2)：28 - 31.

[21] 王健. 水资源保护的定位与体系分析 [J]. 中国水利，2005 (11)：11 - 15.

[22] 田志飞. 我国水资源保护存在的问题与对策研究 [J]. 科技情报开发与经济，2010 (2)：149 - 151.

[23] 程晓冰. 水资源保护概况 [J]. 水资源保护，2001 (4)：8 - 12.

[24] 刘春. 东北地区生态农业发展研究 [D]. 长春：吉林大学，2014.

[25] 毛广全，刘培英，崔亚楠. 在发展水生态经济中保护首都水源 [J]. 水利经济，2002 (2)：8 - 11.

思 考 题

1. 什么是水资源保护？水资源保护的主要任务有哪些？

2. 水资源保护工程内容包括哪几个方面？

3. 水环境调查的内容有哪些？

4. 水环境容量包括哪两层含义？

5. 水环境质量监测有哪些作用？

6. 水质监测的工作内容有哪些？

7. 水资源保护的工程措施有哪些？

8. 水资源保护的非工程措施有哪些？

实 践 训 练 题

1. 水资源保护内涵分析。

2. 水资源保护目标及意义。

3. 水资源保护的任务分析。

4. 水环境监测内涵分析。

5. 水环境监测目的及作用分析。

6. 水质监测内涵分析。

7. 水质监测目的及作用分析。

8. 水资源保护工程措施分析。

9. 水资源保护非工程措施分析。

10. 新形势对水资源保护要求分析。

11. 新形势水资源保护的机遇分析。

12. 新形势对水资源保护的挑战分析。

13. 新形势下如何开展水资源保护（区域或流域）。

14. 水资源保护的发展趋势分析。

第十四章　我国水资源管理与保护的热点问题

结合我国水资源利用的实际情况，我国水资源管理与保护中的热点问题主要有：水资源管理体制改革、水价改革、水资源可持续利用、建设节水型社会、建设海面城市、"五水共治"的全面推广、"水十条"的全面落实、"十三五"规划的全面实施、"互联网＋"在水管理行业的全面推进等。在前面水资源保护的理论基础上，将理论与我国水资源管理与保护的实际情况相结合，主要着重于解决我国水资源管理与保护中的实际问题，是理论结合实际的重要环节。

本章的主要结构如图 14-1 所示。

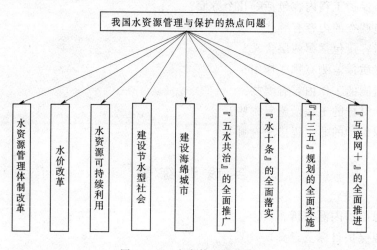

图 14-1　本章体系结构图

第一节　水资源管理体制改革

一、从供水管理到需水管理

在水资源管理过程中，供水管理是整个管理过程的初始和基础环节。没有管理上的供水环节，便不可能产生水资源管理上的其他后续环节。因此，在水资源管理中，重视供水管理，本无可厚非。然而，经过多年的水资源管理实践检验，单纯或过度地强调供水管理，注重寻找和开发水源、扩大供水，也会为水资源管理带来许多意料之外的不利后果，导致水资源的供需失衡。

2000 年《中国可持续发展水资源战略研究综合报告》，其中一些数据颇让人触目惊心，如在 20 世纪 80 年代初，对于全国的用水需求量，水利部门预测 2000 年为 7096 亿 m^3，而 1997 年全国的实际用水量为 5566 亿 m^3；水利部门多次对某市预测，1990

年的需水量为 72 亿～76 亿 m³，2000 年为 90 亿～100 亿 m³，而 1990 年和 1994 年的实际用水量分别为 54 亿 m³ 和 63 亿 m³；某市曾预测 1995—2000 年市区工业需水量将以 6％ 的速度递增，而实际上从 1989 年至今，该市的工业用水量非但没有增长，还减少了 12.5％，等等。

由此可见，过分注重供水管理，不仅在不同程度上会误导供水规划和供水工程建设，而且会引发水资源供过于求的供需失衡，消解水资源的利用效率和效能。如此，以供水管理为根基，进一步强调需水管理，就成为当代水资源管理的重大转型需求。

二、水资源需求管理的内涵与主要内容

1. 需水管理的内涵

需水管理，是通过对水资源需求侧的管理，提高用水效率和效益，抑制不合理用水需求，实现水资源的供需平衡。需水管理是与供水管理对应而言的，供水管理侧重于水资源的供给方，需水管理则侧重于水资源的需求方、使用方。

在水资源管理过程中，需水管理是用水管理的一个重要方面。联合国技术开发合作署（UNDTCD）就是从用水管理的视角，对需水管理进行了说明，即需水管理是促进更合理、更有效用水的一些活动或方法。依此，需水管理的目的并不是为了无止境地满足人们的所有用水需求，而是为了不断提高用水效率和效益，全面节水，保护环境，实现水资源的可持续发展。事实上，需水管理就是针对用水不合理而提出来的。美国在 20 世纪 60 年代，面对社会经济迅速发展而带来的水资源不足的压力，便已经在水资源管理上，要求提高用水效率，加强需水管理。当前，许多发达国家，也包括一些发展中国家，亦开始以提高用水效率为目标，进行着需水管理的变革。

2. 供水管理与需水管理的关系

如果说供水管理是其基础环节的话，需水管理则是其效益提升环节。在需水管理中，不仅强调供应方应当在供水过程中，提高供水系统的供水效率和效益，减少输配水损失，而且要求需水方通过提高用水设备的用水效率、改变用水方式、改变消费行为减少用水、自备水源参与调度等方式，挖掘节水资源潜力，提高水资源利用效率和效益。在区域水资源开发量有限且现有供给能力相对稳定的情况下，借助需水管理，就可以在有利于水资源的优化分配、保护、水质控制，有利于进行干旱管理、减少水资源不必要的消耗和浪费的同时，有效提高用水效率和效益。

从主体的角度分析，在水资源管理中，必不可少的是水资源的供需双方。水资源的供需平衡，牵涉到供水量和需水量两个方面。从水资源供需平衡的理论分析看，我们在强调供水管理的同时，也应同时注重需水管理。由此，供水管理和需水管理都是水资源管理的重要方面。为了实现水资源的供需平衡，需要大力加强水资源的供需两个方面的管理。我国传统水资源管理的模式是供水管理模式。它潜在地认为，水资源是大自然无偿赐予人类的一种取之不尽、用之不竭的资源。基于这种认识，供水管理重开源、轻节流，重投入、轻效益，从而形成了"供给第一、以需定供"的管理目标和强调增加水利基础设施的投资规模的管理方式。新兴的现代水资源管理模式是需水管理模式。需水管理模式的认识根基是，水资源并非无价无限，反之，它是一种稀缺的有价经济资源。基于这种认识，需水管理强调着眼于现存水资源的供给，对水资源的优化利用，提高水资源的利用效率和效益，并以此形成了"以供定需"的管理目标和强调水价控制、资源约束的市场运作管理方式。

单纯的供水管理和需水管理实质上代表了水资源管理中或供应、或需求的两个极端。在管理实践中，必然强调二者的相互结合。因为，单纯的供水管理，可能会导致水资源浪费和用水无效，会额外增加不必要的水利基础设施建设，会导致人类对水资源的无节度开采；而过度纯粹的需水管理，也可能会造成水利基础设施建设的延滞，激化水资源供需双方的矛盾，影响到人们正常的生产生活，引发新的用水冲突与纷争。从现实中看，我国有些地区，供水问题尚未解决。按陈雷部长所讲，目前，农村饮水不安全人口仍有 2.03 亿人，水量及水质不安全影响的城镇人口有近 1 亿人。此时，若一味强调需水管理，则只会加剧人民群众的用水困难。可见，只开源、不节流，是供水管理之过，而过分节流，不求开源，则将是需水管理之过。因此，如果对当前我们所谈的需水管理进行前提界定的话，那么，需水管理就是在供水管理比较完善的基础上，对水资源所进行的从源头到终端用户全过程的管理。

三、我国需水管理的主要情况

我国用水的效率和效益低下，需水管理亟待发展。在水资源相当匮乏的情况下，我国用水方式却极其粗放，在生产和生活领域存在着严重的结构型、生产型和消费型浪费。2002 年，我国万元 GDP 用水量为 448m³，约为发达国家的 4.5 倍；2003 年，农业灌溉用水有效利用系数为 0.4～0.5，发达国家为 0.7～0.8；全国工业万元增加值用水量为 218m³，是发达国家的 5～10 倍，水的重复利用率为 50%，发达国家已达 85%。2014 年，我国万元 GDP 用水量为 112m³，约为发达国家的 3.6 倍；2013 年，我国农田灌溉水有效利用系数为 0.523，发达国家为 0.7～0.8；全国万元工业增加值用水量为 67m³，是发达国家的 3 倍。面对效益低下的用水现状，变革传统供水管理，开展新型需水管理，可谓势在必行。

需水管理涉及水资源管理的内容繁多。需水管理必然内在地包含水资源需求的时间、空间、主体、质量和价格等多个方面的一系列管理。需水管理在时间上有轻重缓急及其供应均衡问题，在空间上有与生产力分布相关的水资源区域合理配置问题，在主体上有供水公司、需水用户以及供水公司与用户之间的关系处理问题，在质量上有是否合乎用户需求标准的问题，在价格上有合理核定供水水价和水资源费收费标准等问题。可见，需水管理涵盖了水资源管理的许多方面，直接关系到不同水资源主体的切身利益。

第二节　水　价　改　革

一、我国水价

长期以来，在传统发展观的影响下，我国一直实行福利性的低水价，并将此作为社会主义的优越性来看待。水价只涉及自来水生产环节的生产成本，甚至连生产成本都不能弥补，这种典型的传统式水价具有其特点和弊病。近年来，我国城市缺水问题日益突出，用水过程造成的水环境污染日益严重，水资源现状已危及社会、经济的可持续发展。在这种情况下，人们开始认识到传统水价是造成这种现状的重要原因。不合理的水价会加重资源的低效配置并导致环境问题，而科学的水价将通过市场机制的作用促进水资源危机的解决，其在促使水资源优化配置、保护水环境方面的作用和效率是其他手段所难以比拟的。

为此，我国从 1985 年开始改革水价，变水的无偿使用为有偿使用。1992 年，把水列入《中国重要商品名录》，提出"水要商品化"。1996 年，修订后的《水污染防治法》、国务院颁发的《关于环境保护若干问题的决定》以及国家计委、建设部、国家环保局等部门颁发的通知都明确了，"建设城市污水集中处理设施的城市，可按国家规定向排污者收取污水处理费。"目前，各地水价改革已经启动，在调高水价的同时开始试行污水排放收费。水价改革的实施，必将带来水资源利用的新时代。

此外，2014 年 1 月，国家发展和改革委员会、住房城乡建设部发文对全面实行城镇居民阶梯水价制度作部署，要求 2015 年底前，设市城市原则上全面实行居民阶梯水价制度，具备实施条件的建制镇也要积极推进。并规定各地要按照不少于三级设置阶梯水价。其中，第一级水量按照 80％居民家庭用户的月均用水量确定，保障居民基本生活用水需求；第二级水量原则上按覆盖 95％居民家庭用户的月均用水量确定。第一级、二级、三级阶梯水价按不低于 1∶1.5∶3 的比例安排，缺水地区应进一步加大价差，并要求第一级阶梯和第三级阶梯的水价差不低于 3 倍。

阶梯水价充分发挥市场、价格因素在水资源配置、水需求调节等方面的作用，拓展了水价上调的空间，增强了企业和居民的节水意识，避免了水资源的浪费。

二、我国城市水价现状及问题

近年来，在全国价格改革的背景下，各地水价有了较大提高，但由于各地经济发展水平、人均收入、供水紧张程度以及水源条件、制水成本等的千差万别，水价改革的速度和步伐也不一致。

经调查得出，经济发展水平高、人口密度大的沿海和北方缺水城市水价普遍较高，而内陆省份、南方水资源丰富、人均收入水平较低的城市水价通常较低。这与各地的自来水生产成本、社会承受能力、供求缺口不同等因素有关。在水价体系中，居民生活用水水价最低，工业用水水价其次，商业用水尤其是宾馆用水水价最高，体现了国家对居民生活消费的照顾和目前产业政策的倾斜。

我国目前的水价基本上仍是传统型水价，通常仅包括、甚至抵不上自来水厂的生产成本，实际上也称为自来水费。这种水价既然产生于传统观念下，必然带有传统水价的一般缺陷。

（1）水价不能弥补自来水厂生产成本，自来水厂普遍亏损、效率低下。这是传统水价的典型缺陷，造成如此普遍亏损的原因主要是成本上升。也应看到，这种不合理的水价对供水企业的财务成本约束弱化，使得企业缺乏降低成本的动力，因此，成本上升也包含有低效率的因素。考查企业的成本构架可以看出，除了原材料费和电费大幅度增加外，人工费用的增加成分也很高。目前各地供水企业工资及福利费用的增长速度过快，供水企业管理水平低，人员普遍超额。

（2）水价改革雷声大雨点小，定价程序僵化。目前，各地纷纷拟定改革计划、研究水价调整办法，外表轰轰烈烈，但付诸实施或有确切实施日期者不多，许多地方还在持观望态度，有意无意地拖延改革进程。各地自来水公司一般都有根据实际成本开支情况要求调整水价的报告，但这些申请报告迟迟得不到批准，即使批准了，也大打折扣。前已述及，管理时滞会损害经济效益。制水成本已变，水价却不动，水价连自来水厂正常运行的资金要求都满足不了，更不要说抑制需求、调整供求缺口的作用的正常发挥了。

另外，许多地方在制定水价时，凭领导人的意志，随意性极大，没有科学严格的定价程序和决策机制，使水价定价存在随意性。这种主观性强的水价肯定会损害资源的配置效率。

第三节　水资源可持续利用

一、水资源危机

中国的淡水资源总量约为 28000 亿 m^3，占全球水资源的 6%，名列世界第六位。但是，我国的人均水资源量只有 2044m^3，仅为世界平均水平的 1/4，是全球人均水资源最贫乏的国家之一。中国人口从 1949 年的不到 5 亿人，到 2000 年超过 13 亿人，人口在 50 年内增加了 2 倍多，人均水资源占有量减少了近 2/3。同时，随着人民生活水平的提高，城市人口膨胀和经济的发展，人均用水量、生活和生产用水量大大增加，导致大范围的缺水现象。20 世纪 70 年代后期，中国水资源短缺问题日益突出，如今已在一些地区成为社会经济发展的一个制约因素。整个中国北部差不多都缺水，这里每年缺水大约 700 亿 m^3。现在，在全国 668 个城市中，有一半以上的城市长期同水资源短缺进行斗争，上亿人生活在缺水环境中，1 亿 ha 耕地中尚有 55% 以上是没有灌溉设施的干旱地，全国还有 1 亿 ha 的缺水草场，每年平均有 0.2 亿 ha 农田受干旱，随处可见干涸的河流和萎缩的湖泊，退化的湿地。中国已经名副其实地成为水资源危机的重灾区。

由于中国水资源时空分布不均，现有水利工程的调蓄能力又不足，因此许多地区农牧业生产存在着严重的缺水问题。据统计，中国 1978 年的大旱，范围波及北方和长江中下游广大地区，受旱面积达到 4000 万 ha，抗旱已成为许多省、自治区、直辖市的经常性任务，由于水源奇缺或水质不良，在西北农牧区尚有 4000 万人和 3000 万头牲畜吃水难。为了解决吃水问题，许多农牧区投入大量人力物力，疲于拉水运水。陕北、晋西北、宁夏西部、甘肃定西、陇东等地区，经常用汽车长途运水，而每人只能配水 1.5kg/d，农、牧业生产上不去，群众生活极不稳定。

在污水排放方面，根据 1989—1998 年 10 年的调查统计，我国年排放废水总量在 350 亿～380 亿 t，排放量总体呈上升趋势，最近几年保持在 370 亿～380 亿 t。随着工业产业结构调整、生产技术水平、治理和管理力度加大，工业废水的排放量呈现逐年下降趋势，废水排放量已经由 20 世纪 80 年代末和 90 年代初的 250 亿 t 下降到目前的约 180 亿 t，下降了近 30%，而随着城市化进程的加快，城镇人口数量急剧增加以及城镇居民生活水平的明显提高，生活污水的排放量呈显著的上升趋势，污水排放量由 80 年代末和 90 年代初的 100 亿 t 上升到目前的 200 亿 t，上升了近 50%，生活污水的排放量超过了工业废水的排放量。

在河流污染方面，我国城市河流污染非常严重，接近 80% 的城市河段不适宜作饮用水源地。从总体上看，我国城市河流污染程度近年有所减轻，尤其是总镉、氰化物、生物需氧量和挥发酚的污染水平显著下降，但污染严重的氨氮仍存在上升趋势，其他污染严重的指标如石油类、高锰酸盐指数和总汞，下降趋势并不显著。

从污染区域来看，城市河段的污染相对集中，仅 27 个城市河段的累积污染负荷比就达 80.02％，这些城市河段主要分布在河南省境内和西北地区等城市。从流域范围来看，淮河和黄河的部分支流城市河段污染严重，京杭运河江南段的污染也相对集中。

从南、北方对照情况来看，北方城市河段的污染多重于南方城市河段。北方城市河段水质超Ⅳ类和Ⅴ类的居多，而南方城市水质为Ⅱ、Ⅲ类的比例较大。

因此，在现今我国不容乐观的水资源形势之下，进行水资源保护，实现水资源可持续利用是当前形势下的重要任务。

二、实现水资源可持续利用的措施

（1）调整中国产业结构和布局。中国的人口、耕地、矿藏资源等的分布以及社会历史情况决定了中国原有的产业结构和产业布局，但是这种分布状况与中国水资源的空间分布很不匹配。中国的主要农业灌溉区和高耗水工业大多集中于北方，而中国水资源分布却是南多北少，导致中国北方水环境恶化极其严重，水资源已经成为中国北方经济发展的一个制约因素。因此调整中国产业结构和布局势在必行。具体来说：①在北方地区加速发展高新技术产业、第三产业，尽量少建或不建水耗高的产业形式；②注重水资源保护区的建设，主要包括流域水资源保护区、山区和平原水资源保护区、大型水利工程水资源保护区、重点城市水资源保护区，将各保护区内水资源的分配、水费、排污费的收取、治污资金的筹集等有效地统一起来，就能够实现从局部到整体的治理，从而解决中国水环境问题。

（2）加强水环境的综合治理与规划。由于水资源的再治理是很困难的，因此水环境的保护政策应当贯彻"以防为主、防治结合、综合治理、综合利用"的方针，具体来说就是要将污水处理措施、生物措施和水利措施结合起来，充分利用水环境的自净能力，从根本上治理水环境。例如对于海河，由于降雨量年内分配极不均匀，枯水期和丰水期径流相差十几倍，而污染主要集中在枯水期，污径比值在 1994 年曾经达到 0.15，因此在其中上游修建一些水利工程设施，调节径流的年内分配，使水环境容量不至于在丰水期浪费，而枯水期又远远不足，增加河流的稀释能力，另一方面对于防洪、供水也有很大的益处。从规划上应将流域规划和区域规划结合起来，妥善处理好上下游、区域、部门之间的关系，全盘考虑，统一规划。

第四节　建设节水型社会

全面推行节约用水，建立节水型社会，是缓解水资源供求矛盾最现实、最有效的措施之一，也是必须长期坚持的方针。农业是用水大户，抓好农业节水意义重大。为此，应大力推广节水农业灌溉技术。加强农田基本建设，平整土地、改大块灌为小块灌、改漫灌为沟畦灌都是最简单有效的节水措施，节水潜力可达 10％～15％。也可用喷灌、滴灌、微灌等新的节水措施，提高水的重复利用率，降低单位生产增加值的淡水用量；采用污水处理再利用工程，减轻对地表水和地下水的污染。同时，要限制耗水量大的企业盲目发展，特别在缺水地区，城市应禁止此类项目的建设。

一、建设节水型社会的意义

建设节水型社会，是 21 世纪一场伟大而深刻的革命，是最紧迫的时代课题。联合国发出警告：人类在经历了石油危机后，下一个危机就是水危机，保护和合理利用水资源，是全世界面临的一项艰巨而紧迫的任务。

（1）节水型社会建设是实现可持续发展战略的需要。能否实现全社会的节约用水、水资源优化配置和可持续利用的目标，建设节水型社会是关键。当前，我国面临着洪涝灾害、缺水和水环境恶化 3 大问题，特别是水资源短缺，已成为经济社会发展的重要制约因素。如何保证经济社会的可持续发展，水资源利用将成为一个十分重要的问题。党中央、国务院把水资源作为战略资源，正是基于这一认识的深邃思考。我国的水资源浪费现象十分普遍，水资源供需日趋尖锐，生态环境恶化、水资源管理混乱、水权不明晰、节水观念差，是造成我国水资源短缺与浪费并存的主要原因。因此，只有通过建设节水型社会，才能从整体上提高群众的节水意识，促进水资源的统一管理，培育和完善水资源市场，把有限的水资源配置到最需要的地方和效率更高的环节和用途，实现水资源在全社会的优化配置和可持续利用，从而保障经济社会的可持续发展。

（2）节水型社会建设是完善社会主义市场经济体制的迫切需要。市场经济一个重要的特征，就是把市场作为配置资源的基础，实行有序竞争。建设节水型社会的重要内容，就是通过明晰水权，培育水市场的形成，确定科学合理的水价机制，用市场配置水资源。可以说，建设节水型社会，创新水资源管理机制、水价形成机制和水资源市场机制，是我国经济体制改革的重要内容，是培育和发展市场体系的重要环节。经过多年的实践，我国的节水工作已取得了重大的进展，特别是常规节水在各地普遍展开，但还没有从根本上扭转生态环境恶化、水资源浪费的局面，水作为国民经济发展极为重要的资源和生产要素，还没有形成合理的市场机制，还没有真正走向市场，已经不能适应社会主义市场经济体制的进程，也不适应水利改革的方向。

二、建设节水型社会的措施

（1）改革传统的水资源管理体制。传统的水资源管理体制由于条块分割，很难实现水资源的统一合理分配，导致出现了许多部门之间、地区之间一级流域上下游之间的水事纠纷。因此，必须尽快改革传统的水资源管理体制。国家一级要加强或扩大水资源综合管理的能力；在流域一级应完善现行的水资源管理体制，加强水资源管理的权威，尤其是建立和完善以河流流域为单位的水资源统一管理体制，把城市和农村、地表水和地下水、水质和水量、开发与保护、利用与管理统一起来。

（2）健全水资源管理法规。审查现行的水资源开发、利用和保护的政策和法规中不利于水资源综合管理的因素。在国家和流域两级制定全国性和流域性的水资源开发利用和保护规划。地方一级的水资源综合管理要实施开发许可证和使用定额分配制度，在保证生活供水的基本条件下实现供需平衡和水环境质量的逐步改善。

（3）完善水资源管理的经济体制。改革水资源开发和保护的投资机制，采用经济手段和价格机制，进行需求管理和供给管理。

（4）做好水资源管理的技术基础工作。要以国民经济和社会发展、国土整治规划为依据，在流域水资源评价和规划工作的基础上，确立长期供水计划，作为国家和地方政府的行动方案。

第五节 建设海绵城市

所谓海绵城市，就是指城市能够像海绵一样，在适应环境变化和应对自然灾害等方面具有良好的"弹性"，下雨时吸水、蓄水、渗水、净水，需要时将蓄存的水释放并加以利用。

一、海绵城市的本质

海绵城市的本质是改变传统城市建设理念，实现与资源环境的协调发展。在"成功的"工业文明达到顶峰时，人们习惯于战胜自然、超越自然、改造自然的城市建设模式，结果造成严重的城市病和生态危机；而海绵城市遵循的是顺应自然、与自然和谐共处的低影响发展模式。传统城市利用土地进行高强度开发，海绵城市实现人与自然、土地利用、水环境、水循环的和谐共处；传统城市开发方式改变了原有的水生态，海绵城市则保护原有的水生态；传统城市的建设模式是粗放式的，海绵城市对周边水生态环境则是低影响的；传统城市建成后，地表径流量大幅增加，海绵城市建成后地表径流量能保持不变。因此，海绵城市建设又被称为低影响设计和低影响开发（Low impact design or development）。

二、海绵城市的目标

（1）保护原有水生态系统。通过科学合理划定城市的"蓝线""绿线"等开发边界和保护区域，最大限度地保护原有河流、湖泊、湿地、坑塘、沟渠、树林、公园草地等生态体系，维持城市开发前的自然水文特征。

（2）恢复被破坏水生态。对传统粗放城市建设模式下已经受到破坏的城市绿地、水体、湿地等，综合运用物理、生物和生态等的技术手段，使其水文循环特征和生态功能逐步得以恢复和修复，并维持一定比例的城市生态空间，促进城市生态多样性提升。我国很多地方结合点源污水治理的同时推行"河长制"，治理水污染，改善水生态，起到了很好的效果。

（3）推行低影响开发。在城市开发建设过程中，合理控制开发强度，减少对城市原有水生态环境的破坏。留足生态用地，适当开挖河湖沟渠，增加水域面积。此外，从建筑设计始，全面采用屋顶绿化、可渗透的路面、人工湿地等促进雨水积存净化。

（4）通过种种低影响措施及其系统组合有效减少地表水径流量，减轻暴雨对城市运行的影响。

三、海绵城市的建设思路

传统的市政模式认为，雨水排得越多、越快、越通畅越好，这种"快排式"的传统模式没有考虑水的循环利用。海绵城市遵循"渗、滞、蓄、净、用、排"的六字方针，把雨水的渗透、滞留、集蓄、净化、循环使用和排水密切结合，统筹考虑内涝防治、径流污染控制、雨水资源化利用和水生态修复等多个目标。具体技术方面，有很多成熟的工艺手段，可通过城市基础设施规划、设计及其空间布局来实现。总之，只要能够把上述六字方针落到实处，城市地表水的年径流量就会大幅下降。经验表明：在正常的气候条件下，典型海绵城市可以截流 80% 以上的雨水。

通过海绵城市的建设，可以实现开发前后径流量总量和峰值流量保持不变，在渗透、调节、储存等诸方面的作用下，径流峰值的出现时间也可以基本保持不变。水文特征的稳定可以通过对源头削减、过程控制和末端处理来实现。习总书记在 2013 年的中央城镇化工作会议上明确指出：解决城市缺水问题，必须顺应自然，要优先考虑把有限的雨水留下来，优先考虑更多利用自然力量排水，建设自然积存、自然渗透、自然净化的海绵城市。由此可见，海绵城市建设已经上升到国家战略层面了。

第六节　"五水共治"的全面推广

"五水共治"即治污水、防洪水、保供水、排涝水和抓节水。"五水共治"好比五个手指头，治污水是大拇指，防洪水、排涝水、保供水、抓节水分别是其他四指，分工有别、和而不同，捏起来就形成一个拳头。其中治污水的大拇指最粗，是重点。从社会反映看，对污水，老百姓感观直接、深恶痛绝。从实际操作看，治污水，最能带动全局、最能见效。治好污水，老百姓就会竖起大拇指。

治污水，最主要是抓好"清三河、两覆盖、两转型"，其中"清三河"是指通过重点整治黑河、臭河、垃圾河，基本做到水体不黑不臭、水面不油不污、水质无毒无害、水中能够游泳；"两覆盖"是指力争到 2016 年实现城镇截污纳管基本覆盖、农村污水处理和生活垃圾处理基本覆盖；"两转型"是指抓好工业转型、农业转型。防洪水，重点是推进强库、固堤、扩排等工程建设，治理洪水之患。保供水，重点是推进开源、引调、提升等工程建设，保障饮水之源。排涝水，重点是要强库堤、疏通道、攻强排，打通断头河，着力消除易淹易涝区。抓节水，重点是抓好水资源的合理利用，减少需水量形成全社会亲水、爱水、节水的良好习惯。

以强有力的保障措施推进"五水共治"主要是形成"八大保障"机制，做到规划能指导、项目能跟上、资金能配套、监理能到位、考核能引导、科技能支撑、规章能约束、指挥能统一。

第七节　"水十条"的全面落实

《水污染防治行动计划》（简称"水十条"）是当前和今后一段时期我国水污染防治工作的纲领性文件。"水十条"不再停留在减排量、排放标准等旧手段上，而直接将河流等水体的改善程度作为考核标准，标志着以环境质量和环境效果为核心的环保时代已经到来。

一、"水十条"的总体要求

全面贯彻党的十八大和十八届二中、三中、四中全会精神，大力推进生态文明建设，以改善水环境质量为核心，按照"节水优先、空间均衡、系统治理、两手发力"原则，贯彻"安全、清洁、健康"方针，强化源头控制，水陆统筹、河海兼顾，对江河湖海实施分流域、分区域、分阶段科学治理，系统推进水污染防治、水生态保护和水资源管理。坚持政府市场协同,注重改革创新;坚持全面依法推进,实行最严格环保制度;坚持落实各方责任,严格考核问责;坚持全民参与,推动节水洁水人人有责,形成"政府统领、企业施治、市场驱动、公众参与"的水污染防治新机制,实现环境效益、经济效益与社会效益多赢,为建设"蓝天常在、青山常在、绿水常在"的美丽中国而奋斗。

二、"水十条"的工作目标

到 2020 年,全国水环境质量得到阶段性改善,污染严重水体较大幅度减少,饮用水安全保障水平持续提升,地下水超采得到严格控制,地下水污染加剧趋势得到初步遏制,近岸海域环境质量稳中趋好,京津冀、长三角、珠三角等区域水生态环境状况有所好转。到 2030 年,力争全国水环境质量总体改善,水生态系统功能初步恢复。到本世纪中叶,生态环境质量全面改善,生态系统实现良性循环。

三、"水十条"的具体要求

第一条:全面控制污染物排放。
第二条:推动经济结构转型升级。
第三条:着力节约保护水资源。
第四条:强化科技支撑。
第五条:充分发挥市场机制作用。
第六条:严格环境执法监管。
第七条:切实加强水环境管理。
第八条:全力保障水生态环境安全。
第九条:明确和落实各方责任。
第十条:强化公众参与和社会监督。

第八节 "十三五"规划的全面实施

"十三五"规划坚持"开门编规划"原则,集思广益,以各流域水污染防治问题为导向,强化环境质量目标管理,推进流域、区域水污染防治网格化、精细化管理,统筹饮用水、地下水、近岸海域等水体,把"水十条"要求落实到流域、区域,细化成目标清单与责任清单,推进全国水环境质量得到阶段性改善。

1. 规划目标强调以水质改善为核心,责任落实

针对社会公众诉求和水污染防治工作阶段性特点,以保障人民群众身体健康为出发点,以敏感水域(包括饮用水水源地、跨省界水体、重要江河、城市水体、地下水、近岸海域等)为重点,加大综合治理力度,确保各类水体环境质量"只能更好、不能变坏"。按照属地管理原则,明确所有水体的责任区域(省、市、县),自下而上地确定控制单元、不达标区域的治理方案,督促地方政府实现自我承诺。

2. 规划任务措施强调系统治理,多措并举

统筹水质、水量与水生态保护,发挥 3 方面工作的协调作用,将水资源合理开发、生态流量保障作为维护生态空间、促进生态恢复的重要手段,统筹治污减排、生态流量保持及水生态修复,在治污思路上削减污染物排放总量(包括点源和非点源)和增加水量并

重，在防治手段上工程措施和非工程措施并举。

3. 规划操作性方面强调空间落地，精准施治

在"十二五"流域-控制区-控制单元三级分区的基础上，进一步以乡镇为边界，以断面为节点，细化控制单元，将各水质目标、各领域任务措施归集到具体水系及其控制单元，务求因地制宜地科学设计好差别化、精准化的质量改善方案。充分分析排污状况、水质状况、主要环境问题，以"水十条""抓两头、带中间"为重点，制定重点单元污染防治方案，在"好水""差水"两头上彰显治污成效，让社会公众增加环境质量改善的获得感、满意度，并带动其他水体水质改善进程。

4. "十三五"规划编制的重点

在继承"十二五"期间"分区管理、总量减排、风险防范"水环境保护思路的基础上，"十三五"规划以质量改善目标为核心，以水环境控制单元为空间管控载体，着力设计四大战略任务，即治污减排、生态保护、风险管控和制度建设，最终将"水十条"从路线图变为施工图，实现"水十条"确定的水环境质量改善任务与目标。

第九节 "互联网＋"在水管理行业的全面推进

我国建设了很多水利监测站、信息系统。但这些资源在一段时间内没能实现数据开放、共享，信息流通不畅，出现了一个个信息孤岛。随着我国水资源管理和水环境保护问题的日益突出，需要收集与处理的水利、水务与水环境信息资源越来越多，对信息的准确性和实时性要求越来越高。"互联网＋"就是在这样的背景下提出的。

"互联网＋"就是"互联网＋各个传统行业"，但这并不是简单的两者相加，而是利用信息通信技术以及互联网平台，让互联网与传统行业进行深度融合，创造新的发展生态。它代表一种新的社会形态，即充分发挥互联网在社会资源配置中的优化和集成作用，将互联网的创新成果深度融合于经济、社会各域之中，提升全社会的创新力和生产力，形成更广泛的以互联网为基础设施和实现工具的经济发展新形态。

在水利管理中，水利部门可以根据区域水量、水位、潮位、气象、水质、蒸发量等信息进行分析，为水资源调度、农业灌溉等提供决策支持，从而实现区域内各类水利设施按需自动控制，提高效率。此外，防汛工程、山洪预警、城市排水等工程，也均可以借助来自多个部门的数据提高效率。

本 章 小 结

根据现今我国水资源管理和保护的实际问题，本章将这些问题总结为水资源管理体制改革、水价改革、水资源可持续利用、建设节水型社会、建设海绵城市、"五水共治"的全面推广、"水十条"的全面落实、"十三五"规划的全面实施、"互联网＋"在水管理行业的全面推进。从现今供水管理体系中发现的问题，过分注重供水管理，会引发水资源供过于求的供需失衡，消解水资源的利用效率和效能，提出更为适合我国实情的需水管理体制；对我国水价进行分析，提出传统水价过分注重供水管理，同时会引发水资源供过于求

的供需失衡，并提出对水价的改革建议；对水资源可持续利用的阐述和分析，阐明了水资源可持续利用的重要性；阐述了建设节水型社会、海绵城市的重要性；阐释了"五水共治""水十条""十三五"规划的内容，以及推广的必要性；最后介绍了"互联网＋"在水管理行业的全面推进。全章从以上几个方面将水环境管理与保护的理论与实际相结合，提出实际问题的解决途径。

参 考 文 献

[1] 刘昌明，刘彦琦. 由供水管理转需水管理实现我国需水的零增长 [J]. 科学对社会的影响，2010 (2)：18-24.

[2] 夏军. 需水供水联合管理面临的新的机遇与挑战 [J]. 资源与生态学报：英文版，2010，01 (3)：193-200.

[3] 王建华，王浩. 从供水管理向需水管理转变及其对策初探 [J]. 水利发展研究，2009 (8)：49-53.

[4] 钱正英，陈家琦，冯杰. 从供水管理到需水管理 [J]. 中国水利，2009 (5)：20-23.

[5] 樊丽波. 深化阶梯水价改革促进节水型社会建设 [J]. 经济师，2014 (9)：87-88.

[6] 孙静，申碧峰，王助贫，等. 基于基本需求和边际成本的阶梯水价模型构建 [J]. 人民黄河，2015，37 (10)：50-53.

[7] 孙露卉. 水资源价格改革：阶梯水价的全面实施 [J]. 生态经济，2014 (3)：12-15.

[8] 刘百德. 实施阶梯水价的意义及建议 [J]. 给水排水动态，2010) (2)：15-16.

[9] 刘七军，李锋瑞. 对我国节水型社会建设的系统思考 [J]. 冰川冻土，2010，32 (6)：1202-1210.

[10] 刘七军. 节水型社会建设的基础理论研究及展望 [J]. 水资源与水工程学报，2009 (2)：43-47.

[11] 徐春晓，李云玲，孙素艳. 节水型社会建设与用水效率控制 [J]. 中国水利，2011 (23)：64-72.

[12] 沈蓓绯，纪玲妹. 节水型社会背景下的水伦理体系建构 [J]. 河海大学学报（哲学社会科学版），2010 (4)：38-42.

[13] 褚俊英. 我国节水型社会建设的制度体系研究 [J]. 中国水利，2007 (15)：1-3.

[14] 仝贺，王建龙，车伍，等. 基于海绵城市理念的城市规划方法探讨 [J]. 南方建筑，2015 (4)：108-114.

[15] 张亚梅，柳长顺，齐实. 海绵城市建设与城市水土保持 [J]. 水利发展研究，2015 (2)：20-23.

[16] 杨阳，林广思. 海绵城市概念与思想 [J]. 南方建筑，2015 (3)：59-64.

[17] 胡灿伟. "海绵城市"重构城市水生态 [J]. 经济师，2015 (7)：10-13.

[18] 仇保兴. 海绵城市（LID）的内涵、途径与展望 [J]. 建设科技，2015 (1)：11-18.

[19] 林宇豪. 论"五水共治"背景下的水利建设 [J]. 山西农经，2015 (8)：60-61.

[20] 吴舜泽，徐敏，马乐宽，等. 重点流域"十三五"规划落实"水十条"的思路与重点 [J]. 环境保护，2015 (8)：14-17.

思 考 题

1. 什么是供水管理和需水管理？为什么我国要从供水管理模式转变为需水管理模式？

2. 供水管理与需水管理有何关系？

3. 请简述现阶段我国需水管理的主要情况。

4. 什么是阶梯水价？

5. 我国城市水价存在哪些问题？该如何解决？

6. 什么是节水型社会？如何建设节水型社会？

7. 什么是海绵城市？它与传统的城市建设模式有何不同？

8. "五水共治"的具体内涵是什么？

9. 查阅相关资料，谈谈你对我国现阶段水资源管理与保护中这些热点问题的看法。

实 践 训 练 题

1. 供水管理分析。

2. 需水管理分析。

3. 水资源管理体制分析。

4. 水资源管理机制分析。

5. 水权管理制度分析。

6. 水价管理分析。

7. 节水型社会管理体系分析。

8. 海绵城市目的及意义分析。

9. 新形势下水资源管理的热点分析（区域、流域）。

10. 新形势下水资源保护的热点分析（区域、流域）。